风景园林规划与设计

田　松　马燕芬　龚莉茜 ◎著

吉林科学技术出版社

图书在版编目(CIP)数据

风景园林规划与设计 / 田松，马燕芬，龚莉茜著
. -- 长春 : 吉林科学技术出版社，2022.4
ISBN 978-7-5578-9295-1

Ⅰ. ①风… Ⅱ. ①田… ②马… ③龚… Ⅲ. ①园林设计—研究 Ⅳ. ①TU986.2

中国版本图书馆 CIP 数据核字(2022)第 072668 号

风景园林规划与设计

著　　田　松　马燕芬　龚莉茜
出 版 人　宛　霞
责任编辑　钟金女
封面设计　北京万瑞铭图文化传媒有限公司
制　　版　北京万瑞铭图文化传媒有限公司
幅面尺寸　185mm×260mm
开　　本　16
字　　数　274 千字
印　　张　12.875
印　　数　1–1500 册
版　　次　2022年4月第1版
印　　次　2022年4月第1次印刷

出　　版　吉林科学技术出版社
发　　行　吉林科学技术出版社
地　　址　长春市南关区福祉大路5788号出版大厦A座
邮　　编　130118
发行部电话/传真　0431-81629529　81629530　81629531
81629532　81629533　81629534
储运部电话　0431-86059116
编辑部电话　0431-81629510
印　　刷　廊坊市印艺阁数字科技有限公司

书　　号　ISBN 978-7-5578-9295-1
定　　价　58.00元

前言

中国是公认的“世界园林之母”，风景园林文化是中华文化的重要组成部分。风景园林文化和科技源远流长，在几千年的发展过程中为人类社会做出了杰出贡献。在现代化建设过程中，我们更应该突出中国特色，光大中华国粹，继往开来，与时俱进，将现代科技与优秀文化有机结合，为促进人与自然的和谐发展、为世界科学和文化建设做出更大贡献。

园林是人们利用生物和非生物因素的相互设计，依据科学原理和社会需求而创造的生活和游憩的空间环境。园林设计就是正确、合理地利用土地、水体、建筑、植物等自然因素，创造各种能引起人们喜悦和爱慕之情的生活境域，即创造各种优美的园林景观环境。园林设计也可称为园林景观设计。

园林设计应力求达到“有理无格，相地合宜，构园得体”的效果。在学习和掌握园林艺术理论的基础上，一定要遵循“实用、经济、美观”的原则，因地制宜，尽可能做到：主题表现，利用主景；功能分区，巧于组景；建筑布局，随地作形；园路安排，因形随势；地形改造，因高就低；植物选配，适地适树。做好上述工作，就能设计出“虽由人作，宛自天开”的效果，为人们喜闻乐见的园林工程。

由于编者的水平和能力有限，书中难免有疏漏和不足之处，恳请使用本书的教师、学生和相关专业人士提出宝贵建议，以便在修订中改正。

目录

第一章 风景园林概述

第一节 风景园林基础

一、风景园林释义

（一）风景园林的定义

风景园林是一个动态的概念，它随着社会历史和人类认识的发展而变化着，不同的阶段有不同的内容和适用范围，但不同的历史阶段风景园林有其共性。对风景园林的定义是：在一定的地域运用工程技术和艺术手段，通过改造地形（或进一步筑山、叠石、理水）、种植树木花草、营造建筑和布置园路等途径创作而成的美的自然环境和游憩境域。由此可知，园林是一种环境和境域，园林和建筑有相同的本质，即二者同为“空间”。

通常人们把 19 世纪中期以来的园林称为现代风景园林。随着工业革命带来的社会、文化的变革，经历了经济飞速增长以及快速城市化发展所带来的人口、交通、资源、环境等方面的诸多问题，如何避免城市环境恶化就成了规划建设的首要任务，这在客观上促进了真正意义上的现代风景园林学的诞生。

鉴于世界各国人民的长远健康、幸福和欢乐，是要建立在人们与他们的生存环境和谐共处和明智地利用资源的基础之上的。又由于那些增长的人口，加之迅速发展的科学技术能力，导致了人们在社会上、经济上和物质上对资源需求的不断增长；又由于为了满足那些对资源不断增长的需求而不致恶化环境和浪费资源，这就要有一种与自然系统、自然界的演化进程和人类社会发展的关系相密切联系的专门知识、专门技能和专门经验。

（二）风景园林的范围和类型

1. 风景园林的范围

现代风景园林是一门只有百余年历史的专业，但它存在的历史却像艺术一样古老，这说明风景园林不仅内涵丰富，而且处于不断变化之中。随着社会的发展，园林逐渐摆脱建筑的束缚，园林的范围不再局限于庭园、庄园、别墅等单个相对独立的空间范围，而是扩大到城市环境、风景区、自然保护区、大地景观等区域，涉及人类的各种生存空间，其服务对象也从少数上层阶级，转变为公众，社会各个阶层对公园和开放空间价值都有了一致的认同。

现代风景园林学科所涉及的知识面较广，所以，风景园林规划设计所涉及的研究内容及范围也相当广泛。其主要包含庭院及景观设计（Garden and Landscape Design）、基地规划（Site Planning）、土地规划（Land Planning）、纲要规划（Master Planning）、都市设计（Urban Design）和环境规划（Environmental Planning）等方面。

当前我国风景园林主要从事下列两项工作：一是保护和规划国家、地方风景名胜区，国家自然保护区，国家森林草原、牧场、湿地、河流湖泊、海滨、岛屿等原始地区；二是城市园林绿地系统，城市、居住区园林绿地设计，大型公园、郊区公园设计，工矿、机关、医院、学校、郊区风景区、旅游休闲胜地、度假村等园林绿地设计。它包括从古典的小面积的庭园、花园、公园等地形地貌设计，道路、建筑，叠石堆山及种植设计，一直到现代整个大城市园林绿地系统工程的规划设计和建设；从一个小园林的设计一直到宏观的，涉及土地利用、自然资源的经营管理、农业区域的变迁与发展、大地生态的保护、城镇和大城市的园林绿地系统规划。

2. 风景园林的类型

依据园林所处的位置，我们可以将风景园林划分为两种类型。

（1）城市内的风景园林类型

包括城市公共园林类型，如公园、游园、广场、林荫道等，以及城市内的单位附属园林，如居住区环境、单位庭院等。

（2）城市外的风景园林类型

包括风景区、森林公园、自然保护区、农业观光园等。

二、风景园林的功能

风景园林是面对户外空间环境，以生态环境、功能活动和文化审美为主要内容，受多学科交叉影响的综合性学科，生态、游憩、审美是风景园林的主要功能。

（一）生态功能

城市里的绿色主体是园林绿地系统，这些有生命的绿色植物在城市中具有不可替代和估量的生态功能。园林绿地系统是城市生态系统的重要组成部分，它通过一系列的生态效应，净化城市空气、改善城市气候、增强城市抗灾能力、提供城市野生动物生存环境、维持城市生物多样性；它给城市生态环境以反馈调节作用，是完善城市生存环境和维持自然生态平衡的关键。

1. 净化空气、水体和土壤

（1）净化空气

城市园林中大量的植物进行光合作用时可以吸收二氧化碳，释放氧气，维持碳氧平衡，城市园林是名副其实的城市绿肺。

（2）净化水体

园林植物特别是水生植物和沼生植物，可以很大程度地净化城市污染水体，去除水体中的污染物和有毒有害物质。

（3）净化土壤

对于土壤中的有害物质和细菌，园林系统也有很好的净化和杀菌作用，从而减少对人类造成的伤害。

2. 改善城市小气候

（1）调节温度

园林植物具有很好的吸热、遮阴的作用，它可以吸收太阳辐射热，并通过其叶片的大量蒸腾水分，吸收环境中的大量热能，从而消耗城市中的辐射热和来自路面、墙面和相邻物体的反射热而产生降温增湿效益，缓解城市的热岛和干岛效应，改善人居环境。

（2）调节湿度

绿色植物，尤其是乔木林，具有较强的蒸腾能力，使绿地区域空气的相对湿度和绝对湿度都比未绿化区域要大。

（3）调节气流

城市园林绿地对气流的调节作用表现在形成城市通风道和防风屏障两个方面。

3. 降低噪声

风景园林对于控制和降低城市噪声也有一定的作用，当声波投射到树木叶片上后，有的被吸收，有的被反射到各个方向，造成树叶微振，使声的能量消耗而减弱。

4. 减灾防灾

（1）防火避灾

随着全球生态系统的破坏，各种灾害日益增多。在防灾减灾体系的诸多“构件”中，园林绿地系统占有十分重要的位置，它的作用甚至是其他类型的城市空间所无法替代的。

（2）防风固沙

随着土地沙漠化问题日益严重，城市沙尘暴已经成为影响城市环境，制约城市发展的一个重要因素。植树造林、保护草场是防止风沙污染城市的一项有效措施。

（3）涵养水源，保持水土

园林绿地对涵养水源、保持水土、防止泥石流等自然灾害有着重要的生态功能。

（4）有利备战防空和防御放射性污染

有些园林植物还可用于绿化覆盖军事要塞、保密设施等，起隐蔽作用。

5. 提供野生动物生存环境，维持城市生物多样性

城市中不同群落类型配置的绿地可以为不同的野生动物提供栖息的生活空间，另外与城市道路、河流、城墙等人工元素相结合的带状绿地形成了城市中优质空间，保证了动物迁徙通道的畅通，提供了基因交换、营养交换所必需的空间条件，使鸟类、昆虫和鱼类和一些小型哺乳动物得以在城市中生存。

（二）游憩功能

游憩功能是园林绿地最常规的使用功能，园林中可以提供观赏、休息和其他娱乐活动，供人们放松身心。

1. 娱乐健身

娱乐健身活动功能是园林绿地的主要功能之一。园林绿地是人们日常游憩活动的场所，是人们锻炼身体、消除疲劳、恢复精力、调剂生活的理想场所。市民的休息娱乐活动属于自发性活动或社会性活动，其活动质量的好坏多依赖于环境载体的情况。这些环境包括：城市中的公园、街头小游园、城市林荫道、广场、居住区公园、小区公园、组团院落绿地等园林绿地。人们日常的娱乐可分为动、静两类，其活动内容主要包括：

（1）文娱活动

如弈棋、音乐、舞蹈、戏剧、电影、绘画、摄影、阅览等。

（2）体育活动

如田径、游泳、球类、体操、武术、划船、溜冰、滑雪等。

（3）儿童活动

有滑（如滑梯）、转（如电动转马）、摇（如摇船）、荡（如荡秋千）、钻（如钻洞）、爬（如爬梯）、乘（如乘小火车）等。

（4）安静休息

如散步、坐息、钓鱼、品茶、赏景等。

2. 社会交往

社会交往是园林绿地的重要功能之一。公共园林绿地则为人们的社会交往活动提供了不同类型的开放空间。园林绿地中，大型空间为公共性交往提供了场所；小型空间是社会性交往（指相互关联人们的交往）的理想选择；私密性空间给最熟识的朋友、亲属、恋人等提供了良好氛围。

3. 观光游览

我国的风景名胜区无论是自然景观还是人文景观都非常丰富，中国古典园林的艺术水平很高，被誉为“世界园林之母”。桂林山水、黄山奇峰、泰山日出、峨眉秀色、青岛海滨等郁郁葱葱的自然景观都为人们提供了优美的旅游度假去处，使人们感受到大自然的秀美风光。西湖胜境、苏州园林、嵩山古刹、北京故宫等园林与历史古迹也都值得国内外的游客参观游览。总之，这些自然风景区、城市园林绿地与人文景观是很好的观光游览资源，是发展旅游业的优越条件。

4. 度假疗养

植物对人类有着一定的心理调节功能。随着医学和心理学的发展，人们不断深化对这一功能的认识。休闲是21世纪全球经济发展的五大推动力中的第一引擎。21世纪“一个以休闲为基础的新社会有可能出现”，休闲将在人类生活中扮演更为重要的角色。在城市郊区的森林、水域、山地或郊野公园等绿地，往往景色优美、气候宜人、空气清新、水质纯净，如海滨、水库、高山、温泉等风景名胜区以及森林公园，对于饱受城市环境污染和快节奏工作压力的现代人来说，这些地方无疑是缓解压力、恢复身心健康的最佳休息、疗养场所。

5. 科普教育

园林绿地是进行文化宣传、开展科普教育的场所，特别是科普知识型园林，它属于生态教育的范畴，是以生态学为依据，传播生态知识和生态文化，提高人们的生态意识及生态素养，塑造生态文明风尚。

（三）审美功能

风景园林是一种综合大环境的概念，它是在自然景观基础上，通过人为的艺术加工和工程措施而形成的。风景园林设计是结合美学、艺术、绘画、文学等方面的综合知识，尤其是美学的运用，力求创造美妙景致的艺术门类。所以，风景园林的审美价值是评价园林的重要标准之一，而细分风景园林的审美功能则可分为以下几点：

1. 自然美

在园林中，凡不加以人工雕琢的自然事物，如泰山日出、钱江海潮、黄山云海、黄果树瀑布、峨眉佛光、云南石林等，其声音、色泽和形状都能令人身心愉悦，产生美感，并能寄情于景的，都是自然美。

2. 生活美

园林是一个可游、可憩、可赏、可居、可学、可食的综合活动空间，满意的生活服务，健康的文化娱乐，清洁卫生的环境，交通便利与治安保证，都将怡悦人们的性情，带来生活的美感。

3. 艺术美

人们在欣赏和研究自然美、创造生活美的同时，孕育了艺术美。艺术美应是自然美和生活美的提炼，自然美和生活美是创造艺术美的源泉。尤其是中国传统园林的造景，虽然取材于自然山水，但并不像自然主义那样，把具体的一草一木、一山一水加以机械模仿，而是集天下名山胜景，加以高度概括和提炼，力求达到“一峰则太华千寻，一勺则江湖万里”的神似境界，这就是艺术美。康德和歌德称艺术美为“第二自然”。

还有一些艺术美的东西，如音乐、绘画、照明、书画、诗词、碑刻、园林建筑以及园艺等，都可以组织到园林中来，丰富园林景观和游赏内容，也对美的欣赏得到加强和深化。

三、风景园林学科的知识构成

风景园林是一门涉及艺术、建筑、工程、生态、生物、文学等多学科的综合性应用学科，在自然科学方面涉及生物学、生态学、农学、林学、园艺学、地理学、建筑学、城市规划学、土木工程学、地质学、气象学、水文学、土壤学等学科；在社会科学方面涉及政治学、社会学、经济学、心理学、法学以及文学、美学、绘画等文化领域的学科；当前更拓展到地理信息系统、航空遥感、卫星定位等多个学科领域。因此，风景园林专业学生应将各类自然与人文科学知识进行高度的综合，并融会贯通于风景园林之中，和谐处理自然、建筑和人类活动之间的复杂关系。

（一）历史、艺术——表现类知识

园林在某种意义上而言，是以人为中心的环境感知，是基于视觉的所有形态及其感受的风景审美和美学艺术。文学是时间的艺术，绘画是空间的艺术，而园林中的景物既需“静观”，也要“动观”，即在游动、行进中领略欣赏，故园林是时空综合的艺术。园林美是园林设计师对生活、自然的审美意识和优美的园林形式的有机统一，从最早的造园开始，以审美、娱乐为主要目的的物质空间营造便是园林学科的核心价值观和指导思想，因而园林创作应运用艺术门类之间的触类旁通，将诗画艺术与园林艺术融为一体，使得园林从总体到局部都包含浓郁的诗情画意的情趣与体验意境。

此外，风景园林专业的核心是规划设计，而规划设计成果的表现方式是图文（图纸、文本和说明书），因而扎实的文字功底、较强的手绘表现能力、熟练的绘图软件操作技能以及制图的规范化训练，是风景园林专业教育中必不可少的重要内容。

（二）农学、园艺学——生态类知识

风景园林与农学、林学及园艺学也有密切的关系。农学为研究农业发展改良的学科，农业是利用土地来畜养种植有益于人类的动植物，以维持人类的生存和发展，以土地作为主要经营对象。风景园林也以土地为载体进行规划设计和建造，是经营大地的艺术，注重空间的塑造和精神满足。农学和农业以生产物质资料为主，视觉上的精神享受为辅，农学和农业的发展促进了风景园林的发展，风景园林在某种程度上可以说是农业和农学发展的结果。植物是风景园林的重要构成要素，对造园的重要性是不言而喻的。园艺学分为生产园艺和装饰园艺，前者以经营果树、蔬菜及观赏植物（花卉）等栽培及果蔬的处理加工生产为主，后者包括室内花卉及室外土地装饰，以花卉装饰及盆栽植物利用为主。风景园林则以利用园艺植物、美化土地为主，进行庭院、公园及规模更大的风景园林的规划设计。

在严峻的环境危机和人地关系危机面前，风景园林设计表现出了对人与自然关系的强烈关注。应用生态学原理解决人类所面临的资源环境问题，已成为当前风景园林学科的时代特征，风景园林设计应尊重自然，使人在谋求自我利益的同时，保护自然过程和格局的完整性，从而实现对资源环境的保护、恢复和创造。把风景园林设计与生态学完美地融合起来的趋势，开辟了生态化风景园林设计的科学时代，也产生了更为广泛意义上的生态设计。

（三）景观规划设计——管理类知识

传统园林以封闭性的庭园为主要形式，现代园林以开敞的公共园林、城市绿化等人居环境建设为主要特征。园林的范畴随着人类对自然认识的加深而不断扩大，尤其是生态学思想的引入，使风景园林设计的思想和方法发生了重大转变，风景园林的应用范围已扩展到多种多样的景观类型和领域。风景园林设计不再停留在花园设计的狭小天地，它开始介入更为广泛的环境规划与设计领域。从类型上看，现代风景园林师已广泛参与了国土规划、土地利用规划、资源保护规划、流域规划、区域规划、风景名胜区规划、旅游区规划、自然保护区规划、地质公园规划、城市规划、城市绿地系统规划、生态整治与恢复等规划设计领域；从尺度上看，现代风景园林包括宏观尺度的国土、流域、区域和土地利用等综合规划，中尺度的旅游区、风景名胜区、自然保护区、地质公园以及城市市域空间，小尺度的城市公园、居住区、城市地段和街区以及更小尺度的场地设计等领域，形成了大尺度、中尺度与微观尺度相补充的尺度体系。对不同尺度的景观规划设计与管理类专业知识的学习与积累是风景园林专业学科的核心范畴。

（四）建筑——工程建造类知识

风景园林与建筑学专业是一脉相承的，风景园林和建筑学存在着许多的交叉领域，扎实的建筑学基础，如建筑力学与结构、建筑构造与选型、建筑历史与艺术等十分有助于风景园林专业的学习。

风景园林建设不仅需要规划、设计，还需要施工、养护、植物培育等各个环节，因而风景园林专业学科体系也离不开工程、管理、维护等知识的支撑，如工程测量、土木工程、施工与养护、工程材料学、工程造价与预决算、给排水、水利、管线工程等。园林工程按工程项目及专业工种可分为园林土建、绿化工程（种植工程）、园林供电照明、园林给排水、雕塑工程等。其中园林土建工程包括园林土方、园林筑山、园林建筑、园林小品、园路广场工程等。园林工程的施工管理是一项实践性很强的工作，要求工程人员既要有精深的园林工程管理知识，又要具备丰富的指导和控制现场施工、较高的艺术审美水平等方面的经验和能力，只有这样才能在保证工程质量、成本、进度的前提下，把园林工程的科学性、技术性、艺术性等有机地结合起来。

此外，园林行业有句俗语叫“三分靠种，七分靠养”，说的是一个成功的园林景观仅仅有优秀的设计和创意、严格的施工管理是不够的，更重要的是项目建成后的园林绿化养护管理。园林绿化管理的水平直接决定着景观的效果，好的园林绿化管理是对园林景观的二次升华，因而风景园林专业的学生也不能忽视对这方面知识的学习。

（五）新技术——手段类知识

当前，生态主义的设计早已不是停留在论文或图纸上的空谈，也不再是少数设计师的实验，生态主义已成为风景园林设计师内在的和本质的思考，在设计中对生态的追求已经与对功能和形式的追求同等重要，有时甚至超越了后者，占据了首要位置。尊重自然发展过程，倡导能源与物质的循环利用和场地的自我维持，可持续景观技术的思想贯穿于风景园林设计、建造和管理的始终。这就需要有一种与自然系统、自然演变进程和人类社会发展密切联系的特殊的新知识、新技术和新经验，如雨水收集、中水回用、生态绿色建筑、废弃物资源化处理、湿地净化、清洁能源、再生材料应用等新型可持续景观技术。再者，随着大尺度景观生态规划领域的拓展，许多源于统计学、地理学、生态学的研究方法和手段被应用到景观规划设计领域，如图像处理、三维模型模拟与虚拟现实技术、3S 技术（遥感、地理信息系统、全球定位系统）等，对风景园林师提出了更高的素养要求。

自 20 世纪 70 年代起，在现代风景园林设计中，源于建筑领域以新技术手段及新材料应用为设计理念的“高技派”设计思潮，在后现代园林中真正兴起。来自“高技派”的审美观以及对新材料的使用，激发了园林设计师创作的灵感。在现代主义与后现代主义的影响下，高技术手段创造的园林形式，使现代园林拓宽了发展空间，新的技术手段与新的艺术形式完美结合，独具生命力，使现代城市景观设计师更能显示出喷涌不绝的艺术灵感，并为整个社会创造出一系列具有强烈时代感的空间意象性作品，同时也向城市景观形态的精神层面与物质层面提出了更高的审美要求。

总而言之，风景园林学科的本质特点，就在于它的综合性。风景园林是综合利用科学和艺术手段，营造美好人居环境的一个行业和一门学科。

第二节 风景园林与社会的关系

一、风景园林与生态环境的关系

工业化的高度发展和城市化进程的加剧给人类带来了生存环境的危机，迫使人们保护自然生态环境、仿造自然环境，以谋求优良的生存环境。人类对人居环境的不断重视，极大地推动了园林学与生态学的发展和融合，把园林绿化作为主要手段，因势利导，从整治国土、促进生态平衡的高度，全面绿化人类的生存环境，将园林绿化事业推向了生态园林的新阶段。

生态园林是指以生态学原理为指导（如互惠共生、生态位、物种多样性、竞争、化学互感作用等）所建设的园林绿地系统，在这个系统中，乔木、灌木、草本和藤本植物被因地制宜地配置在一个群落中，种群间相互协调，有复合的层次和相宜的季相色彩，具有不同生态特性的植物能各得其所，能够充分利用阳光、空气、土地空间、养分、水分等，构成一个和谐有序、稳定的群落。遵循生态学原理，运用生态设计手法，构建人、生物与环境的和谐共存、良性循环的生态环境，实现人类和环境的和谐共融和可持续发展，成为生态园林的历史使命。

二、风景园林与人的关系

园林是在人与自然的关系历程中产生和发展的，被称为“第二自然”。它是在人和自然的关系从依附自然到脱离自然的过程中产生的，最早产生的园林是统治阶级为了满足脱离劳动、亲近自然的欲望而建立的。随着人类改造自然能力的不断加强，园林作为自然环境的功能逐渐退化，园林的营造完全转向于以满足人的物质享受和精神享受为主，并升华到艺术创作的新境界，审美的情趣和意境开始成为造园理念，人们开始寓情于园林，尤其以写意山水园的出现为代表。同时，园林也成为了统治阶级和权贵炫耀财力和社会地位的重要手段。

随着工业革命的开展，在公众平等的民主化进程中，园林的服务对象由面向少数统治阶级开始转变为面向公众，以 19 世纪的城市公园运动为代表，公共园林逐渐成为人们游憩、交流、活动的公共娱乐场所，园林不再是仅供少数人享受的奢侈品，园林的内涵发生了重大的变革。

三、风景园林与城市的关系

城市是人类文明的产物，是人们利用自然物质而创造出来的一种“人工环境”。人们的聚居由群落到村镇再到城市，逐步离开了自然，也可以说城市化的过程是人和自然分隔的过程。而园林作为“第二自然”，可以说现代城市从其诞生起，园林绿地就伴随着城市的发展，成为城市文明的代表和见证。

近一个多世纪以来，随着工业的发展、人口的聚集，城市的规模不断扩张，城市环境不断退化，带来了一系列的城市弊病。越来越多的人开始意识到，人类要有更高的物质生活和社会生活，永远也离不开自然的抚育，人们希望在令人窒息的城市中寻得“自然的窗口”。从19世纪初开始，人们探寻这个“窗口”的脚步从未停止，“城市公园运动”“田园城市”等是其中重要的思想。当前，城市的开发与建设愈加回归理性，城市环境应该建立起一种人与自然、人工环境与自然环境相平衡的新秩序，园林与城市相协调发展的理念已逐步得到人们的共识，生态园林城市成为城市发展的新内涵。

第三节 风景园林基本构成要素和布局形式

一、基本构成要素

风景园林的规模形式各不相同，组成内容迥异，但归根究底，它都是由地形、水体、植物、建筑、广场与道路、园林小品等几种基本元素组成的。

（一）地形

地形是构成园林的骨架，主要包括平地、土丘、丘陵、山峦、山峰、凹地、谷地等。地形要素的利用与改造，将影响园林的形式、建筑的布局、植物配置、景观效果、给排水工程、小气候等诸因素。

（二）水体

水是园林的灵魂，有的园林设计师称之为“园林的生命”，足见水体是园林中重要的组成因素。水体可以分成静水和动水两类。静水包括湖、池、塘、潭、沼等形态；动水常见的形态有河、湾、溪、渠、涧、瀑布、喷泉、涌泉、壁泉等。另外，水声、倒影等也是园林水景的重要组成部分。水体中还形成堤、岛、洲、渚等地貌。

（三）植物

植物是园林设计中有生命的题材。植物要素包括乔木、灌木、攀缘植物、花卉、草坪地被、水生植物等。植物的四季景观，本身的形态、色彩、芳香、习性等都是园林造景的题材。园林植物与地形、水体、建筑、山石、雕塑等有机配置，将形成优美、雅静的环境和艺术效果。

（四）建筑

根据园林设计的立意、功能要求、造景等需要，必须考虑适当的建筑和建筑的组合；同时考虑建筑的体量、造型、色彩，以及与其配合的假山艺术、雕塑艺术、园林植物、水景等诸要素的安排，并要求精心构思，使园林中的建筑起到画龙点睛的作用。

（五）广场与道路

广场与道路、建筑的有机组织，对于园林形式的形成起着决定性的作用。广场与道路的形式可以是规则的，也可以是自然的，或二者兼有。广场和道路系统将构成园林的脉络，并且起到园林中交通组织、联系的作用。

此外，园林小品也是园林构成不可缺少的组成部分，它使园林景观更富于表现力。园林小品，一般包括园林雕塑、园林山石、园林壁画、摩崖石刻等内容。很难想象，将西方园林中的雕塑作品去掉，或把中国园林中的假山、石驳岸、碑刻、壁雕等去掉，如何构成完整的园林艺术形象。反之，园林小品也可以单独构成专题园林，如雕塑公园、假山园等。

二、空间布局形式

（一）园林布局的形式与特点

风景园林是由园林中的各种景区、景点组织而成的景观群，是由设计者把各景物按照一定的要求有机地组织起来形成景观。只有把园林中各景物以合理的布局形式组织起来，才能创造出一个和谐完美的整体，这个组织和创造的过程称为园林布局。园林布局的风格和形式千差万别，受文化差异、地理条件的不同等因素的影响，形成了迥异而又各成体系的布局形式。将世界上不同的园林形态归纳起来，可以把园林的形式分为三类：自然式、规则式和混合式。

1. 自然式园林

自然式园林又称风景式、不规则式、山水派园林。自然式园林以模仿再现自然为主，不追求对称的平面布局，立体造型及园林要素布置均较自然和自由，相互关系较隐蔽含蓄。这种形式较能适合于有山有水有地形起伏的环境，以含蓄、幽雅、意境深远见长。自然式园林在我国从周朝开始形成，经历代的发展，多有传世精品，不论是皇家宫苑还是私家宅园，都是以自然山水园林为源流。发展到清代，为园林鼎盛时期，保留至今的皇家园林，如颐和园、承德避暑山庄；私家宅园，如苏州的拙政园、网师园等都是自然山水园林的代表作品。

2. 规则式园林

规则式园林又称整形式、建筑式或者几何式园林。规则式园林给人以庄严、雄伟、整齐之感，一般用于气氛较严肃的纪念性园林或有对称轴的建筑庭院中。整个平面布局、立体造型，以及建筑、广场、街道、水面、花草树木等都要求严整对称。在 18 世纪，英国风景园林产生之前，西方园林主要以规则式为主，其中以文艺复兴时期意大利台地园和 19 世纪法国勒诺特平面几何图案式园林为代表；我国的北京天坛、南京中山陵也采用规则式布局。

（1）中轴线

规则式园林相对于自然式园林最大的特点就在于全园在平面规划上有明显的中轴线，并大抵以中轴线的左右前后对称或拟对称布置，园地的划分大都成为几何形体。

（2）竖向

规则式园林的广场选择在开阔、较平坦地段建设，略有高差则采用不同高程的水平面及缓倾斜的平面组合成园；在山地及丘陵地段，由阶梯式的大小不同的水平台地倾斜平面及石级组成，其剖面均为直线所组成。

（3）广场和园路

规则式园林在广场和园路的布局上特点尤为突出，广场多为规则对称的几何形，主轴和副轴线上的广场形成主次分明的系统；园路均为直线形、折线形或几何曲线形。广场与园路构成方格形式、环状放射形、中轴对称或不对称的几何布局。

（4）建筑

规则式园林中的建筑群组和单体建筑多采用中轴对称均衡设计，多以主体建筑群和次要建筑群形成与广场、街道相组合的主轴、副轴系统，形成控制全园的总格局。一般情况下，主体建筑主轴线和室外轴线是一致的。园林轴线多视为主体建筑室内中轴线向室外的延伸。

（5）水体

规则式园林在水体的表现形式上也采用以几何形的外形轮廓为主，轮廓通常是圆形和长方形，水体的驳岸多整形、垂直，有时加以雕塑；水景有整形水池、整形瀑布、喷泉、壁泉及水渠运河等。古代神话雕塑与喷泉构成水景的主要内容。

（6）植物

在规则式园林中，植物经常被用于配合组成中轴对称的总体格局，全园树木配置以等距离行列式、对称式为主，树木修剪整形多模拟建筑形体、动物造型等，大量运用修剪成几何形体的植物，绿篱、绿墙、绿柱为规则式园林较突出的特点。园内常运用大量的绿篱、绿墙和丛林划分和组织空间，花卉布置常以图案为主要内容的花坛和花带，有时布置成大规模的花坛群。

（7）其他景观元素

规则式园林中其他景观元素也遵循规则式园林的整体风格，园林雕塑、瓶饰、园灯、栏杆等装饰点缀园景。西方园林的雕塑主要以人物雕像布置于室外，并且雕像多配置于轴线的起点、焦点或终点。雕塑常与喷泉、水池一起构成水体的主景。

3. 混合式园林

混合式园林因地制宜地展现出园林美好的景致，其主要手法是通过将自然式和规则式的一些特点和原则组合使用。全园没有明显的自然山水骨架，没有控制全园的主中轴线和副轴线，只有局部景区、建筑以中轴对称布局等。在风景园林布局形式的设计选择上，往往需要结合地形，在原地形平坦处，根据总体规划需要多安排规则式的布局；当原地形条件较复杂，具备起伏不平的丘陵、山谷、洼地等地形时，多结合地形规划成自然式。

（二）影响园林形式的主要因素

1. 文化的影响

风景园林作为一种艺术必然受到其所处环境的地区、民族文化传统和其他艺术的影响，不同的文化、传统等造就了不同的园林形式。中国由于传统文化的沿袭，追求人与自然和谐统一的境界，形成了自然山水园的自然式规划形式。而同样是多山的国家意大利，由于其传统文化和本民族固有的艺术特色，即使是自然山地条件，它的园林也采用规则式台地园风格。

2. 意识形态的影响

不同地区的人们具有不同的意识形态，对园林形式的影响也十分大。中国传统的宗教，所描述的神仙通常深居在名山大川之中，所以人们一般将园林中的神像供奉在殿堂之内，而不展示于园林空间中，这样一来就自然形成了园林的中心；而西方传统神话中的神皆是人化了的神明，实际上意识形态上宣扬的是人本和人性，人类当然可以生活在自然界中，所以结合西方雕塑艺术，在园林中把许多神像规划在园林空间中，而且多数放置在轴线上，或轴线的交叉中心。由此可见，不同的意识形态对园林形式有不同的影响。

3. 主题的影响

除了文化和意识形态对园林形式的影响外，园林的主题是影响园林形式更直接和更具体的因素。不同的园林有不同的主题和性质，由于园林布局形式力求反映园林的主题和性质，不同主题的园林必然会形成不同的布局形式。如以纪念历史上某一重大历史事件中英勇牺牲的革命英雄为主题的烈士陵园，较著名的有中国广州起义烈士陵园、南京雨花台烈士陵园、长沙烈士陵园、德国柏林的苏军烈士陵园、意大利的都灵战争牺牲者纪念碑园等，都是纪念性园林。这类园林的性质，主要是缅怀先烈革命功绩，激励后人发扬革命传统，起到爱国主义、国际主义思想教育的作用。这类园林布局形式多采用中轴对称、规则严整和逐步升高的地形处理，从而创造出雄伟崇高、庄严肃穆的气氛。而动物园主要属于生物科学的展示范畴，要求公园给游人以知识和美感，所以，从规划形式上，要求自然、活泼，创造寓教于游的环境。儿童公园更要求形式新颖、活泼，色彩鲜艳、明朗，公园的景色、设施与儿童的天真、活泼性格协调。形式服从于园林的内容，体现园林的特性，表达园林的主题。

第四节 风景园林的规划与设计

一、园林规划与设计概述

（一）园林规划设计

城市园林是城市中的“绿洲”，不仅为城市居民提供了文化体系以及其他活动的场所，也为人们了解社会、认识自然、享受现代科学技术带来了方便。园林设计是一门研究如何应用艺术和技术手段处理自然、建筑和人类活动之间复杂关系，以达到和谐完美、生态良好、景色如画境界的一门学科。它的构成要素包括地形、植物、水体、建筑、铺装、园林构筑物等。所有的园林设计，都是建立在这些要素的有机组合之上的。因此，相关园林理论付诸实践的最终落脚点就是这些设计要素。

1. 艺术性设计

园林的规划与建设应当具有一定的审美价值，在满足艺术性的同时也满足其中的实用性。现代园林的规划设计，应当从各种艺术门类中吸收灵感，不论是美术、音乐、建筑，在吸取诸多艺术的特点之后，最终建设成的园林能够给予更多人来自艺术的美感。历史上的诸多艺术流派均能为园林设计提供可参考的艺术形式，让园林设计更加多样化。因此，园林建设最先应当考虑园林的实用价值，同时重视其艺术性，让传统艺术与现代园林相结合，符合现代文明，同时传达艺术思想。

2. 人性化设计

所谓的人性化设计，便是在园林设计的过程中，以游客为中心，在重视园林景观设计的同时，努力为游客着想，最终设计出一个符合游客审美心理且更加便利的园林，让游客在这样的园林中获得身心上的放松。想要达到这一点，设计者需将心理学等学科融入园林设计当中去，努力构想人在不同的环境和条件之下会产生的不同的心理状态和行为，最终拓宽园林的内涵，从而达到以人为本的人性升华，建造出一个成功的现代都市园林。

3. 意境创造

意境美是一种在设计之初就努力营造的氛围，通过园林景观中的文字、图案，甚至部分结构，将一定的情感要素传达给游客，从而使游客触景生情，在情景交融的环境中感受到园林艺术的魅力。然而这种意境的营造需要设计者融合多种要素，才能为游客提供一定的心灵感受。就现代园林建设而言，具有这种意境创造的园林为数极少，因此，要求园林设计者们更多地从我国古典园林中寻找灵感，建设出有别于他国园林且富有中国魅力的园林，让游客在其中流连忘返。

（二）中国古典园林风格与园林建筑

1. 中国古典园林风格

纵观世界历史发展，无论建筑还是园林，其风格形成与其当时社会经济发展、思想文化、阶级和服务对象等都有着密切的关系。在中国古代诸多哲学思想中，以儒、释、道最为经典。儒家思想在历史上不仅作为统治阶级用以安邦治国平天下的工具，而且这种等级制度思想还为古代园林的发展提供了一个平台。佛教传入中国始于西汉，与中国的传统文化融合后，具有浓厚的玄机色彩，其崇尚的“禅机、悟道”和其宣扬的“极乐世界”对中国古代寺院类的园林建设产生极大的影响。道家崇尚自然、返璞归真、逃避当局的思想更是为中国古典园林的浪漫主义思想奠定了哲学基础。这些思想综合起来，加上古代文人的文笔修饰，形成了中国古典园林独特风格的文化渊源和思想基础。

中国古代园林出现于秦汉时期，当时的一些“囿”“苑”，到了魏晋南北朝时期发生转变为园林。在中国古典园林风格开始形成的魏晋南北朝时期，是中国历史上社会剧烈变革、政治动荡不安的时期，文人士大夫阶层对社会现实愤懑不满，却无力对抗，于是极力寻求一个幽静恬然的环境，能够使心灵得以净化，从而达到修身养性的目的。这种隐逸思想导致了中国古典园林重要的山水精神的形成，对后世中国古典园林艺术境界的形成和不断发展开辟了思想指导的先河。

唐宋时期，社会相对稳定，此时的造园家几乎都是文人、画家，他们将文人的志趣、气质、情操反映在园林中，赋予园林诗情画意，使中国园林拥有别具一格的艺术美感，表现出丰富的人文情感。这些构成了中国古典园林艺术意境表达的基本特征。

中国古典园林风格正是在以上的思想文化和艺术意境中逐步形成的。它以自然美为基本特征，加上古代园林建设多是以山水画作为蓝图，于是被定义为“山水画式的园林”。

2. 中国古典园林建筑

在中国古典园林中，园林建筑处于一种辅助地位，其基本特征表现在与周围自然环境的结合，它与园林风格可谓相得益彰。园林建筑多姿多彩的造型，其可居、可游、可观的特点，也都是在上述思想文化和艺术意境中衍生出来的。在古代造园四要素中，建筑作为造园者人工化最多的元素，其常常是造园者用于抒发情感、感物言志、表达封建等级的重要工具。这也是中国古代园林建筑南北差异的重要原因。但从历史的角度来说，中国古典园林建筑设计根植于园林风格之中，沉淀于传统文化之内，它们之间相互融合、相得益彰。

（三）西方古典园林风格与建筑

1. 西方古典园林风格

以法国古典园林为代表的西方几何规则式园林发源于古埃及。历史上古埃及尼罗河每年河水泛滥，洪水退后需重新丈量土地，于是几何学应运而生。古埃及人把几何概念用于早期的园林——果蔬园中。到了公元前 16 世纪，这些农业性质的园林演变为专门供统治阶层享乐审美的观赏性园林。从埃及留下的公元前 12 世纪的古墓壁画上可以看到园林的几何规则式平面布局。公元前 12 世纪以后，随着古埃及与古罗马的频繁交往，几何规则式园林渐渐传入欧洲大陆，古埃及园林成了法国古典园林的雏形。

西方古典园林根植于欧洲文化的肥沃土壤中，深受西方哲学、美学思想的影响。早在公元前 6 世纪，古希腊的毕达哥拉斯学派，便认为万物最基本的元素是数，他们认为是数的原则统治宇宙的一切现象。他们的美学观念也是从数的观点出发，认为美的源泉是数的协调，因此提出“黄金分割律”。这种数学的或几何的审美思想一直深刻地影响着欧洲的艺术界，西方几何规则式古典园林风格正是在这种唯理主义的美学观念影响下逐渐形成的。

2. 西方古典园林建筑

西方古典园林“师法几何”的风格决定了其园林建筑在园林中的地位。西方的思维是善于利用、改造自然来体现人类的价值，而建筑便首当其冲成为园林的要素之一，因此，在西方的古典园林中，建筑一直处于统帅地位。在西方典型的园林里，总是有一座体积庞大的建筑物或构筑物，矗立于园林中十分突出的中轴线上，整个园林以此建筑物为基准，构成其主轴。园林的轴线，只不过是城堡建筑轴线的延伸。园林整体布局服从建筑的构图原则，在园林的轴线上，伸出几条副轴，布置宽阔的林荫道、花坛、水池、喷泉、雕塑等。

（四）当代园林建筑、小品

在古典园林里，没有小品这个名词，园林建筑是诸如亭、廊、榭、舫、厅、堂、馆、轩、斋、楼、阁等类型的统称。在社会物质生活水平不断提高的当代，对园林精神享受需求的多样化要求也随之提高。在当代园林里，园林建筑的类型、功能、形式等发生了变化，因为其功能属性发生了本质的变化，所以，大部分园林建筑已不再像古代园林只满足于私人的生活享受，其形式发生了变化。例如古典园林里的廊，在当代园林里已演变为花架的形式。而园林小品这一近现代园林中特有的名词，是泛指园林中供休息、装饰、照明、展示和为园林管理及方便游人之用的小型建筑设施。园林小品是当今园林景观营造的重要角色，是人与环境关系作用中最基础、最直接、最频繁的实体。

（五）建设生态园林

现代园林建设已经向着自然化、人文化的趋势发展，许多设计者都意识到园林存在的意义便是让自然更加贴近生活在城市中的人们，因此园林设计时应当找到人与自然间相互作用的平衡点，从而进行园林建设。生态园林指的是符合生态学的园林设计，并最终建设出一个良好的绿地系统。在这样的园林中，植物造景是其主要组成部分，木本植物是其中必不可少的生物群，在诸多植物的共同作用下，形成一个充分利用自然资源的空间，并且能够更加充分的改善城市的生态环境建设。生态园林是园林发展的必然趋势，在园林建设中，自然原生态的景物才是现代城市急切需求的，既能够为城市降尘降噪，又能够改善城市的空气质量。

（六）传统园林设计在当代园林景观中的应用

传统的园林设计更注重自然在其中的作用，在园林中时常见到岩石、植被、水流以及天空相互衬托，形成一道天然的景观，这一点是现代园林建设时应当学习的。通过不同景物的组合让其具有更加天然的美感，从而满足游客的视觉平衡感，使园林显得更加美丽。在组合植物时，传统园林也很重视同类色彩的运用，使观赏更具有层次感和空间感，并且在渐变的颜色中，使观赏者的内心产生温和、安静、高雅的感受。现代园林应当重视这一点在景观设计过程中的运用，应注意对点、线、面、体的把握，让整个景观有一定的立体感，刚柔并济、动静结合的表现形式使得园林景观看起来有一定的节奏感。在许多园林中，都可以见到在主色调为大片绿色的草地中，点缀着形状变化的浅绿、深绿的植被或装饰物，有的还会加入碧绿色的水面，再将一些景观设施融入其中，使观赏者产生宁静、高雅的视觉感受。

二、园林规划与设计原则

（一）因地制宜与顺应自然原则

现代风景园林实践的内容早已超越了传统的“园林范畴”，突破了传统的学科界面。区域景观环境、风景环境、乡村、高速公路、城市街道、停车场、建筑屋顶，乃至河流，甚至雨水系统、海绵系统都成为现代风景园林学关注的对象。从花园到公园，再到公园体系，包含建成环境与风景环境，风景园林学的研究尺度不断拓展，带来了研究界面的拓展，使得风景园林师关注的范畴不断扩大。既不囿于小尺度的视角去探讨“点”的问题，也不局限于从区域的高度出发，思考“面”的问题，而是扩展到区域，甚至国土范围，在多层次的视角下，思考人居环境系统与结构性问题。

随着尺度的拓展，自然在场所中占据主导地位，风景环境中自然力成为场所的主导，难以继续一成不变地套用过往的设计理念和方法，形式“美”再也无法成为设计的主角。自然力是无穷的，塑造了地球上绝大部分的景观，而人类对地貌的改变仅仅是极小的一部分。在现有条件下，人类之力无法与自然力相抗衡。消除自然力的影响将耗费巨大的人力、物力，而且是不可持续的，高维护成本下，人类对抵抗自然的防线往往会在瞬时一溃千里，泥石流、台风、地震等每年发生的全球气候灾害便能够从某一方面对其加以证明。因此，“抵抗”不如“顺应”，设计师应当遵循自然的过程，顺应自然力。大自然才是最好的设计师，借助自然的力量不仅省“力”而且省“工”。

“因地制宜”早已成为设计界的共识，“因地制宜”贴合景园环境的特点，这里的“地”是实实在在的土地，代表设计所面对的场所及其蕴含的自然及人文过程。较之于“形式”，自然的过程与规律是内在的动因。与建筑不同，景园环境始终处于动态发展变化之中，“形式”只是阶段性的存在。由此，对规律的把握远比形式更加重要，当代风景园林规划设计应重视场所变化与发展的趋势。由此“Design with Nature”的内涵难以由“设计结合自然”简单加以囊括，而是包含了设计与自然之间的种种复杂联系，如顺应、协同、耦合，最终达到设计与自然的融合。“因地制宜”的设计目标是实现景园环境的可持续。“因地制宜”不仅仅是对场所中固有形式的改造与模仿，更重要的是在顺应自然规律的基础上，解读规律、掌握规律，从场所中探寻设计生成的本质依据，耦合场所固有的发展机制，真正做到“Design with Nature”。

（二）系统设计原则

风景园林规划设计需要依据原生场所，生成满足多目标的、新的景园环境，即设计的人工系统与场所的原生系统之间的耦合，实现的途径为设计与场所的耦合。当代风景园林规划设计所要做的工作是在满足自然系统存在及发展规律的基础之上，将人的需求嫁接、植入。对于以自然为主体的风景环境而言，形态是容易改变的，但其却不是系统本质性的特征，场所中的自然过程与规律不以人的意志为转移。因此，设计者应把握其本质，在研究风景园林系统自我发展过程与规律的基础上开展设计。作为一个相对开放的系统，风景园林系统中诸要素能够与外界发生交换，使得人工系统与原生系统的融合成为可能。针对特定场所的风景园林规划设计由各个设计要素构成，要素之间互相影响、互相调适、共同作用，生成最终的设计结果。

（三）非线性与逻辑性原则

“思维”是在表象、概念的基础上，进行分析、综合、判断、推理等认知活动的过程，是人所特有的高级精神活动。设计是一个复杂的思维活动，包含了直觉思维、形象思维、逻辑思维和创造性思维等多种思维类型与思维领域。设计的过程是一个由意识支配的过程，设计思维影响、制约着创造活动的全过程。从东西方的思维方式上看，以中国为代表的东方思维习惯从整体、系统的角度去把握事物，从普遍联系中分析事物内在的规律性；西方思维重视个体性，善于从一个整体中把事物分离出来，严格按照概念、判断、推理的形式来反映事物的本质属性和内在规律。中国的思维方式大都偏向感性，更多的是靠直觉、经验与归纳；西方的思维更趋于理性，在思考过程中讲求分析、逻辑与推理。东西方思维方式的差异带来了东西方设计思维的不同：东方在设计中注重情感的诉求，专注于前人的设计经验和传统；西方注重科学性与功能性。

在园林设计中也有东西方不同思维的体现。中国造园师们在表现山水时，重视意境的传达，讲求"神似"而不求"形似"，追求"写意"而不求"写实"；而以哈普林（Lawrence Halprin）为代表的西方风景园林师们则通过形态的抽象来模仿自然的山水，如哈普林设计的爱悦广场（Love yue square），利用不规则台地模仿自然山体的等高线，以喷泉的水流轨迹象征加州席尔拉山（High Sierras）的山间溪流。

思维方式植根于历史的实践及科学发展的进程之中，并随着时代的推进而延伸发展。时代的发展对设计思维发展提出更高的要求，特定的时代区间存在着某种特定的思维方式。设计思维的科学化演进可以较有效地减少设计工作中的随意性和不确定性，增加设计结果的可判定性、可靠性与合理性。同时，在一定程度上增强设计工作的系统性、有序性，提高设计工作的效率和质量。风景园林规划设计思维的发展同样顺应了思维的这一演进的过程。

形象思维是人类思维史上最先形成的思维，具有主观性；逻辑思维将概念、判断、推理融为一体来处理抽象概念信息，达到科学判断和结论的目的，具有客观性。形象思维与逻辑思维的互补是现代思维方法发展的趋势。科学思维以逻辑思维为主，艺术思维以形象思维为主。风景园林兼具科学与艺术的特征，与之相应，风景园林规划设计思维也应包含逻辑思维与形象思维两个方面，将这两种思维融合成一种综合性思维。逻辑思维与形象思维在风景园林规划设计中有着不可分割性，两者共同组成设计的思维系统。逻辑是一种有规律的严谨的科学方法，具有两个明显的特征：构造形式语言和演算系统的建立。对于当代风景园林规划设计而言，需要在感性分析的基础上结合理性的分析、归纳与综合的途径。

（四）系统优化与最小化干预原则

"最优"即在园林设计过程中，为了满足一系列的要求而综合协调、相互妥协的最终产物。系统思维是人们在解决复杂系统问题过程中总结出来的现代科学思维方式，是一种立体化、多向化、动态化的思维方式。系统思维不是将设计对象看作独立个体，而是作为一个设计系统对待，综合考虑设计要素之间、设计要素本身以及周围环境之间的相互关系和内部规律。系统论强调将研究对象作为一个整体，而构成整体的各个部分之间协同作用，将各个部分的协同效能最优和最大化，从而实现整体效益最优。优化功能是系统思维最显著的特点，能够进行系统优化，是设计系统的重要特征。

风景园林规划设计具有复杂系统的特征，其一方面保留了自然素材的原初属性，并遵循自然演替规律；另一方面，园林空间又是依据人的诉求营造的空间环境，具有文化内涵，有着多目标的特点。在风景园林环境中协调不同的目标，使系统整体最优化，已成为现代风景园林规划设计的基本原则。

风景园林作为一个复杂的系统，既要服从于自然规律，也要服务于人的诉求，更追求形而上的境界。因此，风景园林规划设计追求“真、善、美”三大基本价值。“真”代表着科学理性，反映人类对过去经验的“规律性”认识；“善”体现出人类的愿景与意志，具有“目的性”；“美”则是理想的境界，具有“精神性”。

比较美术学与建筑学，风景园林学更具复杂性与多元性。当代风景园林学，需要基于学科的自律性，变离散的群知识为系统体系，依据认知规律协调各部分之间的关联，以此来实现系统的最优化。作为系统的风景园林，通过诸要素的集成，将风景园林的自然属性和人工属性通过人为干预生成“新的系统”。系统最优化的目的在于维持风景园林环境的自我更新能力、持续发展能力，并通过设计满足高效、低能耗与多目标特征。系统最优化是最终的设计目标，最小化干预是实现这一目标的策略手段。在最小化干预的前提下，达到系统资源利用的最大化及效能的最优化。

（五）耦合与一体化原则

风景园林规划设计原则对应的设计过程为：场所的分析，分析基础上生成的设计策略，以及策略运用于场所的动态、反馈过程，并通过动态、反馈的协调机制来实现设计目的。机制生成的核心对应于三个方面：一是通过耦合来实现要素与场所之间的协调；二是在人为干预下生成的景园系统具有最优化的基本特征，即综合最优；三是设计与原生环境相融合，具有自我完善与更新的能力，也就是成为可持续发展的一体化新系统。原则指导下生成的设计策略与场所之间是耦合的，最终转化为具体的方法与手段同样与场所相耦合。

（六）量化与参数化原则

人们对外部世界的认知和研判往往遵循先定性后定量的过程。定性研究通过发掘问题、理解事件现象进行相关的分析与解释。在定性研究中，研究者常运用历史回顾、文献分析、访问、观察等方法获得资料，并用非量化的手段对其进行分析并获得研究结论，强调意义、经验与描述。“定性”的方法常用于社会学研究领域，其优点在于表述全面，具有知觉性。定量研究的优势在于直观、理性。定量研究与定性研究相对，是科学研究的重要步骤和方法之一，通过数量将问题与现象进行表示，然后分析、考验、解释，从而获得意义。定量研究与定性研究立足于不同的着眼点：定性研究在于“质”，定量研究在于“量”；两者在研究中主要的方法也不同：“定量”研究采用经验测量、统计分析和建立模型等方法，“定性”研究运用逻辑推理、历史比较等方法；两者的表达形式不同：“定量”主要以数据、模式、图形等来表达，“定性”则以文字性描述为主。

在风景园林规划设计中，既离不开定性研究，也离不开定量研究作为支撑。过去风景园林学的研究往往以定性为主，通过经验与感觉描述事物，并形成判断。当代风景园林学科研究工作的开展需要定性与定量研究方法的有机结合。定量能够以数值对研究对象加以展示，从而与定性方法形成互补。定性的价值在于控制总体方向，定量的价值在于控制过程，只有过程与方向有机结合，才能以合理的“投入”，实现预期的目标，达到最优并且实现可持续。

量化能够将难以定量描述的对象转化为可比较的数值或区间，所以，风景园林规划设计离不开量化方法。风景园林是由相互关联的、不断变化的要素组成的系统，具有动态性特征。这些要素在系统中扮演了不同的角色，在设计的不同阶段发挥不同的作用，权重也各不相同，其共同点是任一要素的改变均会引起系统的变化，进而影响设计的结果。由此可见，风景园林规划设计天然拥有了参数化的特征。参数化体现了场所与设计之间的关联，是实现耦合的重要途径，其优势在于控制与调适。对于风景园林规划设计而言，参数化从理论到实践层面均具有重要的意义。参数化不仅限于设计的理论研究层面，探讨设计系统的内在关联及运作机制，而且能够运用到实际设计过程之中，更为精准地控制设计过程与结果。

三、园林规划与设计方法

（一）园林规划设计方法概述

1. 注重园林绿化功能

不论是厂区绿化、校园环境、公园绿化，还是街道绿化，其主要功能均不同。所以应注重园林的绿化功能，对不同的园林的绿化设计进行考虑。

2. 提高园林绿化的艺术品位

高品位的园林绿化是一幅美丽的立体图画，不仅有点线面的合理运用，还有四季特色的变化，是巧夺天工的人造大自然景观的再现，使人在其中有融于大自然之感，有较高的艺术水平。

3. 具有历史文化内涵

将自然与历史文化紧密联系，是人造景观的重要设计方法之一。能否画龙点睛，使历史人文景观与周围环境或其他方面相互融合、协调一致，并符合人们的审美情操及心理需求，需经过充分论证才有说服力，才能被人们所接受。园林景观的景点不宜太多，太多则显得太杂、太乱，应精心设计，才能恰到好处。

4. 对各项绿化指标进行计算

各项绿化指标包括绿化覆盖率、人均绿地率、立体绿量、多层次植物配置、保持水土、有效地吸收有害气体及灰尘和是否符合生态效益等。只有对这些指标进行精准地计算，才能决定是选择单一的草坪还是乔灌木与林下草坪相结合，避免盲目追求草坪的现象，使草坪与树林相得益彰。

5. 进行树种选择论证

实践证明，以什么树作主体，配置什么树都有讲究。查阅相关资料显示，用小叶黄杨作马尼拉草坪镶边，最后全被吃掉；用小叶女贞绿化草，甲壳虫大暴发难以根除；用红花酢浆草与樟树相互穿插，加重红蜘蛛的危害。一种树比另一种生长快，最后另一种树被挤占，外来树种完全取代乡土树种等配置不当的现象随处可见。不同植物在一起种植要考虑相互间的生长速度、影响能力、阴阳性，树的花、果、叶如何影响树，病虫害的交叉性；同种树的连片与分隔的统一，病虫害防治的难易程度，耐湿耐旱性等都是选择树种的重要因素。通常乡土树种生命力、适应性强，能有效地防止病虫害大暴发，常绿与落叶树分隔，能有效地阻止病虫害的蔓延，林下植草比单一林地或草地更能有效利用光能及保持水土。

6. 估算园林绿化的建设成本及管理费用

不同设计方案的园林绿化，建设成本和维护管理费用不尽相同，很多本是比较好的规划设计，由于建设成本和建成后维护管理费用超过单位经济实力，只能低水平维护，导致观赏效果不理想，很多应有的功能丧失，如草坪被杂草挤占，绿化带太多难以很好地修剪，蛀茎害虫易危害难以防治等。

很多中小城市的运动场也按高标准建植草坪，不管是建坪费用还是将来维护费用都跟不上，最后还是达不到预期的高水平的要求。经验告诉我们，应当既发展一部分高档次、管理要求高的绿化景点，也积极探索大众化、低成本、低维护费的绿化方法，并不断推广，以得到较好的效果。所以在设计时，对植物根据性状的合理选用，论证其管理费用高低，有利于绿化单位更好地达到绿化效果。

（二）现代城市园林规划设计方法

1. 针对城市生态环境进行园林景观设计

现代城市景观园林规划与设计的目的，旨在保护和改善城市生态环境，营造良好的经济文化发展环境和人居环境，因此，城市景观园林的规划设计必须针对生态环境进行。从城市景观园林设计理念来看，近几年有了跨越性的发展，由以往的重视景观规划和建设发展到如今注重植物对城市生态环境的影响。以往由于没有认识到植物对城市生态环境的重要性，导致破坏城市环境的现象时有发生，而现代城市景观园林规划设计都是建立在保护城市生态环境的基础上，结合园林的美观性与实用性进行建设。

在城市景观园林规划与设计过程中，在城市绿化植物的选择上，尽量选择该城市原生植物或特有植物进行景观建设。选用本地植物的目的在于保护当地的生态平衡，避免引入的外来植物对本地植物造成不利影响，以促进城市生态环境的恢复与发展。同时，本地植物的景观设计，在一定程度上也能为打造城市特有植物景观奠定基础，为城市综合文化建设创造条件。例如，哈尔滨市园林景观规划设计中，以丁香花作为主要植物进行景观规划与设计，促进城市文化建设与发展的同时，极大地提升了哈尔滨“丁香之城”的美誉与城市形象。

2. 结合园林文化主题进行景观规划设计

在我国城市园林景观规划设计中，常围绕园林的一个主题，通过多种表现方式来规划设计，并往往以此为园林命名，如苏州皇家园林。由于城市规划和历史变迁等原因，城市园林建设往往包括了原有场地改建和新建两种方式。城市园林原有场地的规划设计，园林设计的整体风格往往由原有基础建筑风格决定，园林景观规划设计必须以原有建筑风格为基础。在景观规划设计之前，设计人员必须进行实地考察，了解当地原有建筑历史与故事、分析原有建筑风格，为城市园林景观规划设计提供参考依据和奠定基础。新建园林景观规划设计，主要围绕园林主题，综合分析园林场地地形、城市气候环境、本地植物生长及形态特点，确定景观主题思想，以开展园林景观规划设计。

3. 以互动式园林景观为规划设计方向

现代城市园林景观规划设计中，“景”与“观”是大多园林景观规划设计的出发点与落脚点，过于重视景的建设而忽略了景观与人的互动性。以互动式景观为基础的城市园林规划设计，通过互动方式为居民休闲与生活提供更丰富的娱乐活动的空间，使忙碌的人们身心愉悦与放松有更多的选择。相较于立体景观雕塑、植物雕塑等单一形式景观或局部景观，以观为主的园林景观设计，现代城市园林景观规划设计更加注重景观与游人的互动。

在现代城市园林景观规划与设计中，以互动为方向的园林景观设计方法主要体现在以下几个方面：第一，水景的采用。现代园林景观中，越来越多的水景被应用于其中以提升园林整体景观效果，利用水景来进行互动，但其效果往往不甚理想，如水景喷泉等，不能很好地达到景观与人的互动。因此，应对水景的利用进行充分考虑。第二，依山而建的半空吊桥、依水而建的秋千式吊桥等。这些是互动式景观的常见设计方法，使人们在观赏景致的同时也能够进行娱乐活动，兼顾园林景观的观赏性与娱乐性，对于促进城市园林景观氛围和社会经济文化建设具有重要意义。

4. 利用立体绿化打造园林景观

受城市化进程加快、城市人口急剧增加、城市土地出现供应紧张的局面的影响和制约，现代城市园林以中小型园林为主，如何使有限的园林面积容纳下更多的景观，成为很多园林设计人员思考的问题。立体绿化园林景观设计是在遵循多年生植物原则，分析植物生长特点，打造持续性的绿化立体景观。立体绿化园林景观在提高园林绿化面积的同时，合理布局景观规划和设计，如充分利用园林景观中的墙体、灯柱、高架绿棚、栅栏、凉亭等建筑，打造独特的观赏性强的立体绿化景观。从城市园林空间上看，适当利用立体结构，能给人以视觉上和心理上的空间的扩大，同时立体绿化景观还具有净化空气浮尘的目的，对提升城市环境质量提供条件。

第二章 园林规划设计基本原理

第一节 园林美学概述

园林艺术是园林学研究的主要内容，是关于园林规划、创作的理论体系，是美学、艺术、诗画、文学、音乐和建筑等多学科理论的综合运用，尤其是美学。

园林艺术运用总体布局、空间组合、体形、比例、色彩、质感等园林语言，构成特定的艺术形象——园林景象，形成一个更为完整的审美主体，以表达时代精神和社会物质文化风貌。

园林美是园林师对生活（包括自然）的审美意识（思想感情、审美趣味、审美理想等）和优美的园林形式的有机统一，是自然美、艺术美和社会美的高度融合。它是衡量园林作品艺术表现力强弱的主要标志。

一、园林美的属性和特征

园林属于多维空间的艺术范畴，一般有两种说法，一曰三维、时空和联想空间（意境）；二曰线、面、体、时空、动态和心理空间等。其实质都说明园林是物质与精神空间的总和。

园林美具有多元性，表现在构成园林的多元素和各元素的不同组合形式之中。园林美也有多样性，主要表现在历史、民族、地域、时代性的多样统一之中。

园林作为一个现实生活境域，营造时就必须借助于自然山水、树木花草、亭台楼阁、假山叠石，乃至物候天象等物质造园材料，将它们精心设计，巧于安排，创造出一个优美的园林景观。因此，园林美首先表现在园林作品可视的外部形象物质实体上，如假山的玲珑剔透、树木的红花绿叶、山水的清秀明洁……这些造园材料及其所组成的园林景观便构成了园林美的第一种形态——自然美实体。

尽管园林艺术的形象是具体而实在的，但园林艺术的美却不仅限于这些可视的形象实体表面，而是借助于山水花草等形象实体，运用各种造园手法和技巧，通过合理布置，巧妙安排，灵活运用来表达和传送特定的思想情感，抒写园林意境。园林艺术作品不仅仅是一片有限的风景，而是要有象外之象，景外之景，即“境生于象外”，这种象外之境即为园林意境。重视艺术意境的创造，是中国古典园林美学上的最大特点。中国古典园林美主要是艺术意境美，在有限的园林空间里，缩影无限的自然，造成咫尺山林的感觉，产生“小中见大”的效果，拓宽了园林的艺术空间。如扬州的个园，成功地布置了四季假山，运用不同的素材和技巧，使春、夏、秋、冬四时景色同时展出，从而延长了园景的时间。这种拓宽艺术时空的造园手法强化了园林美的艺术性。

当然，园林艺术作为一种社会意识形态，作为上层建筑，它自然要受制于社会存在。作为一个现实的生活境域，亦会反映社会生活的内容，表现园主的思想倾向。例如，法国的凡尔赛宫苑布局严整，是当时法国古典美学总潮流的反映，是君主政治至高无上的象征。再如上海某公园的缺角亭，作为一个园林建筑的单体审美，缺角后就失去了其完整的形象，但它有着特殊的社会意义，建此亭时，正值东北三省沦陷于日本侵略者手中，园主故意将东北角去掉，表达了为国分忧的爱国之心。理解了这一点，你就不会认为这个亭子不美，而是会感到一种更高层次的美的含义，这就是社会美。

可见，园林美应当包括自然美、社会美、艺术美三种形态。

系统论有一个著名论断：整体不等于各部分之和，而是要大于各部分之和。园林美不是各种造园素材单体美的简单拼凑，也不是自然美、社会美和艺术美的简单累加，而是一个综合的美的体系。各种素材的美，各种类型的美相互融合，从而构成一种完整的美的形态。

二、园林美的主要内容

如果说自然美是以其形式取胜，园林美则是形式美与内容美的高度统一。它的主要内容有以下十个方面。

（一）山水地形美

包括地形改造、引水造景、地貌利用、土石假山等，它形成园林的骨架和脉络，为园林植物种植、游览建筑设置和视景点的控制创造条件。

（二）借用天象美

借日月雨雪造景。如观云海霞光，看日出日落，设朝阳洞、夕照亭、月到风来亭、烟雨楼，听雨打芭蕉、泉瀑松涛，造断桥残雪、踏雪寻梅等意境。

（三）再现生境美

仿效自然，创造人工植物群落和良性循环的生态环境，创造空气清新、温度适中的小气候环境。花草树木永远是生境的主体，也包括多种生物。

（四）建筑艺术美

风景园林中由于游览景点、服务管理、维护等功能的要求和造景需要，要求修建一些园林建筑，包括亭台廊榭，殿堂厅轩，围墙栏杆，展室公厕等。建筑决不可多，也不可无，古为今用，外为中用，简洁巧用，画龙点睛。建筑艺术往往是民族文化和时代潮流的结晶。

（五）工程设施美

园林中，游道廊桥、假山水景、电照光影、给水排水、挡土护坡等各项设施必须配套，要注意艺术处理而区别于一般的市政设施。

（六）文化景观美

风景园林常为宗教圣地或历史古迹所在地，“天下名山僧占多”。园林中的景名景序、门楹对联、摩崖碑刻、字画雕塑等无不浸透着人类文化的精华，创造了诗情画意的境界。

（七）色彩音响美

风景园林是一幅五彩缤纷的天然图画，是一曲袅绕动听的美丽诗篇。蓝天白云，花红叶绿，粉墙灰瓦，雕梁画栋，风声雨声，鸟声琴声，欢声笑语，百籁争鸣。

（八）造型艺术美

园林中常运用艺术造型来表现某种精神、象征、礼仪、标志、纪念意义以及某种体形、线条美。如图腾、华表、雕像、鸟兽、标牌、喷泉及各种植物造型艺术小品等。

（九）旅游生活美

风景园林是一个可游、可憩、可赏、可学、可居、可食、可购的综合活动空间，满意的生活服务，健康的文化娱乐，清洁卫生的环境，交通便利，治安保证与特产购物，都将给人们带来情趣，带来生活的美感。

（十）联想意境美

联想和意境是我国造园艺术的特征之一。丰富的景物，通过人们的接近联想和对比联想，达到触景生情，体会弦外之音的效果。意境一词最早出自我国唐代诗人王昌龄《诗格》，说诗有三境：一曰物境，二曰情境，三曰意境。意境就是通过意象的深化而构成心境应合，神形兼备的艺术境界，也就是主客观情景交融的艺术境界。风景园林就应该是这样一种境界。

第二节 形式美法则

形式美的法则可以说是作为任何造型艺术的基本问题。自然界常以其形式美取胜而影响人们的审美感受，各种景物都是由外形式和内形式组成的。外形式由景物的材料、质地、线条、体态、光泽、色彩和声响等因素构成；内形式是上述因素按不同规律而组织起来的结构形式或结构特征所构成。园林艺术与建筑雕塑造型艺术相比较，可塑性较弱，显得较为模糊和随意。只有灵活地掌握了这些原则才能创造出生动优美的环境气氛。

形式美是人类在长期社会生产实践中发现和积累起来的，但是人类社会的生产实践和意识形态在不断改变着，并且还存在着民族、地域性及阶层意识的差别。因此，形式美又带有变移性、相对性和差异性。但是，形式美发展的总趋势是不断提炼与升华的，表现出人类健康、向上、创新和进步的愿望。任何单纯追求刺激、怪诞、畸形、杂乱、美丑颠倒的颓废主义都必将为人类所唾弃。

一、形式美的表现形态

（一）“点”

点是构造的出发点，它的移动便形成线，是基本的形态要素，是进入视野内有存在感而与周围形状和背景相比较能产生点的感觉的形状。点的感觉与点的形状、大小、色彩、排列、光影等有关系。点的强化使得目标鲜明醒目，成为审美重点，也可强调整体均衡和稳定中心。

（二）线条美

线条是造园家的语言，是构成景物外观的基本因素，是造型美的基础。它可表现起伏的地形、曲折的道路、婉转的河岸、美丽的桥拱、丰富的林冠线、严整的广场、挺拔的峭壁、简洁的屋面线条的曲直、粗细、长短、虚实、光洁、粗糙等，在人心理上会产生快慢、刚柔、滞滑、利钝、节奏等不同感觉。

线的形态感情。

1. 直线

直线具有坚强、刚直的特性与冷峻感，如水平线、竖直线和斜线。

水平线具有与地面平行而产生附着于地面的稳定感。产生开阔、舒展、亲切、平静的气氛，同时有扩大宽度、降低速度的心理倾向。

竖直线与地面垂直，现实与地球吸引力相反的动力，有一种战胜自然的象征，体现力量与强度，表达崇高向上、坚挺而严肃的情感。

斜线更具有力感、动感和危机感，使人联想到山坡、滑梯的动势，构图也更显活泼与生动。利用直线类组合成的图案，可表现出耿直、刚强、秩序、规则和理性的形态情感。

2. 曲线

曲线具有柔顺、弹性、流畅、活泼的特征，给人以运动的感觉，其心理诱惑感强于直线。几何曲线规则而明了，表达出理智、圆浑统一的感觉，自由曲线则呈现自然、抒情与奔放的感觉。

利用弧形弯曲线组合成的图案，代表着柔和、流畅、细腻和活泼的形态情感。

（三）图形美

图形是由各种线条围合而成的平面形态，它是通过“面”的形式来表现和传达情感。通常分为规则式图形和自然式图形两类。

面是人们直接感知某一物体形状的依据，圆形、方形、三角形是图形最基本的形状，可称为“三原形”。而它们是由不同的线条采用不同的围合方式而形成的。

规则式图形的特征是稳定、有序，有明显的规律变化，有一定的轴线关系和数比关系，庄严肃穆，秩序井然；而不规则图形表达了人们对自然的向往，其特征是自然、流动、不对称、活泼、抽象、柔美和随意。

（四）体形美

体形是由多种面形围合而成的三维空间实体，给人印象最深，具有尺度、比例、体量、凹凸、虚实、刚柔、强弱的量感与质感。风景园林中包含着绚丽多姿的体形美要素，表现于山石、水景、建筑、雕塑、植物造型等，人体本身也是线条与体形美的集中表现。不同类型的景物有不同的体形美，同一类型的景物，也具有多种状态的体形美。现代雕塑艺术不仅表现出景物体形的一般外在规律，而且还抓住景物的内涵加以发挥变型，形成了以表达感情内涵为特征的抽象艺术。

（五）光影色彩美

色彩是造型艺术的重要表现手段之一，通过光的反射，色彩能引起人们生理和心理感应，从而获得美感。

（六）朦胧美

朦胧美产生于自然界，它是形式美的一种特殊表现形态，使人产生虚实相生、扑朔迷离美感。

二、形式美法则的应用

（一）多样与统一

各类艺术都要求统一，且在统一中求变化。园林组成部分的体量、色彩、线条、形式、风格等，都要求一定程度的相似性与一致性。一致性的程度会引起统一感的强弱，十分相似的组分会给人以整齐、庄严、肃穆；而过分一致的组分则给人呆板、单调、乏味的感受。因此，过分的统一则是呆板，疏于的统一则显杂乱，所以常在统一之上加上一个“多样”，意思是需要在变化之中求得统一，免于成为大杂烩。这一原则与其他原则有着密切的关系，起着“统帅”作用。真正使人感到愉悦的风景景观，均由于它的组成之间存在明显的协调统一。要创造多样统一的艺术效果，可以通过以下多种途径来达到。

1. 形式统一

形式统一应先明确主题格调，再确定局部形式。在自然式和规整式园林中，各种形式都是比较统一的，混合式园林主要是指局部形式是统一的，而整体上两种形式都存在。但园内两种形式的交接处不能太突然，应有一个逐步过渡的空间。公园中重要的表现形式是园内道路，其规整式多用直路，自然式多用曲路。由直变曲可借助于规整式中弧形或折线形道路，使其不知不觉中转入曲径。如几何式花坛整形的形式统一；不同形状的建筑，但勒脚形式统一，或屋顶形式统一等。

某些建筑造型与其功能内涵在长期的配合中，形成了相应的规律性，尤其是体量不大的风景建筑，更应有其外形与内涵的变化与统一，如亭、台、楼、阁、餐厅、厕所、展室花房等。如用一般亭子或小卖部的造型去建造厕所，显然是荒唐的。如果在一个充满中国风格的花园内建立一个西洋风格的小卖部，便会感到在形式上失去统一感。

2. 材料统一

无论是一座假山、一堵墙面还是一组建筑，无论是单个或是群体，它们在选材方面既要有变化，又要保持整体的一致性，这样才能显示景物的本质特征。如园林中告示牌、指路牌、灯柱、栏杆、花架、宣传廊、座椅等材料颜色统一。近来多有用现代材料结构表现古建筑的做法，如仿木、仿竹的水泥结构，仿石的斩假石做法，仿大理石的喷涂做法，也可表现理想的质感统一效果。

3. 线条统一

线条统一是指各图形本身的线条图案与局部线条图案的变化统一，例如山石岩缝竖向的统一，天然水池曲岸线的统一等。变化形成多样统一，也可用自然土坡山石构成曲线变化求得多样统一。

4. 色彩统一

用色彩统一来达到协调统一，例如美国东部的枫林住宅区，以突出整体红色枫树林为环境艺术特色，又如中国的油菜花田给人美的享受。

5. 花木统一

公园树种繁多，但可利用一种数量最多的植物花卉来作基调，以求协调。如杭州花港观鱼公园选用常绿大乔木广玉兰作基调。

6. 局部与整体统一

整体统一，局部协调。在同一园林中，景区景点各具特色，但就全园总体而言，其风格造型、色彩变化均应保持与全园整体基本协调，在变化中求完整。如卢沟桥上的石狮子，每一组狮子雕塑为大狮子围合，材料统一，高矮统一，“群小一大”也统一，而变化的范围却是小狮子的数量、位置和姿态以及大狮子的各种造型。总之，变化于整体之中，求形式与内容的统一，使局部与整体在变化中求协调，这是现代艺术对立统一规律在人类审美活动中的具体表现。

（二）对比与微差（对比律）

对比：各要素之间的差异极为显著，称对比（强烈对比）。对比的结果会使得景物生动而鲜明。它追求差异的对比美。

微差：各要素相比，表现出更多相同性，而其不同性在对比之下可忽略不计称微差（微差对比）。微差的表现会使得景物连续而和谐，它追求协调中的差异美。

对比是比较心理的产物，是强调二者的差异性，是对风景或艺术品之间存在的差异和矛盾加以组合利用，取得相互比较、相辅相成的呼应关系。在园林造景中，往往通过形式和内容的对比关系更加突出主体，更能表现景物的本质特征，产生强烈的艺术感染力。如用小突出大，以丑突显美，用拙反衬巧，用粗显示细，用黑暗预示光明等。风景园林造景运用对比律有形体、线形、空间、数量、动静、主次、色彩、光影、虚实、质地、意境等对比手法。另外，在具体应用中，还有不同的表现方法，如“地与图”的反衬，指背景对主景物的衬托对比。

1. 适于用对比的场所

（1）花园入口

用对比手法可以突出花园入口的形象，通过对比既容易使游人发现，又标示出了公园的属性，给人以强烈的印象。

（2）精品景点

对于园中喷水池、雕塑、大型花坛、孤赏石等，对比可使位置突出、形象突出或色彩突出。

（3）建筑附近

尤其对园内的主体建筑，可用对比手法突出建筑形象。

（4）渲染情绪

在十分淡雅的景区，在重要的景点前稍用对比手法，可使游人情绪为之一振。

2. 对比方法

（1）大小（空间）对比

大小的对比，常表现以短衬长，以低衬高，以小见大，以大见小等。以小见大为一种障景的艺术手法，在主要景物前设置屏障，利用空间体量大小的对比作用，达到欲扬先抑，出人意料的艺术效果。

景物大小不是绝对的，而是相形之下比较而来。例如一座雕像，本身并不太高，可通过基座以适当的比例加高，而且四周配植人工修剪的矮球形黄杨，使之在感觉上加高了。相反的用笔直的钻天杨或雪松，会觉得雕塑变矮了。苏州残粒园仅 150 m^2，布置了丰富的景观却并不显得拥挤，反显得扩大了空间，就在于将景物控制在一个较小的尺度以内，即使是园内唯一的构图中心括苍亭也和假山和谐地结合在一起，倚立在住宅的山墙上，以半亭的形式出现。平面虽小，布局紧凑，立面不受拘束，变化随意。各处小巧精致的景观使残粒园对照之下仿佛更大了一些，它是以小托大，以众汇一手法的成功运用。苏州留园中庭面积仅十余亩，人们在进入中庭前需要经过局促的小院，曲折的长廊，狭小的内庭，由花台小景构成的第二个院落，密封的廊子，最后方到达可以纵览湖光山色的绿荫亭。若无 50 m 的过道做准备，绝不会给人以如此鲜明的印象，这种手法通常称作“欲扬先抑”。

（2）色彩对比

园林中关于色彩的对比，在植物素材的运用上表现更为突出。“红花还需绿叶扶”就是对补色搭配的一种总结。色彩的对比包括色彩发生变化和协调的补色对比、色相对比、明度对比、色度对比、冷暖对比、面积对比等。

①补色对比

当两种颜色混合后变为黑色时（或当两束不同颜色的光混合后变为白色时），这两种颜色就叫补色。如红和绿，黄和紫，蓝和橙。其中红和绿明度相似，对比最强烈。这种对比就称为补色对比。如绿荫丛中的寺庙园林的色彩对比。

②色相对比

指纯色之间的对比。黄和绿，红和蓝在一起时的色彩差异。

③明度对比

指不同色彩明暗程度差异。其中明度高的往往会成为引人注目的焦点。如白色就比黑色显眼，中国水墨画就是一种明暗对比的艺术。

④色度对比

也称纯度对比，指饱和色与浊化色之间的对比。如树木的嫩绿、浅绿、深绿、墨绿等不同纯度的表现。

⑤冷暖对比

指光波波长的长短之间的对比。如红、黄给人以温暖，蓝、紫给人以寒凉。

⑥面积对比

色彩的面积对比是不同色彩间的面积差别而产生的效果。一般认为色块的面积和其明度和纯度成正比。在纯度一定时，明度上反映出黄：橙：红：紫：蓝：绿=9：8：6：3：4：6。这就要求小面积的亮色与大面积的暗色搭配以取得协调。

园林利用色彩对比，可以达到明暗与冷暖等对比的效果。园林中的色彩主要来自植物的叶色与花色、建筑物的色彩，为了达到烘托或突出建筑的目的，常用明色、暖色的植物。植物与非植物之间也会产生对比色。如秋高气爽之时，在蔚蓝色天空下正是橙红色槭树类变色的季节，远望能使人感到明快而绚丽。其他如绿色草坪与白色大理石的雕塑、白色油漆的花架上垂挂着开满红花的天空葵等都是对比鲜明的组合。

园林的色彩是围绕着园林的环境随季节和时间的变化。色彩的美主要是情感的表现，要领会色彩的美，就是领会一种色彩所表现的感情。

红色：给人以兴奋、欢乐、热情、活力及危险、恐怖之感。

橙色：给人以明亮、华丽、高贵、庄严及焦躁、卑俗之感。

黄色：给人以温和、光明、快活、华贵、纯净及颓废、病态之感。

青色：给人以希望、坚强、庄重及低贱之感。

蓝色：给人以秀丽、清新、宁静、深远及悲伤、压抑之感。

绿色：给人以青春、和平、朝气、兴旺及衰老之感。

紫色：给人以华贵、典雅、娇艳、幽雅及忧郁、恐惑之感。

褐色：给人以严肃、浑厚、温暖及消沉之感。

白色：给人以纯洁、神圣、清爽、寒凉、轻盈及哀伤、不祥之感。

灰色：给人以平静、稳重、朴素及消极、憔悴之感。

黑色：给人以肃穆、安静、坚实、神秘及恐怖、忧伤之感。

（3）形状对比

自然界中的物体形状，被人们分为圆形、方形（矩形）和三角形（多边形）三种基本形状，俗称为“三原形”。它们的相互组合可以构成世上所有的形状。

圆形：表现自由、舒缓。是所有图形中当面积一定时周边最短最紧凑的形状。古今中外视如金科玉律。给人以纯情、圆润、光华、满足的感受。

方形：表现稳定、威严。是最适用于人类的形状，便于加工成型和相互连接。显现其静态、中性、稳定，长宽比可以变化无穷、规则而灵活。

三角形：表现运动、冲突。代表所有多边形，为圆形和方形的过渡形状。既不像圆形无直唯曲，略显散漫，也不像方形规规矩矩，缺乏灵性。具有活力，可以增加空间感。

（4）方向对比

水平与垂直是人们公认的一对方向对比因素。水边平静广阔的水面与一棵高耸的水杉可形成鲜明的对比，一个碑、塔、阁或雕塑一般是垂直矗立在游人面前，它们与地平面存着垂直方向的对比。由于景物高耸，很容易让游人产生仰慕和崇敬感。

（5）质地对比

利用植物、建筑、山石、水体等造园素材质感的差异形成对比。粗糙与光洁、革质与蜡质、厚实与透明、坚硬与柔软。建筑上仅以墙面而论，也有砖墙、石墙、大理石墙面以及加工打磨情况等不同，而使材料质感上有差异。利用材料质感的对比，可造成浑厚、轻巧、庄严、活泼，或以人工性或以自然性的不同艺术效果。

硬质建筑庭院中种植软质植物的对比，即为一种质地对比的协调处理。

（6）虚实对比

虚给人轻松，实给人厚重。水面中间有一小岛，水体是虚，小岛是实，因而形成了虚实的对比，产生艺术效果。碧山之巅置一小卒，小亭空透轻巧是虚，山巅沉重是实，也形成虚实对比的艺术效果。在空间处理上，开融是虚，闭合是实，虚实交替，视线可通可阻。可从通道、走廊、漏窗、树干间去看景物，也可从广场、道路、水面上去看景物，由虚向实或由实向虚，遮掩变幻，增加观景效果。园林中的虚与实、藏与露等都是常用的对比手法。老一辈造园家提醒“对比多了，等于没有对比”。意思是偶然一用效果卓著，用多了游人反而生厌或无动于衷。

（7）开合对比

在空间处理上，开敞空间与闭合空间也可形成对比。在园林绿地中利用空间的收放开合，可形成敞景与聚景。视线忽远忽近，空间忽放忽收，自收敛空间窥视开敞空间，增加空间的对比感、层次感，创造“庭院深深深几许”的境界。

（8）明暗对比

由于光线的强弱，造成景物的明暗。景物的明暗使人有不同的感受，如叶大而厚的树木与叶小而薄的树木，在阳光下给人的感受就不同。在景区的印象上，明给人以开朗活跃的感觉，暗给人以幽静柔和的感觉。在园林绿地中，明朗的广场空地，供人活动，幽暗的疏密林带，供人散步休息。或在开朗的景区前，布置一段幽暗的通道，以突出开朗的景区。一般来说，明暗对比强的景物令人有轻快振奋的感受，明暗对比弱的景物令人有柔和静穆的感受。

其他方面的对比，如主次对比、高低对比、上下对比、直线与曲折线的对比等手法，都在园林中得以广泛应用。

（三）节奏与韵律

自然界中许多现象，常是有规律的重复和有组织的变化。例如海边的浪潮，一浪一浪地向岸上扑来，均匀而有节奏。在园林绿地中，也常有这种现象，如道旁植树，植一种树好，还是间植两种树好；在一个带形用地上布置花坛，设计成一个长花坛好，还是设计几个花坛并列起来好，这都牵涉到构图中的韵律节奏问题。节奏是最简单的韵律，韵律是节奏的重复变化和深化，富于感性情调使形式产生情趣感。条理性和重复性是获得韵律感的必要条件，简单而缺乏规律变化的重复则单调枯燥乏味。所以韵律节奏是园林艺术构图多样而统一的重要手法之一。

园林绿地构图的韵律与节奏的常见方式有：

重复韵律：洞种因素等间距反复地出现，如行道树、登山道、路灯、带状树池等。

交错韵律：相同或不同要素作有规律的纵横交错、相互穿插。常见的有芦席的编织纹理和中国的木棋花窗格子。

渐变韵律：指连续出现的要素按一定规律或秩序进行微差变化。逐渐加大或变小，逐渐加宽或变窄，逐渐加长或缩短，从椭圆逐渐变成圆形或反之，色彩渐由绿变红等。

旋转韵律：某种要素或线条，按照螺旋状方式反复连续进行，或向上，或向左右发展，从而得到旋转感很强的韵律特征。在图案、花纹或雕塑设计中常见。

突变韵律：指景物以较大的差别和对立形式出现，从而产生突然变化而错落有致的韵律感，给人以强烈变化的印象。

自由韵律：类似像云彩或溪水流动的表示方法，指某些要素或线条以自然流畅的方式，虽不规则但有一定规律地婉转流动，反复延续，出现自然优美的韵律感。

归纳上述各种韵律，根据其表现形式，又可分成三种类型：规则、半规则和不规则韵律。前者表现严整规定性、理智性特征，后者表现其自然多变性、感情性特征，而中者则显示出两者的共同特征。可以说，韵律设计是一种方法，可以把人的眼睛和意志引向一个方向，把注意力引向景物的主要因素。世界现代韵律观差异很大，甚至难以捉摸，总的来说，韵律是通过有形的规律性变化，求得无形的韵律感的艺术表现形式。

（四）比例与尺度

造型艺术的审美对象在空间都占有一定的体积。在长、宽、高三个方向上应该有多大，相互之间的关系怎样，什么是优美和谐的比例，古往今来人们均企图通过健康的人体、美妙的音乐、成功的建筑雕塑来分析找出优美比例的规则……因此，尺度与比例的关系一直是人类自古以来试图解决的问题。

比例是指各部分之间、整体与局部之间、整体与周围环境之间的大小关系与度量关系，是物与物之间的对比，它与具体尺寸无关。

尺度是指与人有关的物体实际大小与人印象中的大小之间的关系，它与具体尺寸有不可分割的联系。如墙、门、栏杆、桌椅的大小常常与人的尺寸产生关系，容易在心理上有固定的印象。

比例对比，是判断某景物整体与局部之间存在着的关系，是否合乎逻辑的比例关系。比例具有满足理智和眼睛要求的特征。比例出自数学，表示数量不同而比值相等的关系。世界公认的最佳数比关系是古希腊毕达哥拉斯学派创立的“黄金分割”理论。即无论从数字、线段或面积上相互比较的两个因素，其比值都近似于1 ∶ 0.618。这一数比关系被称为黄金分割率，它作为美的典范被推崇了几千年，人们不断地在各方面进行对照运用，如生物最旺盛的时期处于0.618时间点上；按人均72 ~ 76岁的寿命，44 ~ 48岁发挥最完美最辉煌最有成就；人处的最佳环境温度为22℃ ~ 24℃时感觉最舒适……

然而在人的审美活动中，比例更多的见之于人的心理感应，这是人类长期社会实践的产物，并不仅仅限于黄金比例关系。那么如何能得到比较好的比例关系呢？17世纪法国建筑师布龙台认为，某个建筑体（或景物）只要其自身的各部分之间有相互关联的同一比例关系时，好的比例也就产生了，这个实体就是完美的。其关键是最简单明确、合乎逻辑的比例关系才产生美感，过于复杂而看不出头绪的比例关系并不美。以上理论确定了圆形、正方形、正三角形、正方内接三角形等，可以作为好的比例衡量标准。

功能决定比例，人的使用功能常常是事物比例的决定原因。如人体尺寸同活动规律决定了房屋三度空间长、宽、高的比例；门、窗洞的高、宽应有的比例，坐凳、桌子和床的比例，各种实用产品的比例，美术字体，各种书籍的长、宽比例关系等。因此，比例有其绝对的一面，也有其相对的一面。

除去相同性质的物体可以相比之外，园林中还有性质不同的景物也在相比之下演变成恰当或不恰当的相互关系。例如苏州留园北山顶上的可亭，旁植生长缓慢的银杏树，当时（约200年前）亭小而显山高，亭与山的体量相比取得了预期的效果。但是现在银杏树成了参天大树，就显得亭小、山矮、比例失调。

园林中到处需要考虑比例的关系，大到局部与全局的比例，小到一木一石与环境的局部。

分区规划时，各区的大小应根据功能、人流及内容要求来决定。例如公园中的儿童游乐区、公共游览区、文化娱乐区等都应根据其功能、内容要求等来确定它们之间的空间比例关系。

种植设计也存在比例问题。一般要根据当地的气象、风向、温度、雨量及阴雨日数的资料来决定草坪面积及乔、灌、草花的比例。乔木虽然可以挡风蔽荫，但易造成园内明暗对比失调，所以不能求之过甚，顾此失彼。又例如：在北方，常绿树与落叶树的数量比一般为1 ∶ 3，乔木与灌木比为7 ∶ 3，而到了海南一带，常绿树与落叶树的数量比例成为2 ∶ 1甚至于3 ∶1，乔木与灌木的比例则为1 ∶ 1左右。

尺度指与人有关的物体实际大小与人印象中的大小之间的关系。久而久之，这种尺度和它的表现形式合为一体而成为人类习惯和爱好的尺度观念。如供给成人使用和供给儿童使用的东西，就具有不同的尺度要求。

在园林造景中，运用尺度规律进行设计为常采用的方法。

1. 单位尺度引进法

即引用某些为人们所熟悉的景物作为尺度标准，来确定群体景物的相互关系，从而得出合乎尺度规律的园林景观。

2. 人的习惯尺度法

习惯尺度仍是以人体各部分尺寸及其活动习惯规律为准，来确定风景空间及各景物的具体尺度。如以一般民居环境作为常规活动尺度，那么大型工厂、机关建筑、环境就应该用较大尺度处理，这可称为依功能而变的自然尺度。而作为教堂、纪念碑、凯旋门、皇宫大殿、大型溶洞等，就是夸大了的超人尺度。它们往往使人产生自身的渺小感和建筑物（景观）的超然、神圣、庄严之感。此外，因为人的私密性活动而使自然尺度缩小，如建筑中的小卧室，大剧院中的包厢，大草坪边的小绿化空间等，使人有安全、宁静和隐蔽感，这就是亲密空间尺度。

3. 景物与空间尺度法

一件雕塑在展室内显得气魄非凡，移到大草坪、广场中则顿感逊色，尺度不佳。一座假山在大水面边奇美无比，而放到小庭园里则感到尺度过大，拥挤不堪。这都是环境因素的相对尺度关系在起作用，也就是景物与环境尺度的协调与统一规律。

4. 模度尺设计法

运用好的数比系列或被认为是最美的图形，如圆形、正方形、矩形、三角形、正方形内接三角形等作为基本模度，进行多种划分、拼接、组合、展开或缩小等，从而在立面、平面或主体空间中，取得具有模度倍数关系的空间，如房屋、庭院、花坛等，这不仅能得到好的比例尺度效果，而且也给建造施工带来方便。一般模度尺的应用采取加法和减法设计。

总之，尺度既可以调节景物的相互关系，又能给人以错觉，从而产生特殊的艺术效果。

建筑空间 1/10 理论，指建筑室内空间与室外庭院空间之比至少为 1 ∶ 1。

景物高度与场地宽度的尺度比例关系，一般用 1 ∶ 6 ~ 1 ∶ 3 为好。

地与墙的比例关系。地与墙为 D 和 H，当 D ∶ H < 1 时为夹景效果，空间通过感快而强；D ∶ H=1 时为稳定效果，空间通过感平缓 D ∶ H > 1 时则具有开阔效果，空间感开敞而散漫，没有通过感。

墙或绿篱的高度在空间分隔上的感觉规律。当高为 30 cm 时有图案感，但无空间隔离感，多用于花坛花纹、草坪模纹边缘处理；当高为 60 cm 时，稍有边界划分和隔离感，多用于台边、建筑边缘的处理；当高为 90 ~ 120 cm 时，具有较强烈的边界隔离感，多用于安静休息区的隔离处理；当高度大于 160 cm，即超过一般人的视点时，则使人产生空间隔断或封闭感，多用于障景、隔景或特殊活动封闭空间的绿墙处理。

（五）稳定与均衡

被古代中国人认为是宇宙组成的五大元素：金、木、水、火、土，五个汉字的象形基本都是左右对称，上小下大。而在西方，“对称”一词与“美丽”同义。构图上的不稳定常常让欣赏者感到不平衡。当构图在平面上取得了平衡，我们称之为均衡；在立面上取得了平衡称之为稳定。

均衡感是人体平衡感的自然产物，它是指景物群体的各部分之间对立统一的空间关系，一般表现为对称均衡和不对称均衡两大类型。

1. 静态均衡

静态均衡也称对称平衡。是指景物以某轴线为中心，在相对静止的条件下，取得左右（或上下）对称的形式，在心理学上表现为稳定、庄重和理性。

2. 动态均衡

动态均衡也称不对称平衡，即景物的质量不同、体量也不同，却使人感觉到平衡。例如门前左边一块山石，右边一丛乔灌木，因为山石的质感很重，体量虽小，却可以与质量轻、体量大的树丛相比较，同样产生平衡感。这种感觉是生活中积淀下来的经验。动态均衡创作法一般有以下几种类型。

构图中心法：在群体景物之中，有意识地强调一个视线构图中心，而使其他部分均与其取得对应关系，从而在总体上取得均衡感。三角形和圆形图案等重心为几何构图中心，是突出主景最佳位置；自然式园林中的视觉重心，也是突出主景的非几何中心，忌居正中。

杠杆均衡法：又称动态平衡法、平衡法。根据杠杆力矩的原理，使不同体量或重量感的景物置于相对应的位置而取得平衡感。

惯性心理法：又称运动平衡法。人在劳动实践中形成了习惯性重心感，若重心产生偏移，则必然出现动势倾向，以求得新的均衡。如一般认为右为主（重），左为辅（轻），故鲜花戴在左胸较为均衡；人右手提起物体，身体必向左倾；人向前跑，手必向后摆。人体活动一般在立体三角形中取得平衡，根据这些规律，我们在园林造景中就可以广泛地运用三角形构图法。园林静态空间与动态空间的重心处理，均是取得景观均衡的有效方法。

3. 质感均衡

根据造景元素的材质的不同，寻求人们心理的一种平衡感受。在我国山水园林中，主体建筑和堆山、小亭等常常各据一端，隔湖相望，大而虚的山林空间与较为密实的建筑空间分量基本相等。在重量感觉上一般认为，密实建筑、石山分量大于土山、树木。同一要素内部给人的印象也有区别，当其大小相近时，石塔重于木阁，松柏重于杨柳，实体重于透空材料，浓色重于浅色，粗糙重于细腻。

4. 竖向均衡

上小下大在远古曾被认为稳定的唯一标准，因为它和对称一样可以给人一种雄伟的印象。而古人大都将宏大气魄作为决定事物是否美丽的不可缺少的条件之一。上小下大，稳如泰山，即为一种概括。这是因为地球引力强加于人使得物体体重小且越靠近地心就越稳定。一旦人们在技术上有可能不依赖于这种上小下大的模式而仍可使构筑物保持稳定的话，他们是乐于尝试新的形式。

今天的园林中应用竖向均衡的例子也很广泛，建筑小品如伞形亭、蘑菇亭等倒三角形以求均衡的运用。园林是自然空间，竖向层次上主要是地形和植物（大乔木），人们难以完全依照自己的意志进行安排，这就要求我们不断地创造更新颖、更适合于特定环境的方案。杭州云溪竹径中小巧的碑亭与高于它八九倍的三株大枫香形成了鲜明对照，产生了类似于平面上大而虚的自然空间和小而实的人工建筑两者之间的平衡感。当我们让树木倾斜生长而造成不稳定的动势时，也可以达到活泼生动的气氛，如同生长在悬崖之上苍劲刚健而古老的松树给人的印象一样。它们常常成为舒缓园林节奏中的特强音符。

6. 统觉与错觉

欣赏物象时常常形成最明显的部分为中心而形成的视觉统一效应，我们称为统觉。由于外界干扰和自身心理定式的作用而对物象产生的错误认识，我们称为错觉。人们的心理定式在通常情况下能够帮助把握住物体的正确形状。

在人工构筑物及其装饰上，统觉和错觉出现得非常频繁，而错觉较统觉运用得更为广泛一些。做规划设计，平面图最为常用。两种立柱在立面图中看不出差别，实际上圆柱较方柱通透一些。这是因为当荷载相同时，即柱面积相等时，圆柱一般较方柱减少遮挡面积达 20% 以上。我国南方园林中圆柱多于方柱，与此不无关系。因此，我们需要正确地掌握错觉，消除它带来的消极影响，并在规划设计的时候让其成为园林造景中的积极因素。例如，由于人们的视觉中心点常聚焦偏重于物象的中心偏上，等分线段上半部就会显得比下半部更近，仿佛就更大一些。如：匾额、建筑上的徽标、车站时钟、建筑阳台；人体尺度上看，全身的重要视点中心在胸部，如胸花；上半身的视点在领，如领花；面部的视点在额头，如点红点等。我们在进行某些规划设计时，可以充分利用这一错觉开展人们视点中心的注意力布局。反之，为避免造成头重脚轻。

7. 主从与统一

任何事物总是有相对和绝对之分，又总是在比较中发现重点，在变化关系中寻求统一。反之，倘若各个局部都试图占据主要或重要位置，必将使整体陷入杂乱无章之中。因此，在各要素之间保持一种合适的地位和关系，对构图具有很大的帮助。美的标准可能并非唯一，但若不符合这些标准就必然丧失美感。

综合性风景空间里，多风景要素、多景区空间、多造景形式的存在，必须有主有次的创作方法，达到丰富多彩、多样统一的效果。园林景观的主景（或主景区）与次要景观（或次景区）总是相比较而存在，又相协调而变化的。这种原理被广泛运用于绘画和造园艺术。在园林中有众多的景区和景点，它们因地制宜，排列组合而形成景区序列，但其中必有主有次，如泰山风景名胜区就有红门景区、中天门景区、岱顶景区、桃花源景区等，其中岱顶景区当仁不让地为主景区。中国古典园林是由很多大小空间组成的，如苏州的拙政园是以中区的荷花池为主体部分，又以远香堂为建筑构图中心；北京颐和园以昆明湖为主体，而以佛香阁为构图中心，其周围均有次要景点，形成“众星捧月”“百鸟朝凤”的形势。

（八）比拟与联想

园林绿地不仅要有优美的景色，而且要有幽深的境界，应有意境的设想。能寓情于景，寓意于景，能把情与意通过景的布置体现出来，使人能见景生情，因情联想，把思维扩大到比园景更广阔更久远的境界中去，创造幽深的诗情画意。

1. 以小见大、以少代多的比拟联想

模拟自然，以小见大，以少代多，用精练浓缩的手法布置成“咫尺山林”的景观，使人有真山真水的联想。如无锡寄畅园的“八音涧”，就是模仿杭州灵隐寺前冷泉旁的飞来峰山势，却又不同于飞来峰。我国园林在模拟自然山水的手法上有独到之处，善于综合运用空间组织、比例尺度、色彩质感、视觉幻化等，使一石有一峰的感觉，使散石有平冈山峦的感觉，使池水迂回有曲折不尽的感觉。犹如一幅高明的国画，意到笔随，或无笔有意，使人联想无穷。

2. 运用植物的特征、姿态、色彩给人的不同感受，而产生比拟联想

如：松——象征坚贞不屈，万古长青的气概；竹——象征虚心有节，清高雅洁的风尚；梅——象征不畏严寒，纯洁坚贞的品质；兰——象征居静而芳，高风脱俗的情操；菊——象征不提风霜，活泼多姿；柳——象征灵活性与适应性，有强健的生命力；枫——象征不畏艰难困苦、老而尤红；荷花——象征廉洁朴素，出淤泥而不染；玫瑰花——象征爱情，象征青春；迎春花——象征春回大地，万物复苏。白色象征纯洁，红色象征活跃，绿色象征平和，蓝色象征幽静，黄色象征高贵，黑色象征悲哀。但这些只是象征而已，并非定论，而且因民族、习惯、地区、处理手法等不同又有很大的差异，如“松、竹、梅”有“岁寒三友”之称，“梅、兰、菊、竹”有“四君子”之称，都是诗人、画家的封赠。广州的红木棉树称为英雄树，长沙岳麓山广植枫林，确有“万山红遍，层林尽染”的景趣。而爱晚亭则令人想到“停车坐爱枫林晚，霜叶红于二月花”的古人名句。

3. 运用园林建筑、雕塑造型，而产生的比拟联想

园林建筑、雕塑的造型，常与历史、人物、传闻、动植物形象等相联系，能使人产生思维联想。如布置蘑菇亭、月洞门、小广寒殿等，人置身其中产生身临神话世界或月宫之感，至于儿童游戏场的大象和长颈鹿滑梯，则培养了儿童的勇敢精神，有征服大动物的豪迈感。在名人的雕像前，则会令人有肃然起敬之感。

4. 运用文物古迹而产生的比拟联想

文物古迹发人深省，游成都武侯祠，会联想起诸葛亮的政绩和三足鼎峙的三国时代的局面；游成都杜甫草堂，会联想起杜甫富有群众性的传诵千古的诗章；游杭州岳坟、南京雨花台、绍兴风南亭，会联想起许多可歌可泣的往事，使人得到鼓舞。文物在观赏游览中也具有很大的吸引力。在园林绿地的规划布置中，应掌握其特征，加以发扬光大。如系国家或省、市级文物保护单位的文物、古迹、故居等，应分情况，“整旧如旧”，还原本来面目，使其在旅游中发挥更大的作用。

5. 运用景色的命名和题咏等而产生的比拟联想

好的景色命名和题咏，对景色能起画龙点睛的作用。如含义深、兴味浓、意境高，能使游人

有诗情画意的联想。陈毅同志游桂林诗有云："水作青罗带，山如碧玉簪。洞穴幽且深，处处呈奇观。桂林此三绝，足供一生看。春花娇且媚，夏洪波更宽，冬雪山如画，秋桂馨而丹。"短短几句，描绘出桂林的"三绝"和"四季"景色，提高了风景游览的艺术效果。

第三节　园林艺术法则与造景手法

一、景的含义

园林风景是由许多景组成的，所谓"景"就是一个具有欣赏内容的单元，是从景色、景致和景观的含义中简化而来，也就是在园林中的某一地段，按其内容与外部的特征具有相对独立性质与效果即可成为一景。一个景的形成要具备两个条件，一是它的本身具有可赏的内容，另一个是它所在的位置要便于被人觉察，二者缺一不可。

东西方的造园理论都十分重视景的利用，把景比作一幅壁画，比作舞台上的天幕布，比作音乐中的主旋律等。实际上就是景的序列，我们如何巧妙地去安排和布置，完全取决于造园家和设计者本身。

二、中国园林造园艺术法则

（一）造园之始，意在笔先

意，可视为意志、意念或意境。强调在造园之前必不可少的创意构思、指导思想、造园意图，这种意图是根据园林的性质、地位而定的。

（二）相地合宜，构园得体

凡造园，必按地形、地势、地貌的实际情况，考虑园林的性质、规模，构思其艺术特征和园景结构。只有合乎地形骨架的规律，才有构园得体的可能。造园多用偏幽山林，平岗山窟，丘陵多树等地，少占农田好地，这也符合当今园林选址的方针。

在如何构园得体方面，园林布局首先要进行地形及竖向控制，只有山水相依，水陆比例合宜，才有可能创造好的生态环境。城乡风景园林应以绿化空间为主，绿地及水面应占有园林面积的 80% 以上，建筑面积应控制在 1.5% 以下，并应有必要的地形起伏，创造至高控制点。引进自然水体，从而达到山茵水活的境地。

（三）因地制宜，随势生机

通过相地，可以取得正确的构园选址，然而在一块地上，要想创造多种景观的协调关系，还要靠因地制宜，随势生机和随机应变的手法，进行合理布局。"景到随机""得景随形"等原则，不外乎是要根据环境形势的具体情况，因山就势，因高就低，随机应变，因地制宜地创造园林景观，即所谓"高方欲就亭台，低凹可开池沼；卜筑贵从水面，立基先究源头，疏源之去由，察水之来历"，这样才能达到"景以境出"的效果。在现代风景园林的建设中，这种对自然风景资源的保护顺应意识和对园林景观创作的灵活性，仍是实用的。

（四）巧于因借，精在体宜

风景园林既然是一个有限空间，就免不了有其局限性，但是具有酷爱自然传统的中国造园家，从来没有就范于现有空间的局限，而是用巧妙的“因借”手法，给有限的园林空间插上了无限风光的翅膀。“因”者，是就地审势的意思，“借”者，景不限内外，所谓“晴峦耸秀，钳宇凌空；极目所至，俗则屏之，嘉则收之……”，这种因地、因时借景的做法，大大超越了有限的园林空间。像北京颐和园远借玉泉山宝塔，无锡寄畅园仰借龙光塔，苏州拙政园屏借北寺塔，南京玄武湖公园遥借钟山。古典园林的“无心画”“尺户窗”的内借外，此借彼；山借云海，水借蓝天；东借朝阳，西借余晖；秋借红叶，冬借残雪；镜借背景，墙借疏影。借声借色，借情借意，借天借地，借远借近，这真是放眼环宇，博大胸怀的表现。用现代语言说，就是汇集所有外围环境的风景信息，拿来为我所用，取得事半功倍的艺术效果。

（五）欲扬先抑，柳暗花明

一个包罗万象的园林空间，怎样向游人展示她的风采呢？东西方造园艺术似乎各具特色。西方园林以开朗明快，宽阔通达，一目了然为其偏好，而中国园林却以含蓄有致、曲径通幽、逐渐展示、引人入胜为特色。尽管现代园林有综合并用的趋势，然而作为造园艺术的精华，两者都有保留发扬的价值。究竟如何取得引人入胜的效果呢？中国文学及画论给了很好的借鉴，如“山重水复疑无路，柳暗花明又一村”“欲露先藏，欲扬先抑”等，这些都符合东方的审美心理与规律。如在造园时，运用影壁、假山水景等作为入口屏障；利用绿化树丛作隔景；创造地形变化来组织空间的渐进发展；利用道路系统的曲折引进，园林景物的依次出现；利用虚实院墙隔而不断，利用园中园，景中景的形式等，都可以创造引人入胜的效果。它无形中拉长了游览路线，增加了空间层次，给人们带来柳暗花明，绝路逢生的无穷情趣。

（六）起结开合，步移景异

如果说，欲扬先抑给人们带来层次感，起结开合则给人们以韵律感。写文章、绘画有起有结，有开有合，有放有收，有疏有密，有轻有重，有虚有实。造园又何尝不是这样呢？人们如果在一条等宽的胡同里绕行，尽管曲折多变，层次深远，却贫乏无味，游兴大消。节奏与韵律感，是人类生理活动的产物，表现在园林艺术上，就是创造不同大小类型的空间，通过人们在行进中的视点、视线、视距、视野、视角等反复变化，产生审美心理的变迁，通过移步换景的处理，增加引人入胜的吸引力。风景园林是一个流动的游赏空间，善于在流动中造景，也是中国园林的特色之一。现代综合性园林有着广阔的天地，丰富的内容，多方位的出入口，多种序列交叉游程，所以不能有起、结、开、合的固定程序。在园林布局中，我们可以效仿古典园林的收放原则，创造步移景异的效果。比如景区的大小，景点的聚散，绿化草坪植树的疏密，自然水体流动空间的收与放，园路路面的自由宽窄，风景林木的郁闭与稀疏，园林建筑的虚与实等，这种多领域的开合反复变化，必然会带来游人心理起伏的律动感，达到步移景异、渐入佳境的效果。

（七）小中见大，咫尺山林

前面提到的因借是利用外景来扩大空间的做法。小中见大，则是调动内景诸要素之间的关系，通过对比、反衬，造成错觉和联想，达到扩大空间感，形成咫尺山林的效果。这多用于较小的园林空间，利用形式美法则中的对比手法，以小寓大，以少胜多。模拟与缩写是创造咫尺山林，小中见大的主要手法之一，堆石为山，立石为峰，凿池为塘，垒土为岛，都是模拟自然，池仿西湖水，岛作蓬莱、方丈，使人有虽在小天地，却似置身大自然的感受。

苏州狮子林、苏州环秀山庄都是在咫尺之境，创造山峦云涌、峭崖深谷、林木丛翠之典型佳作。

（八）虽由人作，宛自天开

无论是寺观园林、皇家园林或私家庭园，造园者顺应自然、利用自然和仿效自然的主导思想始终不移，认为只要“稍动天机”，即可做到“有真为假，做假成真”，无怪乎外国人称中国造园为“巧夺天工”。

纵览我国造园范例，顺天然之理、应自然之规，用现代语言，就是遵循客观规律，符合自然秩序，攒取天然精华，造园顺理成章。

（九）文景相依，诗情画意

中国园林艺术之所以流传古今中外，经久不衰，一是有符合自然规律的造园手法，二是有符合人文情意的诗、画文学。“文因景成，景借文传”，正是文、景相依，才更有生机。同时，也因为古人造园，到处充满了情景交融的诗情画意，才使中国园林深入人心，流芳百世。

文、景相依体现出中国风景园林对人文景观与自然景观的有机结合，泰山被联合国列为文化与自然双遗产，就是最好的例证。泰山的宗教、神话、君主封禅、石雕碑刻和民俗传说，伴随着泰山的高峻雄伟和丰富的自然资源，向世界发出了风景音符的最强音。

中国园林的诗情画意，还集中表现在它的题名、楹联上。北京“颐和园”表示颐养调和之意；“圆明园”表示君子适中豁达、明静、虚空之意；表示景区特征的如避暑山庄康熙题三十六景四字和乾隆题三十六景三字景名。四字的有烟波致爽、水芳岩秀、万壑松风、锤峰落照、南山积雪、梨花伴月、濠濮间想、水流云在、风泉清听、青枫绿屿等；三字的有烟雨楼、文津阁、山近轩、水心榭、青雀舫、冷香亭、观莲所、松鹤斋、知鱼矶、采菱渡、驯鹿坡、翠云岩、畅远台等。

杭州西湖更有苏堤春晓、曲院风荷、平湖秋月、三潭印月、柳浪闻莺、花港观鱼、南屏晚钟、断桥残雪等景名。引用唐诗古词而题名的，更富有情趣，如苏州拙政园的“与谁同坐轩”，取自苏轼诗“与谁同坐轩？明月、清风、我”。利用匾额点景的如颐和园的“涵虚”“卷秀”牌坊，涵虚一表水景，二表涵纳之意；蚩秀表示招贤纳士之意。北海公园中的“积翠”“堆云”牌坊，前者集水为湖，后者堆山如云之意，取自郑板桥诗“月来满地水，云起一天山”。如泰山普照寺内有“筛月亭”，因旁有古松铺盖，取长松筛月之意。亭之四柱各有景联，东为“高筑西椽先得月，不安四壁怕遮山”；南为“曲径云深宜种竹，空亭月朗正当楼”；西为“收拾岚光归四照，招邀明月得兰分”；北为“引泉种竹开三径，援释归儒近五贤”，对联出自四人之手。这种以景造名，又借名发挥的做法，把园景引入了更深的审美层次。登上泰山南天门，举目可见“门辟九霄仰步三天胜迹，阶崇万级俯临千幢奇观”，真是一身疲惫顿消，满腹灵气升华。

杭州灵隐用“飞来峰”景名给人带来无限的神秘感。雕在山石上的大肚弥勒佛两对联“大肚能容容世间难容之事，佛颜常笑笑天下可笑之人”，再看大肚佛憨笑之神态，真是点到佳处，发人深思。再如“邀月门”取自李白“举杯邀明月，对影成三人”；“松风阁”取自杜甫“松风吹解带，山月照弹琴”。除了引诗赋题名外，还有因景传文而名扬四海的，如李白的“朝辞白帝彩云间，千里江陵一日还。两岸猿声啼不住，轻舟已过万重山”诗句给四川白帝城增了辉。对于园林中特定景观的文学描述或取名，给人们以更加深刻的诗情画意。如对月亮的形容有金蟾、金兔、金镜、金盘、银台、玉兔、玉轮、悬弓、婵娟、宝镜、素娥、蟾宫等。春景的景名有杏坞春深、长堤春柳、海棠春坞、绿杨柳、春笋廊等。夏景有曲院风荷，以荷为主的诗句“毕竟西湖六月中，风光不与四时同。接天莲叶无穷碧，映日荷花别样红。”夏景还有听蝉谷、消夏湾（太湖）、听雨轩、梧竹幽居、留听阁、远香堂（拙政园）。秋景有金岗秋满（苏州退思园）、扫叶山房（南京清凉山）、闻木樨香轩、秋爽斋、写秋轩等。冬景有风寒居、三友轩、南山积雪、踏雪寻梅。

总之，文以景生，景以文传，引诗点景，诗情画意，这是中国园林艺术的特点之一。

（十）胸有丘壑，统筹全局

写文章要胸有成竹，而造园者必须胸有丘壑，把握总体，合理布局，贯穿始终。只有统筹兼顾，一气呵成，才有可能创造一个完整的风景园林体系。

中国造园是移天缩地的过程，而不是造园诸要素的随意堆砌。绘画要有好的经营位置，造园就要有完整的空间布局。布局要有构图中心，范围要有摆布余地，建筑、栽植等格调灵活，但要各得其所。

造园者必须从大处着眼摆布，小处着手理微，用洄游线路组织游览，用统一风格和意境序列贯穿全园。这种原则同样适用于现代风景园林的规划工作，只是现代园林的形式与内容都有较大的变化幅度，以适应现代生活节奏的需要。

总之，造园者只有胸有丘壑，统观全局，运筹帷幄，贯穿始终，才能创造出“虽由人作，宛自天开”的风景园林总体景观。

三、常用造景艺术手法

中国传统造园艺术的显著特点是：既属工程技术，又属人文造景艺术，技艺交融。

在风景园林中，因借自然，模仿自然，创造供游人游览观赏的景色，我们称之为造景。常用造景艺术手法归纳起来包括主景与配景、对景与障景、分景与隔景、夹景与框景、透景与漏景、配景与添景、前景与背景、层次与景深、仰景与俯景、引景与导景、实景与虚景、景点与点景、内景与外景、远景与近景、朦胧与烟景、四时造景等。

（一）主景与配景

主景是景色的重点、核心，是全园视线的控制点，在艺术上富有较强的感染力。配景相对于主景而言，主要起陪衬主景的作用，不能喧宾夺主，在园林中是主景的延伸和补充。

突出主景的手法有：

主体抬高：采用仰视观赏，以简洁明朗的蓝天为背景，使主体造型轮廓线鲜明、突出。

轴线运用：轴线是风景、建筑发展延伸的方向，需要有力的端点，主景常设置在轴线端点和交点上。

动势向心：水面、广场、庭院等四面围合的空间周围景物往往具有向心动势，在向心处布置景物形成主景。

空间构图重心：将景物布置在园林空间重心处构成主景。规则式园林几何中心即为构图中心。自然式园林要依据形成空间的各种物质要素以及透视线所产生的动势来确定均衡重心。

（二）分景

分景是分割空间，增加空间层次，丰富园中景观的一种造园技法。分景常用的形式有点、对、隔、漏。

（三）点景

点景是用楹联、匾额、石碑、石刻等形式对园林景观加以介绍、开阔的手法，点出景的主题，激发艺术想象，同时具宣传、装饰、导游作用。

（四）对景

对景是位于绿地轴线及风景视线端点的景。位于轴线一端的为正对景；轴线两端皆有景为互对景。正对景在规则式园林中常为轴线上的主景。在风景视线两端设景，两景互为对应，很适于静态观赏。对景常置于游览线的前方，给人以直接、鲜明的感受，多用于园林局部空间的焦点部位。

（五）隔景

隔景是将绿地分为不同的景区而造成不同空间效果的景物。它使视线被阻挡，但隔而不断，空间景观相互呼应。通常有实隔、虚隔、虚实隔三种手法。

实隔：实墙、山体、建筑。

虚隔：水面、漏窗、通廊、花架、疏林。

虚实隔：堤岛、桥梁、林带可造成景物若隐若现的效果。

（六）障景

障景是抑制视线、分割空间的屏障景物，常采用突然逼近的手法，使视线突然受到抑制，而后逐渐开阔，即所谓“欲扬先抑，欲露先藏”的手法，给人以“柳暗花明”之感。常以假山石墙为障景，多位于入口或园路交叉处，以自然过渡为最佳。

为增加景深感，在空间距离上划分前（近）、中、背（远）景，背景、前景为突出中景服务。创造开朗宽阔、气势雄伟景观，可省去前景，烘托简洁的背景；突出高大建筑，可省略背景，采用低矮前景。

（七）添景

添景是用于没有前景而又需要前景时。当中景体量过大或过小，需添加景观要素以协调周围环境或中景与观赏者之间缺乏过渡均可设计添景。位于主景前面景色平淡的地方用以丰富层次的景物，如平展的枝条、伸出的花朵、协调的树形。

（八）夹景

为突出景色，以树丛、树列、山石、建筑物等将左右两侧加以屏障，形成较为封闭的狭长空间，左右两侧的景观即称夹景。夹景是利用透视线、轴线突出对景的方法之一，集中视线，增加远景深远感。

（九）漏景

由框景演变，框景景色全现，漏景若隐若现，含蓄雅致，为空间渗透的一种主要方法，主要由漏窗、漏墙、疏林、树干、枝叶形成。

（十）框景

框景是利用门、窗、树、洞、桥，有选择地摄取另一空间景色的手法。框景设计应对景开框或对框设景。框与景互为对应，共成景观。

（十一）借景

借景，是指利用园外或远处景观来组织更为丰富的风景欣赏的一种极为重要的造景手段。可以扩大空间，丰富景园。借景依距离、视角、时间、地点等不同，有远借、邻借、仰借、俯借、应时而借……

古典园林的因借手法：内借外、此借彼、山借云海、水借蓝天、东借朝阳、西借余晖、秋借红叶、冬借残雪、镜借背景、墙借疏影、松借坚毅、竹借高洁、借声借色、借情借意、借天、借地、借远、借近……

借远处景色观赏，常登高远眺，可以利用有利地形开辟透视线，也可堆假山叠高台或山顶设亭、建阁。

利用仰视观赏高处景观，如古塔、楼阁、大树以及明月繁星、白云飞鸟……仰视观赏视觉易疲劳，观赏点应设亭、台、座椅。

一年四季，一日之中，景色各有不同。时常借季节、时间来构成园景。如：苏堤春晓（春景）；曲院荷风（夏景）；平湖秋月（秋景）；断桥残雪（冬景）；雷峰夕照（晚霞景）；三潭印月（夜景）。

第四节　园林空间艺术布局

在园林艺术理论指导下对所有空间进行巧妙、合理、协调、系统的安排的艺术，目的在于构成一个既完整又开放的美好境界。常从静态、动态两方面进行空间艺术布局（构图）。

一、静态空间艺术构图

在一个相对独立环境中，随诸多因素的变化，使得人的审美感受各不相同，有意识进行构图处理，就会产生丰富多彩的艺术效果。

静态空间艺术是指相对固定空间范围内的审美感受。一般按照活动内容，静态空间可分为生活居住空间、游览观光空间、安静休息空间、体育活动空间等。按照地域特征分为山岳空间、台地空间、谷地空间、平地空间等；按照开朗程度分为开朗空间、半开朗空间和闭锁空间等；按照构成要素分为绿色空间、建筑空间、山石空间、水域空间等；按照空间大小分为超人空间、自然空间和亲密空间；依其形式分为规则空间、半规则空间和自然空间；根据空间的多少又分为单一空间和复合空间等。

（一）风景界面与空间感

由自然风景的景物面构成的风景空间，称之为风景界面。景物面实质上是空间与实体的交接面。风景界面即局部空间与大环境的交接面，由天地及四周景物构成。

风景界面主要有底界面、壁界面、顶界面。风景底界面可以是草地、水面、砾石或沙地、片石台地以及溪流等类型；风景的壁界面，常常为游人的主要观赏面，为悬崖峭壁、古树丛林、珠帘瀑布、峰林峡谷等。风景的壁面处理，除了自然景观外，人工塑造观赏面也是我国造园中常采用的手法。如山崖壁面的石刻、半山寺庙等，均为风景壁面增色不少；风景顶界面，一般情况下没有明显的界面，多以天空为背景，在溶洞中、石窟内，虽有顶面存在，但不易长时间仰视观赏，多不被注意。

1. 自然风景界面的类型

涧式空间：两岸为峭壁，且高宽比大，下部多为溪流、河谷。由于河床窄，绝壁陡而高，溪回景异，变换多姿，常给人以幽深、奇奥的美感。

井式空间：四周为山峦，空间的高宽比在5∶1以上，封闭感较强，常构成不流通的内部空间。

天台式空间：多为山顶的平台，视线开阔，常是险峰上的“无限风光”之处。

一线天空间：意指人置身于悬崖裂缝间只能看到一条窄狭的天缝。“一线天”可宽可窄，可长可短，宽者可接近嶂谷，窄者就像一条岩缝，仅能容一身穿行，给人一种险峻感、深邃感和奇趣感。

山腰台地空间：在山腰或山脚上部，有突出于山体的台地，这种地势，一面靠山，三面开敞，背山面势，开阔与封闭的对比较强，同时又因离开了山体，增强了层次效果，往往可造成较好的景观。

动态流通空间：在溪流河道沿岸，山的起伏和层次变化，配以倒影效果，常富于景观变换，构成流通空间，宜动态观赏。

洞穴空间：包括溶洞、山内裂隙、山壁岩屋、天坑等，常造成阴森、奇险之感。

回水绝壁空间：当流水受阻，因水的切割而形成绝壁，同时，因水的滞流形成水汀，在深潭的出口，流速减缓而形成沙洲，这种空间有闭锁与开阔的对比，常为风水先生利用来造景。

洲、岛空间：沿海的沙洲、沿湖海的半岛与岛屿，特别是水库形成的众多小岛，使开阔的水面产生多层次和多变化的水面空间景观效果。

植物空间：林中空地、林荫道等由植物组成的空间，是比地貌空间更有生命力的空间环境，也是自然风景空间必不可少的组成部分。

2. 空间的分类

按照风景空间给人的感受不同，可划分为三种空间。

开敞空间：开敞空间是指人的视线高于周围景物的空间。开敞空间内的风景称为开朗风景。高高的山岭、苍茫的大海、辽阔的平原都属于开敞空间。开敞空间可以使人的视线延伸到远方，使人目光宏远，给人以明朗开阔和心怀开放的感受。

闭锁空间：闭锁空间是指人的视线被周围景物遮挡住的空间。闭锁空间内的风景叫闭锁风景。闭锁空间给人以深幽之感，但也有闭塞感。

纵深空间：纵深空间是指狭长的地域，如山谷、河道、道路等两侧视线被遮住的空间。纵深空间的端点，正是透视的焦点，容易引起人的注意，常在端部设置风景，谓之对景。

3. 风景界面与空间感受

以平地（或水面）和天空构成的空间，有旷达感，所谓心旷神怡；以峭壁或高树夹持，其高宽比大约6 ∶ 1 ~ 8 ∶ 1 的空间有峡谷或夹景感；由六面山石围合的空间，则有洞府感；以树丛和草坪构成的不小于1 ∶ 3 的空间，有明亮亲切感；以大片高乔木和矮地被组成的空间，给人以荫浓景深的感觉；一个山环水绕，泉瀑直下的围合空间给人清凉世界之感；一组山环树抱、庙宇林立的复合空间，给人以人间仙境的神秘感；一处四面环山、中部低凹的山林空间，给人以深奥幽静感；以烟云水域为主体的洲岛空间，给人以仙山琼阁的联想；还有，中国古典园林的咫尺山林，给人以小中见大的空间感；大环境中的园中园，给人以大中见小（巧）的感受。

由此可见，巧妙地利用不同的风景界面组成关系，进行园林空间造景，将给人们带来静态空间的多种艺术魅力。

（二）静态空间的视觉规律

利用人的视距规律进行造景、借景，将取得事半功倍之效，可创造出预想的艺术效果。

1. 最宜视距

正常人的清晰视距为25 ~ 30 m，明确看到景物细部的视野为30 ~ 50 m，能识别景物类型的视距为150 ~ 270 m，能辨认景物轮廓的视距为500 m，能明确发现物体的视距为1200 ~ 2000 m，但这已经没有最佳的观赏效果。至于远观山峦、俯瞰大地、仰望太空等，则是畅观与联想的综合感受了。

2. 最佳视域

人的正常静观视域，垂直视角为130°，水平视角为160°。但按照人的视网膜鉴别率，最佳垂直视角小于 30°，水平视角小于 45°，即人们静观景物的最佳视距为景物高度的 2 倍或宽度的 1.2 倍，以此定位设景则景观效果最佳。但是，即使在静态空间内，也要允许游人在不同部位赏景。建筑师认为，对景物观赏的最佳视点有三个位置，即垂直视角为 18°（景物高的 3 倍距离）、27°（景物高的 2 倍距离）、45°（景物高的 1 倍距离）。如果是纪念雕塑，则可以在上述三个视点距离位置为游人创造较开阔平坦的休息欣赏场地。

3. 三远视景

除了正常的静物对视外，还要为游人创造更丰富的视景条件，以满足游赏需要。借鉴画论三远法，可以取得一定的效果。

仰视高远：一般认为视景仰角分别大于 45°、60°、90° 时，由于视线的不同消失程度可以产生高大感、宏伟感、崇高感和危险感。若 > 90° 则产生下压的危机感。这种视景法又称虫视法。在中国皇家宫苑和宗教园林中常用此法突出皇权神威，或在山水园中创造群峰万壑、小中见大的意境。如北京颐和园中的中心建筑群，在山下德辉殿后看佛香阁，仰角为 62° 产生宏伟感，同时，也产生自我渺小感。

俯视深远：居高临下，俯瞰大地，为人们的一大乐趣。园林中也常利用地形或人工造景，创造制高点以供人俯视。绘画中称之为鸟瞰。俯视也有远视、中视和近视的不同效果。一般俯视角小于 45°、30°、10° 时，则分别产生深远、深渊、凌空感。当小于 0° 时，则产生欲坠危机感。登泰山而一览众山小，居天都而有升仙神游之感，也产生人定胜天之感。

中视平远：以视平线为中心的 30° 夹角视域，可向远方平视。利用创造平视观景的机会，将给人以广阔宁静的感受，坦荡开朗的胸怀。因此园林中常要创造宽阔的水面、平缓的草坪、开敞的视野和远望的条件，这是把天边的水色云光、远方的山廓塔影借来身边，一饱眼福。

三远视景都能产生良好的借景效果，根据“佳则收之，俗则屏之”的原则，对远景的观赏应有选择，但这往往没有近景那么严格，因为远景给人的是抽象概括的朦胧美，而近景才给人以具象细微的质地美。

4. 花坛设计的视角视距规律

独立的花坛或草坪花丛都是一种静态景观，一般花坛又位于视平线以下，根据人的视觉，当花坛的花纹距离游人渐远时，所看到的实际画面也随之而缩小变形。不同的视角范围内其视觉效果各有不同。花坛或草坪花丛设计时必须注意几点规律：①一个平面花坛，在其半径大约为 4.5 m 的区段其观赏效果最佳。②花坛图案应重点布置在离人 1.5 ~ 4.5 m，而靠近人 1 ~ 1.5 m 区段只铺设草坪或一般地被植物即可。③在人的视点高度不变的情况下，花坛半径超过 4.5 m 以上时，花坛表面应做成斜面。当倾角不小于 30° 时花坛已成半立体状，倾角为 60° 时花坛表面达到了最佳状态。④当立体花坛的高度超过视点高度 2 倍以上时，应相应提高人的视点高度。⑤如果人在一般平地上欲观赏大型花坛或大面积草坪花纹时，可采用降低花坛或草坪花丛高度的办法，形成沉床式效果，这在法国庭园花园中应用较早。⑥当花坛半径加大时，除了提高花坛坡度外，还应把花坛图案成倍加宽，以便克服图案缩小变形的缺陷。

总之，上述视角视距分析并非要求我们拘泥于固定的角度和尺寸关系，而是要在多种复杂的情况下，寻求一些规律以创造尽可能理想的静态观景效果。

5. 静态空间的尺度规律

既然风景空间是由风景界面构成的，那么界面之间相互关系的变化必然会给游人带来不同的感受。

另外，在室内和室外布置展品时，因其环境空间的不同而对景物的合适视距也有不同之处。

二、动态序列艺术布局

园林对于游人来说是一个流动空间，一方面表现为自然风景的时空转换，另一方面表现在游人步移景异的过程中。不同的空间类型组成有机整体，并对游人构成丰富的连续景观，就是园林景观的动态序列。

（一）园林空间展示程序

中国古典园林多半有规定，要有出入口、行进路线、空间分隔、构图中心、主次分明建筑类型和游憩范围。展示程序的规划路线布置不可简单地点线连接，而是把众多景区景点有机协调组合在一起，使其具有完整统一的艺术结构和景观展示程序（景观序列）。

景观序列平面布置宜曲不宜直，里面设计要有高低起伏，达到步移景异、层次深远、高低错落的景观效果。序列布置一般有起景—高潮—结景，即序景—起景—发展—转景—高潮—结景。

1. 一般序列

一般简单的展示程序有所谓两段式和三段式之分。两段式就是从起景逐步过渡到高潮而结束，如一般纪念陵园从入口到纪念碑的程序。原苏军反法西斯纪念碑就是从母亲雕像开始，经过碑林南道，旗门的过渡转折，最后到达苏军战士雕塑的高潮而结束。但是多数园林具有较复杂的展出程序，大体上分为起景—高潮—结景三个段落。在此期间还有多次转折，由低潮发展为高潮，接着又经过转折、分散、收缩以至结束。如北京颐和园从东宫门进入，以仁寿殿为起景，穿过牡丹台转入昆明湖边豁然开朗，再向北通过长廊的过渡到达排云殿，再拾级而上直到佛香阁、智慧海，到达主景高潮。然后向后山转移再游后湖、谐趣园等园中园，最后到北宫门结束。除此以外还可自知春亭，南去过十七孔桥到湖心岛，再乘船北上到石舫码头，上岸再游主景区。无论怎么走，均是一组多层次的动态展示序列。

2. 循环序列

为了适应现代生活节奏的需要，多数综合性园林或风景区采用了多向入口、循环道路系统，多景区景点划分，分散式游览线路的布局方法，以容纳成千上万游人的活动需求。因此现代综合性园林或风景区采用主景区领衔，次景区辅佐，多条展示序列。各序列环状沟通，以各自入口为起景，以主景区主景物为构图中心，以综合循环游览景观为主线，以方便游人，满足园林功能需求为主要目的来组织空间序列，这已成为现代综合性园林的特点。在风景区的规划中更要注意游赏序列的合理安排和游程游线的有机组织。

3. 专类序列

以专类活动内容为主的专类园林，有其各自的特点。如植物园多以植物演化系统组织园景序列，如从低等到高等，从裸子植物到被子植物，从单子叶植物到双子叶植物，还有不少植物园因地制宜地创造自然生态群落景观形成其特色。又如动物园一般从低等动物到鱼类、两栖类、爬行类至鸟类、食草哺乳动物、食肉哺乳动物，乃至灵长类高级动物等，形成完整的景观序列，并创造出以珍奇动物为主的全园构图中心。某些盆景园也有专门的展示序列，如盆栽花卉与树桩盆景、树石盆景、山水盆景、水石盆景、微型盆景和根雕艺术等，这些都为空间展示提出了规定性序列要求，故称其为专类序列。

（二）园林道路系统布局序列

园林空间序列的展示，主要依靠道路系统的导游职能，有串联、并联、环形、多环形、放射、分区等形式。因此道路类型就显得十分重要。

多种类型的道路体系为游人提供了动态游览条件，因地制宜的园景布局又为动态序列的展示打下了基础。

（三）风景园林景观序列的创作手法

风景序列是由多种风景要素有机组合，逐步展现出来的，在统一基础上求变化，又在变化之中见统一，这是创造风景序列的重要手法。

1. 风景序列的主调、基调、配调和转调

景观序列的形成要运用各种艺术手法。以植物景观要素为例，作为整体背景或底色的树林可谓基调，作为某序列前景和主景的树种为主调，配合主景的植物为配调，处于空间序列转折区段的过渡树种为转调，过渡到新的空间序列区段时，又可能出现新的基调、主调和配调，如此逐渐展开就形成了风景序列的调子变化，从而产生不断变化的观赏效果。

2. 风景序列的起结开合

作为风景序列的构成，可以是地形起伏，水系环绕，也可以是植物群落或建筑空间，无论是单一的还是复合的，总应有头有尾，有放有收，这也是创造风景序列常用的手法。以水体为例，水之来源为起，水之去脉为结，水面扩大或分支为开，水之溪流又为合。这和写文章相似，用来龙去脉表现水体空间之活跃，以收放变换而创造水之情趣。例如北京颐和园的后湖，承德避暑山庄的分合水系，杭州西湖的聚散水面。

3. 风景序列的断续起伏

这是利用地形地势变化而创造风景序列的手法之一，多用于风景区或郊野公园。一般风景区山水起伏，游程较远，我们将多种景区景点拉开距离，分区段设置，在游步道的引导下，景序断续发展，游程起伏高下，从而取得引人入胜、渐入佳境的效果。例如峨眉山风景区从报国寺起始，途经伏虎寺、纯阳殿、中峰寺到清音阁就是第一阶段的断续起伏序列；从清音阁起，经洪椿坪、九十九道拐、仙峰寺（九老洞）到洗象池是第二阶段的断续起伏序列；又经过雷洞坪、接引殿到金顶，这是第三阶段的断续起伏序列。

4. 园林植物景观序列与季相和色彩布局

园林植物是风景园林景观的主体，然而植物又有其独特的生态规律。在不同的立地条件下，利用植物个体与群落在不同季节的外形与色彩变化，再配以山石水景，建筑道路等，必将出现绚丽多姿的景观效果和展示序列。例如，扬州个园内春植翠竹配以石笋，夏种广玉兰配太湖石，秋种枫树、梧桐配以黄石，冬植蜡梅、南天竹配以白色英石，并把四景分别布置在游览线的四个角落，在咫尺庭院中创造了四时季相景序。一般园林中，常以桃红柳绿表春，浓荫白花主夏，红叶金果属秋，松竹梅花为冬。

5. 园林建筑群动向序列布局

园林建筑在风景园林中只占有1% ~ 2%的面积，但往往它是某景区的构图中心，起到画龙点睛的作用。由于使用功能和建筑艺术的需要，对建筑群体组合的本身以及对整个园林中的建筑布置，均应有动态序列的安排。对一个建筑群组而言，应该有入口、门庭、过道、次要建筑、主体建筑的序列安排。对整个风景园林而言，从大门入口区到次要景区，最后到主景区，都有必要将不同功能的景区，有计划地排列在景区序列线上，形成一个既有统一展示层次，又有多样变化的组合形式，以达到应用与造景之间的完美统一。

三、园林图解设计

应用草图来帮助思考是设计师普遍采用的方法。但在园林规划设计工作中，人们往往比较重视正式的设计图以及着重表现最终方案的效果图，而对设计过程中帮助思考描画的设计草图比较忽视，更谈不上有意识地运用图解的方法来进行思考和帮助设计。但是，设计者时常运用图解设计的方法，加强图解设计能力的训练，对提高园林设计水平是极为有利的。

（一）园林图解设计的特点

图解设计是运用速写草图（即图解）帮助思考，进行设计的一种方法。在园林规划设计工作中，它常与规划设计的构思阶段相联系。其特点为：

1. 化繁为简，一目了然

园林规划涉及面广，需要解决的问题较多，而图解设计通过绘制客观而清晰的视觉形象，使设计者在同一时刻看到大量的信息及相互间的关系。它如同儿童画般的简单易懂，属于同类的事物就归在一起表示；关系密切，重要的就用粗黑线（或点）表示出来，主次分明，一目了然。

2. 自我交流，往复提高

图解设计过程可以看作自我交谈。在交谈中，设计者与设计草图相互交流，即通过眼、脑、手和速写四个环节，对通过交流环节的信息进行添加、削减或者变化。信息的多次循环、保留并组合有价值的信息，从而产生新的方案设想。

3. 公众设计，快速简便

由于园林绿地的功能日益增多，造园技术日益复杂，专业分工也日趋专门化。因此，在实际工作中常常是由若干个专业技术人员组成设计团队，分工协作，共同进行规划设计工作。为了保证工作效益和质量，团队成员必须始终共享信息和设想。应用图解的方法，就可把个人的设想迅速提供给团队成员，并且可保留下来作为今后参阅和处理的有效资料。此外，图解有助于排除专业术语所引起的障碍，使不同行业的人们（如决策机关、工程建设单位等）有可能就规划设计的有关问题进行交流和讨论。

（二）园林图解设计的技法

1. 图解语言

图解语言包括图像、标记、数字和词汇。其特点是：全部符号及其相互关系被同时加以考虑，这对于描述同时存在的关系复杂的问题具有独特的效能。

图解语言与文字语言具有相似的语法规律，它是由名词、动词和修饰词（诸如形容词、副词和短语）三个基本部分组成。名词代表主体；动词在名词间建立关系；修饰词修饰主体的质或量，或者表示主体间的关系。在图解分析中，主体多以圆圈表示；相互关系常以线条表示；修饰则以线条的变化来表示，并用数字、文字或其他符号进行常用修饰词符号补充。

2. 图解词汇

（1）基本词汇

①名词（主体）

以符号表示主体的方法使用时需注意，一幅图中主体符号不宜太多，必要时可对基本符号加添数字、文字或其他符号来补充或说明。

②动词（相互关系）

与主体相同，不同的关系可用不同类型的线条表示。这些线条既可以用来限定组群主体，也可以作为分割一个框图或表达特殊关系的手段。

箭头是指示关系的专用符号。带线条的箭头指示单向关系，连续的事物或者一个过程。重叠的箭头则可表示框图中的重要部分或者显示依赖关系和补充信息的馈入。双向箭头表示二者互相影响，具有可逆性。

③修饰词

修饰词对主体和相互关系的修饰可用线条的粗细、多少来显示，明暗的强弱和局部的添加也是常用的方法。此外，修饰还可以表示强调：第一，特殊的主体或者特殊的关系；第二，分离相互交织的框图或者某一过程中的特殊点或特殊阶段。

（2）专业词汇

园林规划设计仅用上述基本图解词汇是远远不够的。要表现园林规划尤其是园林设计的具体内容还必须运用本行业的“图解词汇”——园林平面图图例。灵活自如地掌握这些专业图解词汇，就会得心应手地把大脑中想象的思路，快速地反映到纸面上来，使图解思考与设计同时进行。

3. 常用园林图解设计图

（1）资料分析图

是将基址的自然及人文特性依据景观研究分析的结果而描绘出来的一种图。通常有基地分析图、景观分析图、绿化现状图以及基地坡度、水文分析图等，这些图可使设计者了解基址的基本情况。

（2）功能（行为）关系图——泡泡图

这种图可帮助设计者进行思考，快速地记下设计者在脑海中闪过的灵感，它将抽象的概念以图面的形式表现出来，并利用文字加以标注、说明。此外，利用泡泡图还可以修改最初的方案设想，使方案趋于完善。

（3）方案草图

是在地形图上，把上述图解内容引进，并运用园林规划设计的原理和技巧徒手描画的一种图。绘制方案草图通常有两种形式，即铅笔草图和彩色水笔草图。

第三章 风景园林的素材表现技法

第一节 风景园林制图基础

一、常用工具及特点

（一）绘图用笔

1. 铅笔

绘图铅笔中最常用的是木质铅笔。根据铅芯的软硬程度分为 B 型和 H 型，“B”表示软铅芯，前面数字越大，表示笔芯越软，色度越黑。“H”表示硬铅芯，前面的数字越大，则表示笔芯越硬，“HB”介于软硬之间属中等。削铅笔时，铅笔尖应削成锥形，铅芯露出 6 ~ 8 mm，并注意一定要保留有标号的一端。画线时，铅笔应向走笔方向倾斜。

绘图时，常根据不同用途选择不同型号的铅笔。通常 B 或 HB 用于画粗线，即定稿；H 或者 2H 用于画细线，即打草稿；HB 或者 H 用于画中线或书写文字。此外还要根据绘图纸选择绘图铅笔，绘图纸表面越粗糙，选用的铅芯应该越硬；绘图纸表面越细密，选用的铅芯越软。

2. 直线笔

又称鸭嘴笔，笔尖由两扇金属叶片构成，用螺钉调整两金属片间的距离，可画出不同宽度的线。绘图时，在两扇叶片之间注入墨水，注意每次加墨量不超过 6 mm 为宜。执笔画线时，螺帽应向外，小指应放在尺身上，笔杆向画线方向倾斜 30° 左右。

3. 针管笔

又叫绘图墨水笔，通过金属套管和其内部金属针的粗度调节出墨量的多少，从而控制线条的宽度，能像钢笔一样吸水、储水，有 0.1 ~ 1.2 mm 不同的型号。

4. 绘图小钢笔

绘图小钢笔是由笔杆和钢制笔尖组成，绘图小钢笔适合用来写字或徒手画图。其可以蘸不同浓度的墨水画出深浅不同的线条，用后应将笔尖的墨迹擦净。

（二）图板

图板表面平整、光滑，是用来放图纸的工具，轮廓呈矩形。它可分为 0 号图板（900 mm ×

1200 mm）、1 号图板（600 mm ×900 mm）、2 号图板（400 mm ×600 mm）三种。绘图时可以根据绘图内容来确定所选用图板的型号。

（三）丁字尺

丁字尺是一个丁字形结构的绘图工具，是由尺头和尺身两部分组成的，尺头与尺身相互垂直。尺身的一边带有刻度，是用来画直线的。使用时，尺头内侧始终靠紧绘图板的一边，用手按住尺身，沿尺子的工作边画线。

（四）三角板

一副三角板有两块，一块为 45° 的等腰直角三角形，另一块为 30° 、60° 的直角三角形，且等腰直角三角形的斜边等于另一块三角板 60° 所对的直角边。三角板有多种规格可供绘图时选用。

（五）比例尺

比例尺是按一定比例缩小线段长度的尺子，常用的比例尺是三棱尺，比例尺上的单位是 m。比例尺上有六种不同刻度，可以有六种不同的比例应用，还可以以一定比例换算，较常用的刻度有 1 ：200、1 ：300、1 ：400、1 ：500 和 1 ：600。

（六）模板

在有机玻璃板上把绘图常用到的图形、符号、数字、比例等刻在上面，以方便作图。常用的有曲线板、建筑模板、数字和字母模板等。

1. 曲线板

曲线板是用来画非圆曲线的工具。可用它来画弯曲的道路、流线形图案等，非常方便。用曲线板画曲线时，应根据需要先确定曲线的多个控制点，然后根据所画曲线的形状，选择和曲线上相同的部分，按顺序把曲线画完。

2. 建筑模板

建筑模板主要用于绘制常用的建筑图例和常用符号，也可绘制相关形态的图形和量取尺寸。

（七）圆规、分规

1. 圆规

圆规是画圆和画弧线的专用仪器，使用圆规要先调整好钢针和另一插脚的距离，使钢针尖扎在圆心的位置上，使两脚与纸面垂直，沿顺时针方向速度均匀地一次画完。

2. 分规

分规是用来量取线段或等分线段的工具，分规的两个脚都是钢针。用分规量取或等分线段时，一般用两针截取所需要长度或等分所需线段的长度。

二、制图常识

为了在风景园林设计中能准确把握设计的技巧及制图的基本方法和要求，就要求每一个风景园林设计者，都必须牢固掌握制图常识。学习绘图，就要掌握制图的基本标准及绘图的基本步骤和方法。

（一）国家制图标准的有关规定

1. 图纸幅面

（1）图幅与图框

图幅是指图纸本身的大小规格。园林制图中采用国际通用的 A 系列幅面规格的图纸。A0 幅面的图纸称为 0 号图纸（A0），A1 幅面的图纸称为 1 号图纸（A1），以此类推。相邻幅面的图纸的对应边之比符合 1 ∶ 1.732 的关系。

以短边作为垂直边的图纸称为横幅，以短边作为水平边的图纸称为竖幅。只有横幅图纸可以加长，而且只能长边加长，短边不可以加长。按照国标规定每次加长的长度是标准图纸长边长度的 1/8。一项工程设计中，每个专业所使用的图纸，一般不宜多于两种幅面，不含目录及表格所采用的 A4 幅面。

（2）标题栏和会签栏

标题栏位于图纸的右下角，通常将图纸的右下角外翻，使标题栏显示出来，便于查找图纸。标题栏主要介绍图纸相关的信息，如：设计单位、工程项目、设计人员以及图名、图号、比例等内容。标题栏根据工程需要确定其尺寸、格式及分区，制图标准中给出了两种形式。

会签栏位于图纸的左上角，包括项目主要负责人的专业、姓名、日期等。

2. 图线

图纸中的线条统称为图线。按照图线宽度分为粗、中、细三种类型。粗线的宽度定为 b，b 宜从下列线宽系列中选取 2.0mm、1.4 mm、1.0 mm、0.7 mm、0.5 mm、0.35 mm。每一粗线宽度对应一组中线和细线，每一组合称为一个线宽组。

每个图样，应根据复杂程度与比例大小，先选定基本线宽 6，再选用相应的线宽组。

除了不同的线宽，园林制图中还采用不同的线形、线宽与线形组合，形成不同类型的图线，代表了不同的含义。

此外还应该注意以下几个方面：①同一张图纸内，相同比例的各图样，应选用相同的线宽组。②图纸的图框和标题栏线，采用相应线宽。③相互平行的图线，其间隙不宜小于其中的粗线宽度，且不宜小于 0.7 mm。④虚线线段的长度为 4 ~ 6 mm，间隔 1 mm；单点长画线或双点长画线的线段长度为 15 ~ 20 mm，间隔 2 ~ 3 mm，中间的点画成短画。当在较小图形中绘制单点长画线或双点长画线有困难时，可用实线代替。⑤图纸中有两种以上不同线宽的图线重合时，应按照粗、中、细的次序绘制；当相同线宽的图线重合时，按照实线、虚线和点画线的次序绘制。⑥单点长画线或双点长画线的两端不应是点，点画线与点画线交接或点画线与其他图线相交时，应是线段相交。⑦虚线与虚线交接或虚线与其他图线相交时，应是线段相交。虚线为实线的延长线时，需要留有间隙，不得与实线连接。⑧图线不得与文字、数字或符号重叠、混淆，不可避免时，应首先保证文字等的清晰。

3. 文字

（1）汉字

制图标准规定图纸上所需书写的文字、数字或符号等，均应笔画清晰、字体端正、排列整齐，标点符号应清楚正确。文字的字高（代表字体的号数，即字号），应从如下系列中选用：3.5 mm、5 mm、7 mm、10 mm、14 mm、20 mm。如需书写更大的字，其高度应按次的比值递增。图样及说明中汉字，宜采用长仿宋体。

为了保证美观、整齐，书写前先打好网格，字的高宽比为 3 ∶ 2，字的行距为字高的 1/3，字距为字高的 1/4，书写时应横平竖直，起落分明，笔锋饱满，布局均衡。

（2）字母与数字

字母和数字分成 A 型和 B 型。A 型字宽（d）为字高（h）的 1/4，B 型字宽为字高的 1/10。用于题目和标题的字母和数字又分为等线体和截线体两种写法。按照是否铅垂又分为斜体和直体两种，斜体的倾斜度为 75°。

4. 尺寸标注

为了满足工程施工的需要，还要对所绘的建筑物、构筑物、园林小品以及其他元素进行精确的、详尽的尺寸标注。图纸中的标注应按照国家制图标准中的规定进行标注，标注要醒目准确。

（1）线段标注

制图标准中规定图样上的尺寸应包括尺寸界线、尺寸线、尺寸起止符号和尺寸数字。对于线段的标注有以下规定：①尺寸界线用细实线绘制，一般应与被注长度垂直，一端应离开图样轮廓线不小于 2 mm，另一端超出尺寸线 2 ~ 3 mm。必要时图样轮廓线可用作尺寸界线。②尺寸线用细实线表示，应与被注长度的方向平行，且不宜超出尺寸界线。③尺寸起止符一般用中实线绘制，其倾斜方向应与尺寸界线顺时针成 45°，长度应为 2 ~ 3 mm。半径、直径、角度与弧长的尺寸起止符，宜用箭头或圆点表示。④尺寸数字应按设计规定书写。形体的每一尺寸一般只标注一次，并应标注在反映该形体最清晰的图形上。尺寸数字应根据其读数方向注写在靠近尺寸线的上方中部，如果没有足够的注写位置，最外边的尺寸数字可注写在尺寸界线的外侧，中间相邻的尺寸数字可错开注写，也可引出注写。图线不得穿过尺寸数字，不可避免时，应将尺寸处的图线断开。

此外在进行线段标注时还应注意，互相平行的尺寸线，应从被注的图样轮廓线由近向远整齐排列，小尺寸线应离轮廓线较近，大尺寸线应离轮廓线较远。图样最外轮廓线距最近尺寸线的距离，不宜小于 10 mm。平行排列的尺寸线的间距，宜为 7 ~ 12 mm，并应保持一致。最外边的尺寸界线，应靠近所指部位，中间的尺寸线可稍短，但长度应相同。

（2）曲线标注

园林设计施工中经常会用到不规则曲线，对于简单的不规则曲线可以用截距法（坐标法）标注，较为复杂的可以用网格法标注。

①截距法

为了方便放样和定位，通常选用一些特殊方向和位置的直线，如永久建筑物的墙体线、建筑物或构筑物的定位轴等作为截距，然后绘制一系列与之垂直的等距的平行线。

②网格法

用于标注复杂的曲线，所选的网格的尺寸应该能够保证曲线或图形放样的精度要求，精度要求越高，网格划分应越细，网格边长应越短。

曲线标注的方法与线段标注相同，但为了避免小线段起止符的方向影响到尺寸的标注和读图，所以标注曲线的时候通常用小圆点作为尺寸起止符。

（3）圆、角度和圆弧的标注

圆（半径、直径）、角度和圆弧的尺寸起止符用箭头表示，箭头长度为4b ~ 5b，角度约为15°。

①圆的标注

半径的尺寸线，应一端从圆心开始，另一端画箭头指至圆弧。半径数字前加注半径符号“R”；较小的圆的半径尺寸，可标注在圆外。

标注圆的直径时，直径数字前，应加符号“如”，在圆内标注的直径尺寸线应通过圆心，两段画箭头指至圆弧，也可以利用线段标注方式进行标注。

②角度与圆弧的标注

角度的尺寸线应以圆弧线表示，该圆弧的圆心应是该角的顶点，角的两个边为尺寸界线。角的起止符号应以箭头表示，如没有足够的位置画箭头，可用圆点代替。角度数字应水平方向注写。

（4）标高的标注

标高（即某一位置的高度）的标注有两种形式：第一种是相对标高，是将某一水平面如室外地坪作为基准零点，其他位置的标高是相对于这一点的高度，主要用于建筑单体的标高标注。标高符号采用等腰直角三角形表示。第二种形式是绝对标高，是以大地水准面或某一水准点为起算点，多用在地形图或者总平面图中。标注方法与第一种相同，但是标高符号宜用涂黑的等腰三角形表示。

此外，在标高标注时还应该注意以下几点：①标高符号的尖端应指至被注高度的位置。尖端一般应向下，也可向上。②标高数字应以“m”为单位，注写到小数点后第三位。在总平面图中，可注写到小数点后第二位。③零点标高一定注写为“±0.000”，正数标高不注“+”，负数标高应注“例如地面以上 ±3 m 应注写为“3.000”，地面以下 0.6 m 应注写为“-0.600”。

（5）坡度的标注

坡度可以用百分数、比例或者比值表示，在标注数字的下面需要标注坡面符号——指向下坡的箭头。立面上常用比值表示坡度，除了箭头表示之外，还可以用直角三角形表示。

（6）尺寸的简化标注

在标注时，可能会遇到一系列相同的标注对象，这时可以采用简化标注方法。比如正方形可采用“边长 × 边长”或者“□”正方形符号等方式进行标注；连续排列的等长尺寸，可用“个数 × 等长尺寸 = 总长”的形式进行标注；对于多个相同几何元素的标注可采用：相同元素个数 × 一个元素尺寸。

（二）绘图步骤及方法

风景园林制图为了表现出良好的效果，要求在绘图过程中按照一定的步骤去完成，否则易出现失误，损坏绘图效果。常用的制图方法有两种：仪器作图和徒手作图。

1. 仪器作图

利用绘图仪器绘制图纸的过程称为仪器作图。在要求比较严格、对精确度要求较高的时候采用仪器作图。绘制的方法与步骤可以概括为准备阶段、先底稿、再校对、上墨线、最后复核签字。下面针对仪器作图的方法作具体介绍。

（1）准备阶段

准备好绘图用工具和仪器，并检查其有无损坏；

确定图幅大小，裁好图纸；

图纸用胶带纸固定在绘图板上，纸要平整，不能有突起。

（2）打底稿

选用稍硬点的铅笔，如 H 或 2H，用力要轻；

确定比例、布局，使得图形在画面中的位置适中。先按照图形的大小和复杂程度，确定绘图比例，选择图幅，绘制图框和标题栏；然后根据比例估计图形及其尺寸标注所占空间，再布置图面。图面应布局合理，美观大方，整体协调；

确定基线。绘制出图形的定位轴、对称中心、对称轴或者基准线等；

绘制轮廓线。根据图形的尺度绘制主要的轮廓线，勾勒图形的框架；

绘制细部。按照具体的尺寸关系，绘制出图形各个部分的具体内容；

标注尺寸。按照国家制图标准的规定，按照图样的实际尺寸进行标注；

整理、检查。对所绘制的内容进行反复校对，修改错线和添加漏线，最后擦除多余的线条。

（3）定铅笔稿

如果铅笔稿作为最后定稿，铅笔图线加深一定要做到粗细分明，通常宽度为 b 和 0.5b 的图线常采用 B 和 HB 的铅笔加深，宽度为 0.25b 的图线采用 H 或者 2H 的铅笔绘制。加深过程中一般按照先粗线，再中线，最后绘制细线的过程。为了保证线宽一致，可以按照线宽分批加深。

（4）上墨线

如果最后采用的是墨线稿，则在打底稿之后可以直接描绘墨线，当然也可承接第三步进行绘制。在上墨线的时候，可以按照先曲后直、先上后下、先左后右、先实后虚、先细后粗、先图后框的顺序。

（5）复核签字

对于整个图面进行检查，并填写标题栏和会签栏，书写图纸标题等。

2. 徒手作图

不借助绘图仪器，徒手绘制图纸的过程称为徒手作图，所绘制的图纸称为草图。草图是工程技术人员交流、记录设计构思，进行方案创作的主要方式，工程技术人员必须熟练掌握徒手作图的技巧。徒手作图的制图笔可以是铅笔、针管笔、普通钢笔、速写笔等，可以绘制在白纸上，也可以绘制在专用的网格纸上。用不同的工具所绘制的线条的特征和图面效果不同，但都具有线条图的共同特点。下面主要介绍钢笔徒手线条图的画法技巧和表现方法。

第二节 风景园林表现技法

一、线条图

线条图是用单线勾勒出景物的轮廓和结构，方法简便，易于掌握。线条练习是风景园林设计制图的一项重要基本功。

在现场调查作图记录，搜集图面资料，探讨构思、推敲方案时，常需要借助于徒手线条图。此外，风景园林设计图中的地形、植物和水体等自然要素也往往需要以徒手线条的形式来描绘。

各门类设计最终定稿的方案，都要绘制正规、整齐、严谨的设计图纸。尤其是景观造型、建筑造型的平、立、剖面图，必须以绘图仪器、尺规划出标准线条。

（一）工具线条图

用尺、规和曲线板等绘图工具绘制的，以线条特征为主的工整图样称为工具线条图。工具线条图的绘制是风景园林设计制图最基本的技能。绘制工具线条图首先由临摹范图开始，在临摹的过程中，应熟悉和掌握作图的过程，制图工具的用法，纸张的性能，线条的类型、等级、所代表的意义及线条的交接。

工具线条应粗细均匀、光滑整洁、边缘挺括、交接清楚。作墨线工具线条时只考虑线条的等级变化；作铅线工具线条时除了考虑线条的等级变化外，还应考虑铅芯的浓淡，使图面线条对比分明。不同线条铅芯浓淡的选择也需要符合相关的要求。通常剖断线最粗最浓，形体外轮廓线次之，主要特征的线条较粗较浓，次要内容的线条较细较淡。

画粗线条时，通常应先起稿线，以稿线为中心线作出粗线的两条边线，然后再加粗加深。而不应以稿线作为粗线边线，只有当稿线离得过近时才可将稿线作为边线向外侧作粗线。

作工具线条图时，可参考下面的作图步骤进行：①应准确无误地绘制底稿，起稿时常用较硬的铅笔（H–3H），作图宜轻不宜重。若直接在描图纸上起稿，则用 2H–5H 的铅笔为宜。②作铅笔工具线条图时应按由浅至深的顺序作图，以免尺面移动时弄脏图面；作墨线工具线条图时应先作细线后作粗线，因为细线容易干，不影响作图进度。③同一等级的直线线条，应从上至下、从左至右依次绘制完毕。④曲线与直线连接时，应先作曲线，后作直线。另外，作图时应姿势端正、光线良好、思想集中，尽量减少擦改次数，使线条肯定、明确，保证图面质量。

（二）徒手线条图

徒手线条图是不借助尺规工具用笔手绘各种线条，“得心应手”地将所需要表达的形象随手勾出。运笔流畅，画直线要笔直；曲线婉转自然；长线贯通；密集平行线密而不乱；描绘形象能准确地勾画在正确的位置上。

学画徒手线条图可从简单的直线练习开始。在练习中应注意运笔速度、方向和支撑点以及用笔力量。运笔速度应保持均匀，宜慢不宜快，停顿干脆。运笔力量应适中，保持平稳。基本运笔方向为从左至右、从上至下。通过简单的直线线条练习掌握徒手线条绘制要领之后，就可以进一步进行直线线条及线段的排列、交叉和叠加的练习。在这些练习中要尽量保证整体排列和叠加的块面均匀，不必担心局部的小失误。除此之外，还需进行各种波形和微微抖动的直线线条练习，各种类型的徒手曲线线条及其排列和组合的练习，不规则折线或曲线等乱线的徒手练习以及点、圈、圆的徒手练习等，因为它们也是徒手线条图中最常用的。

初学者要想作出流畅与漂亮的徒手线条，就应尽可能地利用每天的闲暇及零碎的时间进行大量练习。只有通过这种所谓的“练手”，才能熟练地掌握手中的笔，做到运用自如。

二、水墨渲染图

水墨渲染是用水来调和墨，在图纸上逐层染色，通过墨的浓、淡、深、浅来表现对象的形体、光影和质感。水墨渲染作为无彩色的渲染技法不可能以单色水彩来代替。排除色彩因素的干扰对光照效果分析是十分必要的。

（一）水墨渲染的准备工作

1. 选择渲染用纸和裱纸

水墨渲染要求高。由于水墨渲染用水多并反复擦洗，其用纸应采用质地较韧、纸面纹理较细而又有一定吸水能力的图纸。纸的表面不宜光滑，也不宜过分粗糙。一般用水彩纸即可，并要用细腻的一面。

由于渲染需要在纸面上大面积地涂水，会导致纸张遇湿膨胀、纸面凹凸不平，所以渲染图纸必须裱糊在图板上方能绘制。常用的裱纸方法有折边裱纸法和快速裱纸法。

折边裱纸的方法和步骤为：①沿纸面四周折边约 1.5 cm，折向是图纸正面向上，注意勿使折线过重造成纸面破裂。②使用干净排笔或大号毛笔蘸清水将图面折纸内均匀涂抹，注意勿使纸面起毛受损。③用湿毛巾平敷图面保持湿润，同时在折边四周抹上一层薄而又均匀的浆糊。④按图示序列对称用力，先中心再边角固定纸边，注意用力不可过猛。

在图纸裱糊齐整后，用排笔继续轻抹折边内图面使其保持一定时间的润湿，并吸掉可能产生的水洼中的存水；或在图纸的中心放一小块湿毛巾，待四边干透再取掉，将图板平放阴干图纸。

2. 墨和滤墨

水墨渲染宜用国产墨锭，最好是徽墨，一般墨汁、墨膏因颗粒大或油分多均不适用。墨锭在砚内用净水磨浓，然后将砚垫高，用一段棉线或棉花条用净水浸湿，一端伸向砚内，一端悬于小碟上方，利用毛细作用使墨汁过滤后滴入碟内。滤好的墨可贮入小瓶内备用，但须密闭置于阴凉处，而且存放时间不能过长，以免沉淀或干涸。

3. 毛笔和海绵

渲染需备毛笔数支。使用前应将笔化开、洗净；使用时要注意放置，不要弄伤笔毛；用后要洗净余墨，甩掉水分套入笔筒内保管。切勿用开水烫笔，以防笔毛散落脱胶。此外还要准备一块海绵，渲染时做必要的擦洗、修改之用。

4. 图面保护和下板

渲染图往往不能一次连续完成。告一段落时，必须等图面晾干后用干净纸张蒙盖图面，避免沾落灰尘。

图面完成以后要等图纸完全干燥后才能下板，要用锋利的小刀沿着裱纸折纸以内的图边切割。为避免纸张骤然收缩扯坏图纸，应按切口顺序依次切割，最后取下图纸。

（二）运笔和渲染方法

1. 运笔方法

渲染的运笔方法大体有三种。

（1）水平运笔法

用大号笔作水平移动，适宜作大片渲染，如天空、地面、大块墙面等。

（2）垂直运笔法

宜作小面积渲染，特别是垂直长条；上下运笔一次的距离不能过长，以避免上墨不均匀，同一排中运笔的长短要大体相等，防止过长的笔道使墨水急骤下淌。

（3）环形运笔法

常用于退晕渲染，环形运笔时笔触能起搅拌作用，使后加的墨水与已涂上的墨水能不断地均匀调和，从而使图面有柔和的渐变效果。

2. 大面积渲染方法

（1）平涂法

表现受光均匀的平面。在大面积的底子上均匀地涂布水墨。要使平涂色均匀，首先要把颜料一次调足，要稀稠合适，然后要尽量使用大些的笔（涂大面积可使用板刷）有秩序地涂抹，用力要均匀，使笔画衔接不留痕迹。

（2）退晕法

表现受光强度不均匀的面或曲面，如天空、地面、水面的远近变化以及屋顶、墙面的光影变化；做法可由深到浅或由浅到深。

（3）叠加法

表现需细致、工整刻画的曲面，如圆柱；事先将画面按明暗光影分条，用同一浓淡的墨水平涂，分格逐层叠加。

（三）光影分析和光影变化的渲染

1. 光线的构成及其在画面上的表示

建筑画上的光线定为上斜向 45°，而反光为下斜向 45°。

2. 光影变化

物体受直射光线照射后分别产生受光面、阴面、高光、明暗交界线以及反光和反影。

3. 光影分析及其渲染要领

（1）面的相对明度

建筑物上各个方向的面，由于其承受左上方 45° 光线的方向不同，而产生不同的明暗的差别做出来。

（2）反光和反影

建筑物除承受日光等直射光线外，还承受这种光线经由地面或建筑邻近部位的反射光线。

4. 渲染步骤

在裱好的图纸上作完底稿后，先用清水将图面轻洗一遍，干后即可着手渲染。一般有分大面、做形体、细刻画、求统一等几个步骤。

为了在渲染过程中能对整个画面素描关系心中有底，也可以事先做一张小样，它主要是总体效果——色调、背景、主体、阴影，几大部分的光影明暗关系，而细部推敲则可从略。小样的大小视正式图而定，可以作成水墨的，也可以用铅笔或炭笔作成渲染效果。

下面分别概述各渲染步骤的要求，以某个建筑局部的渲染过程效果为例。

（1）分大面

区分建筑实体和背景；

区分实体中前后距离较大的几个平面，注意留出高光；

区分受光面和阴影面。

这一步骤主要是区分空间层次，重在整体关系。由于还有以下几个步骤，所以不宜做到足够的深度，例如背景，即使要做深的天空，最多只能渲染到六七分程度，待实体渲染得比较充分以后，再行加深。这是留有相互比较和调整的余地的做法。

（2）做形体

在建筑实体上做各主要部分的形体，它们的光影变化、受光面和阴影面的比较。无论是受光面还是阴影面，都不要做到足够深度，只求形体能粗略表现出来就可以了，特别是不能把亮面和次亮面做深。

（3）细刻画

刻画受光面的亮面、次亮面和中间色调，并要求做出材料的质感；

刻画圆柱、檐下弧形线脚、柱础部分的圆盘等曲面体，注意做出高光、反光、明暗交界线；

刻画阴影面，区分阴面和影，注意反光的影响，注意留出反高光。

（4）求统一

由于各部分经过深入刻画，渲染的最后步骤要从画面整体上给明暗深浅以统一和协调。

统一建筑实体和背景，可能要加深背景；

统一各个阴影面，例如处于受光面强烈处而又位置靠前的明暗对比要加强，反之则要减弱；靠近地面的由于地面反光阴影要适当减弱，反之则要加强，等等；

统一受光面，位于画面重点处要相对亮些，反之要暗一些；

突出画面重点，用略为夸张的明暗对比、可能有的反影、模糊画面其他部分等方法来达到这一目的；它属于渲染的最后阶段，又称画龙点睛；

如果有树木山石、邻近建筑等衬景，也宜在最后阶段完成，以衬托建筑主体。

（5）水墨渲染

常见病例水墨渲染过程中常易出现一些缺陷，原因是：①辅助工作没有做好，如裱纸不平、滤墨不净、墨有油渍等。②渲染过程中不细致或不得要领，如加墨不匀、运笔不当、水分过多或过少等。③其他偶然因素，如滴墨。

缺陷往往是难免的，但事先应尽量加以预防；一旦造成缺陷，思想情绪上不要失望和丧失信心，而应积极补救。一般补救的办法是待图干了以后，用海绵作局部擦洗，再重新渲染。如有的缺陷（如干湿不匀、画出边框等）发生在刚开始渲染不久，整个画面色调较浅，也可以暂时不去管它继续渲染，后加的较深层次往往可将缺陷覆盖。

三、水彩渲染图

以均匀的运笔表现均匀的着色是水彩渲染的基本特征。无论是“平涂”还是“退晕”，所画出的色彩都均匀而无笔触，加上水彩颜料是透明色，使得这种方法特别适合运用在设计图中。没有笔触、均匀而透明的色彩附着在墨线图上，各种精细准确的墨线依然清晰可见，墨线与色彩互相衬托，有相得益彰的效果。

水彩渲染可以反复叠加。叠加后的色彩显得沉着，有厚重感，能够表现复杂的色彩层次。在表现图中有时水彩渲染与水彩画结合，对所描绘的形象进行深入细致的刻画，作为“建筑画”的一种表现技法，水彩渲染有着独特的艺术魅力。

（一）工具和辅助工作

水彩渲染也须裱纸，方法同水墨渲染。水彩渲染的用纸要选择，表面光滑不吸水或者吸水性很强的纸都不宜采用。还应备有大中小号水彩画笔或普通毛笔，以及调色碟、洗笔和贮放清水的杯子。

1. 小样和底稿

水彩渲染一般都应就创作内容先拟订小的色彩稿，对色调、主体与环境的色彩关系、色彩层次等进行构思与设定。初学者往往心中无底，以致在正式图上改来改去。因此，小样是必须先作的。有时还可作几个小样进行比较，从中选优。

由于水彩颜料有一定透明度，所以水彩渲染正式图的底稿必须清晰。作底稿的铅笔常用H、HB，过软的铅笔因石墨较多易污画面，过硬的铅笔又容易划裂纸面造成绷裂。渲染完成以后，可用较硬的铅笔沿主要轮廓线或某些分割（水泥块、地面分块等）再细心加一道线。这样，画面更显得清晰醒目。

2. 颜料

一般宜用水彩画颜料，透明度高。渲染过程中要调配足够的颜料。用过的干结颜料因有颗粒而不能再用。此外，颜料的下述特性应当引起我们的注意。

（1）沉淀

赭石、群青、土红、土黄等在渲染中易沉淀。作大面积渲染时要掌握好它们和水的多少、渲染的速度、运笔的轻重、颜料配水量的均匀，并不时轻轻搅动配好的颜料，以免造成着色后的沉淀不均匀和颗粒大小不一致。掌握颜料沉淀的特性还能获得某些特殊效果，如利用它来表现材料的粗糙表面等。

（2）透明

柠檬黄、普蓝、西洋红等颜料透明度高，而易沉淀的颜料透明度低。在逐层叠加渲染时，宜先着透明色，后着不透明色；先着无沉淀色，后着有沉淀色；先浅色，后深色；先暖色，后冷色，以避免画面晦暗呆滞，或后加的色彩冲掉原来的底色。

（3）调配

颜料的不同调配方式可以达到不同的效果。如红、蓝二色先后叠加上色和二者混合后上色的效果就不同。一般说来，调和色叠加上色，色彩易鲜艳；对比色叠加上色，色彩易灰暗。

3. 擦洗

颜料能被清水擦洗，这有助于我们做必要的修改；也能利用擦洗达到特殊的效果，如洗出云彩，洗出倒影。一般用毛笔蘸清水擦洗即可，但要避免擦伤纸面。

（二）运笔和渲染方法

水彩渲染的运笔和渲染方法基本上同水墨渲染。运笔时从左至右一层一层地顺序往下画，每层2 ~ 3 cm，运笔轨迹如成螺旋状，能起到搅匀颜色的作用。应减少笔尖与纸面的摩擦，一层画完用笔尖拖到下一层，全部面积画完以后会形成从上而下均匀的干燥过程，没有笔触，光润且均匀。

渲染方法如下：

1. 平涂

依照运笔方法，整个图面一气呵成。画完最后一层时最上层应仍处于潮湿状态。运笔过程中，只能前进不可后退，发现前面有毛病，则要等该遍全部画完干燥后，再进行洗图处理重新再画。

洗图的办法是先将色块四周用扁刷刷湿，再刷湿色块部分，避免先刷色块形成掉色沾在白纸上。然后再用海绵或毛笔擦洗，用力不可重，不要伤及纸面。洗图只是弥补小的毛病，出现较大的问题只能重画。

2. 退晕

退晕可以从深到浅、从冷到暖。一般用 3 个小玻璃杯分别调出深、中、浅三种颜色。深浅退晕时将浅色部位朝上，如表现蓝天效果从浅蓝到深蓝。分层运笔时第一层画浅蓝，然后蘸一笔中蓝色，在浅蓝杯中搅和后画第二层，再蘸入一笔中蓝色画第三层，至中间部位的层次时，浅蓝色杯内已成中蓝色，重复这样的方法将深蓝色蘸入直到底层。整个色块干燥后会形成均匀的色彩过渡。

冷暖退晕可以先画冷色的深浅退晕，干后反方向再画暖色的深浅退晕，冷暖色叠加，形成从冷到暖的自然过渡。

3. 叠加

如果要表现很深的蓝，必须反复叠加，干一遍画一遍，直到预想的程度。有时要画上 5 ~ 10 遍，每一遍画完可用吹风机吹干。

（三）水彩渲染步骤

1. 定基调、铺底色

主要是确定画面的总体色调和各个主要部分的底色。如天空、屋顶、墙面等大面积的色彩可以反映画面的总体气氛。任何作画过程都应遵循从整体到局部的过程，在渲染大面积色彩时，将主要形象的大的体面关系及整个图面的近中远层次表现出来。

有时表现色调非常统一的画面可将该色调的淡色平涂上一层作为底色。

2. 分层次、作体积

这一部分主要是渲染光影，光影做得好，层次拉得开，体积出得来。通过色彩深浅、冷暖、纯度的变化，可表现出景物远近的距离感。

阴影最能表现画面层次和衬托体积，是突出画面的重要因素。阴影的渲染一般均采用上浅下深、上暖下冷的变化，这样做是为了反映出地面的反光，同时也使得阴影部分与受光部分的交界处明暗对比更为强烈，增加画面的光线感。如果被阴影所覆盖的是不同颜色或质地的材料，要特别注意它们之间的衔接以及整体的统一性，因为它们都是在同一光线照射下的结果。一般可以先上一两遍偏暖或偏冷的浅灰色，然后再按各自的颜色进行渲染。

3. 细刻画、求统一

在上一步骤的基础上，对画面表现的空间层次、材料质感和光影变化做深入细致的描写。此时应注意掌握分寸，深浅适度，切不可因过分强调细部而失之于凌乱琐碎。同时对前面所完成的步骤也应进行全面的调整，包括色彩的冷暖、光线的明暗、阴影的深浅等，以求得画面的统一。

4. 画衬景、托主体

最后画衬景。画面上需要做出衬景，如云层、远山、人物、汽车等以衬托景观主体。这些都应和所画的景观主体融合成一个环境整体，切忌喧宾夺主。因此，衬景的渲染色彩要简洁，形象要简练，用笔不宜过碎，尽可能一遍画成。

（四）建筑局部水彩渲染技法要领

局部渲染是在区分了大面以后进行深入刻画的必要过程，此时要注意局部与整体的统一。下面就常见的一些局部，分别介绍其渲染的技法要领。

1. 砖墙面

较小尺度的清水砖墙面渲染方法有两种：一是墙面平涂或退晕着上底色后，用铅笔打上横向砖缝；二是使用鸭嘴笔以墙面色调作水平线，线与线之间的缝隙相当于水平砖缝。

这种画法要注意线条所表现的砖的宽度，符合尺度；线条中可间有停断，效果更生动一些。有些尺度很小的清水砖墙则可作整片渲染，不留砖缝。

尺度较大的砖墙画法是，事先打好砖缝的铅笔稿，第一步淡淡地涂一层底色；留下高光后第二步平涂或退晕着色；第三步，挑少量砖块做一些变化，表示砖块深浅不同，画面更为丰富些。

2. 抹灰墙面

一般作略带退晕（表示光影透视或周围环境的反光）的整片渲染；较粗糙的面还可以用铅笔打一些点子。凡有分块的墙面，也可挑出少部分做些变化。如果尺度较大，分块的边棱要留出高光，并要做出缝影。

3. 瓦屋顶坡面

水泥瓦、陶瓦、石板瓦屋顶坡面的渲染步骤大体相同，即第一步上底色，并根据总体色调和光影要求做出退晕，表现出坡度；第二步作瓦缝的水平阴影，如果有邻近建筑或树的影子落在瓦面上，则宜斜向运笔借以表现屋顶的坡度；第三步挑出少量瓦块做些变化。

4. 玻璃门窗

一般来说，玻璃门窗在色彩上属冷色调，在建筑墙面上属于“虚”的部分，在材料质感上光滑透明。因而它与墙面、屋顶形成冷暖、虚实、体量轻重、表面平滑和粗糙等多方面的对比。因此，玻璃门窗渲染好了，建筑的整体大效果就基本上表现出来了。

玻璃的色调通常选择蓝紫、蓝绿、蓝灰等蓝色调，宜用透明色，忌用易沉淀的颜料。渲染的步骤是：①作底色，如门窗框较深，可在门窗洞的范围内作整片渲染。②作玻璃上光影。③作玻璃上光影变化。④作门窗框。⑤作门窗框上的阴影。

5. 虎皮石墙面

它的渲染比较简单。用铅笔做好底稿后平涂一层淡底色，然后在统一的色调下将各块碎石作多种微小变化，逐一填色，再做出石块的棱影。

（五）水彩渲染常见病例

这里主要列举了技法上的问题；至于色彩选择不当等，不在此例。

间色或复色渲染调色不匀造成花斑；

使用易沉淀颜料时，由于运笔速度不匀或颜料和水不匀而造成沉淀不匀；

颜料搅拌过多发污；

色度到极限发死；

覆盖的一层浅色或清水洗掉了较深的底色；

擦伤了纸面，出现了毛斑；

使用干结后的颜料，颗粒造成麻点；

退晕过程中变化不匀造成突变的台阶；

渲染到底部积水造成了返水；

纸面有油污；

画面未干滴入水点；

工作不细致涂出边界。

四、钢笔徒手画

钢笔画是用同一粗细或略有粗细变化、同样深浅的钢笔线条加以叠加组合，来表现景观及其环境的形体轮廓、空间层次、光影变化和材料质感。钢笔徒手画是不借助尺规等工具用钢笔作画，依靠笔尖的性能画出粗细不同的线条。钢笔画一般都用黑色墨水，白纸黑线，黑白分明，表现效果强烈而生动。钢笔画用笔有普通钢笔、美工笔、针管笔、蘸水钢笔，有些与钢笔性能相近的硬笔所画出的画也列在钢笔画的范围，如塑料水笔、签字笔、马克笔、鹅毛笔等。设计图中很多平面与立面的表现要靠钢笔画来完成，钢笔画与在钢笔画基础上着色的淡彩是常用的表现图的画法。此外，钢笔画广泛应用在速写记录形象、搜集资料、勾画草图、完成快题设计等方面，成为从事设计工作不可欠缺的基本技能。

（一）钢笔徒手线条图

学习钢笔画从临摹入手，以最简单的徒手线条练习开始，循序渐进地掌握专业所需要的各种描绘方法。

1. 钢笔徒手线条的技法要领

运笔要放松，一次一条线，切忌分小段往复描绘；

过长的线可断开，分段再画；

宁可局部小弯，但求整体大直；

轮廓、转折等处可加粗强调。

2. 钢笔徒手线条的组合

各种线条的组合和排列产生不同的效果，其原因是线条方向造成的方向感和线条组合后残留的小块白色底面给人以丰富的视觉印象。因此，在钢笔画中可以选择它们表现园林景观的明暗光影和材料质感。

由于线条的曲直、长短、方向、组合的疏密、叠加的方式都各不相同，因而它们的排列组合有着千变万化的形式。这说明钢笔线条虽然只有一种粗细、一种深度，但是很有表现力。

3. 钢笔徒手线条的明暗和质感表现

用点、线或小圈等元素的组合或叠加，可以表现光影效果。根据光影的变化程度来组织这些元素的疏密。

用钢笔线条表现不同材料的表面特征和质地。如草地宜选连续的细曲线，平坦的表面宜选直线，石块或抹灰墙面宜选直线或散点等。

（二）用钢笔线条表现衬景——树木、山石、花草、人物和汽车

1. 树木画法

用钢笔画树，除了必须准确地掌握树木的造型特点，还要使线条与树木的特征相协调。例如，针叶树（松柏）可用线段排列表现树叶，而阔叶树则可用成片成块的面来表现树叶。需要注意的是，不论何种树木，其画法应该和建筑主体的画法相统一。

（1）远景树

无须区分枝叶乃至树干，只需做出轮廓剪影；整个树丛可上深下浅、上实下虚，以表示大地的空气层所造成的深远感。

（2）近景树

应比较细致地描绘树枝和树叶，特别是树叶的画法，各个树种有明显的不同。

（3）树木的程式化

画法很多，在建筑画中用得也很广。由于它简练又是图案式的表现，更需要选择合适的线条及其组合，以表现夸张了的树木造型。

2. 山石画法

远山无山脚，这是因为大气层的缘故。用钢笔线条表现远山，要抓住山势的起伏，抓住大的轮廓。

园林中的湖石、卵石，表面圆润，钢笔表现多用曲线线条；黄石、斧劈石等，线条刚直、棱角分明，钢笔表现多为直线、折线；叠石通常大、小石穿插以表现层次感，线条的转折要流畅有力。

3. 花草、人物和汽车画法

在表现图中，花草、人物、汽车等是细节刻画，经常起到画龙点睛的作用。花草使画面生动，人物、汽车可以衬托环境氛围，表现这些细节适宜进行精致的描绘。

（三）钢笔徒手画表现方法

钢笔徒手画有多种表现方法，有以勾勒轮廓为基本造型手段的“白描”画法；有表现光影，塑造体量空间的明暗画法；以及两种画法相兼的综合画法。

1. 白描画法

钢笔画中白描画法秉承了中国绘画的传统，得到了较为广泛的运用。尤其是与设计方案相关的钢笔画，需要表现严谨的形象，正确的比例、尺度甚至是尺寸，需要交代清楚很多局部、细节，因而更适合白描画法。白描画法也可以表现空间感，如利用勾线的疏密变化，在形象的转折部位与明暗交接的部位使线条密集；在画面的次要部位适当地省略形成空白；主体形象勾画粗一些的线条，远处的形象勾画细一些的线条等。以这些虚实、强弱的处理产生一种空间感，使画面生动。

2. 明暗画法

明暗画法细腻、层次丰富，光影的变化使形象立体、空间感强，因而具有真情实景的感觉，适合于描绘表现图。明暗画法要处理好明暗线条与轮廓线条之间的关系，要求具备较强的绘画基本功。

此外有大量运用尺规表现建筑造型钢笔画，这类钢笔画中同样有偏于白描与偏于明暗区别。

五、钢笔淡彩

钢笔淡彩是风景园林表现图的基本技法之一，是从水彩渲染和钢笔画派生出来的，是钢笔画与水彩渲染、马克笔、彩色铅笔等色彩画结合的画法，广泛地应用于设计图以及设计表现图。由于水彩渲染透明性强，又能进行细致深入的刻画，以水彩渲染和钢笔画相结合的钢笔淡彩最普遍。

（一）钢笔淡彩表现图的特征

钢笔淡彩表现图不单纯是钢笔画加淡彩，钢笔画阶段即考虑着色的效果，给渲染留有余地；

突出画面的色调，着重整体气氛的表现；

为打破淡彩画的单调，应格外强调画面的层次感，近景、中景、远景三大层次分明。一般的构图，主体形象作为中景的居多，中景色彩的对比变化丰富。近景概括而浓重，略有细节的处理。远景以虚为主，色彩浅淡；

钢笔淡彩无论怎样深入渲染色彩，都应保持钢笔线条清晰可见；

由于钢笔墨线大量出现在画面上，总体的色彩格调应倾向于淡雅、简洁；

适量地运用“空白”的处理手法，如窗框、栏杆、远景树、树枝树干、人、汽车、飞鸟等。黑色的墨线、白色的间隙会对画面的色彩形成中性色的分割，能使画面协调，有装饰感。

（二）钢笔淡彩表现图作图步骤

1. 钢笔画绘制

根据需要可临摹、归纳创作或自己设计方案绘制钢笔画。建筑作为画面的主体，其形象的墨线最好全部以尺规线完成。根据主要轮廓、次要轮廓、局部、细节的主次关系采用不同类型的线条。按照景观内容的不同，用钢笔墨线条画出其他造景要素，如植物、道路、山水、铺地等。

为使画面生动，还可以添加天空、人、汽车、飞鸟等配景，以便和主体景观形成很好的陪衬与呼应关系。

2. 构图

对于建筑钢笔画而言，建筑入口的前面应留出足够的空间，不能堵塞。安置主体建筑的位置不宜居图面正中，否则有呆板的感觉。确定朝向后必然形成重心向相反一侧偏移，有时表现天空多一些，建筑重心下移；有时表现草坪、水池多一些，重心上移。建筑重心偏移后，偏移的一侧也要有一定的空间，使整个图面舒展。

建筑的屋顶与背景的树木形成一个影像，影像的形状要有疏密、高低起伏。通往建筑入口应有道路，路的形状应间断遮挡，不宜笔直生硬。

对于风景钢笔画，除景区画面外，还应有标题、景点介绍、指北针等部分。景区图是占据图面 2/3 的大块面；标题是小方块组成的带状面；景点介绍可以灵活处理成面状或带状、整齐外形或参差错位等多种形式；指北针是小的点状面。构图即为安排这几个点、线、面的关系。各部分应有明确的分隔。景区图面部分的边缘地带可考虑柔化，通过色彩的退晕向图纸边缘过渡，形成与其他部分的穿插。

临摹钢笔画要尽量与原作相同，归纳创作的钢笔画可以参考其他资料，但前提是以原照片为基础，不可改变得与原照片相差甚远。

3. 设色

色彩部分除了建筑的固有色的基本状况外，可以任意发挥。

（1）定主调

冷调与暖调、对比色调与调和色调、偏蓝的冷调与偏绿的冷调等。主调可以表现春、夏、秋、冬不同的季节，具有很强的感染力。在渲染过程中，先渲染大面积的色块如天空、屋顶、墙面、地面、草地、水面等，因为大面积的色彩决定画面的总体关系。大面积色宜用退晕手法，避免平板。水面的退晕可以从四边往中心、中心向四边、单边平推、双边平推、多边交错退晕等。

（2）分层次

有柔和过渡与跳动过渡，层段过渡与穿插过渡。无论怎样过渡都必须表现出近、中、远的空间层次。深入阶段应从主体形象如主体建筑开始渲染，然后从近景到远景渲染。

（3）设对比

对比是画面中不可缺少的环节。即使是调和的色调也必须有部分的对比手法的出现。运用对比手法表现主体形象与环境的对比，如单纯色的主体建筑与色彩丰富的环境形成对比；主体形象的主要部位与次要部位的对比。注意环境中要有点睛细节。

协调素雅的图面要穿插局部的鲜艳，对比强烈的图面要辅以局部的单纯，使图面不至于因变化而混乱，因求协调而呆板。

六、水粉表现图

水粉表现图是使用水调和粉质颜料绘制而成的一类图。它的色彩可以在图面上产生艳丽、柔润、明亮、浑厚等艺术效果。由于水粉颜料具有覆盖性能，便于反复描绘，既有水彩画法的酣畅淋漓，又有油画画法的深入细腻，产生的画面效果真实生动，艺术表现力极强。

（一）工具与材料

1. 颜料

水粉颜料普遍含有粉质，属于不透明色。有些粉量低是半透明色，如柠檬黄、翠绿、普蓝、湖蓝、青莲、玫瑰红等，它们有一定的透明度。其中湖蓝、青莲、玫瑰红所含矿物质原料具有很强的穿透力，被其他颜料覆盖后容易泛出表层。

2. 水粉画笔

水粉画笔的质量，一般以含水性好而富有弹性的为上等。因此，狼毫画笔是比较理想的。羊毫画笔毛质太软，笔法柔软无力；油画笔含水性差、毛质过硬，都不是理想的画笔。

扁形方头笔适宜涂较大面积的色块及用体面塑造形体。毛笔可用于表现某些具有线条特征的形体，如树木、花果、建筑、车船、人物等。油画笔适宜于水粉厚画法；底纹笔是制作较大水粉画幅不可缺少的工具，用于涂底色，画大面积的天空、地面以及比较概括统一的远景等，幅面较大的静物画背景，也常使用底纹笔来画。

3. 水粉画纸

对水粉画纸的质量要求，不像对水彩画纸那样严格。因为水粉画纸的纸面，基本上是被色层遮盖掉的，但是纸质、纸纹和纸的本色与色彩效果、表现技法效果仍然有一定的关系。水粉画纸要求纸质结实不吸水，会吸水的纸色彩效果灰暗；并且要有一定的厚度，上色后不起凹凸皱纹；要有纸纹，以利于颜料的附着。

（二）水粉画法

1. 白色作为调色剂

水粉画的性质和技法，与油画和水彩画有着紧密的联系。它与水彩画一样都使用水溶性颜料，如用不透明的水粉颜料以较多的水分调配时，也会产生不同程度的水彩效果，但在水色的活动性与透明性方面，则无法与水彩画相比拟。含粉意味着对水色流畅的活动性产生限制的作用。因此，水粉画一般并不使用多水分调色的方法，而采用白粉色调节色彩的明度，来显示自己独特的色彩效果。

2. 薄画法与厚画法

调配水粉颜色，使用水分与白粉色的多少，是体现表现技法和水粉画特色的问题。薄画法是用水使颜料稀薄成为半透明，少用白色，水分使颜色产生厚薄和明度变化，发挥了似水彩那样的湿画渗化效果，绘图过程是先浅后深，深色压住浅色。厚画法是少用水分，使用较多的颜料和白色来提高颜色的厚度和明度，绘图过程是先深后浅，浅色压住深色。但注意水粉色不可涂得过厚，如色层过厚，颜色干后易出现色层龟裂剥落，发生图面受损的情况。

3. 干画法与湿画法

干画法是指在干底子上着色，作图时要待前一层颜色干后再涂上第二层色，层层加叠，前一层色与第二层色有较明晰的界限，所以也称之为多层画法。湿画法是利用水分的融合，使两块颜色自然地互相接合的一种方法，作图时趁前笔颜色涂上还未干时，接上后笔，使笔与笔之间的衔接柔和，边缘滋润。在水粉表现图中，干画法以厚涂较多，湿画法以薄涂较多。

4. 水粉画的衔接

水粉颜料要画得色块明确、轮廓清楚比较容易，但要画得衔接自然、柔和就比较难。当颜色未干时，颜色比较容易衔接。冷暖两个色块，也可以趁色未干时在连接两个色块的地方进行部分重叠，混合后产生一个过渡的中间色，使衔接自然柔和，没有生硬的痕迹。而颜色干燥以后，就失去湿画时的效果。此时可以将需要衔接的部位，用干净的画笔刷上一层清水，使已干的色相状况恢复到潮湿时的状况，再根据色相状况来调配衔接的颜色。

（三）水粉表现的基本技法

水粉表现图的很多体面需要平涂；各种颜色的渐变需要退晕；干画法与湿画法都需要叠色；大量的轮廓需要勾画线条。平涂、退晕、叠色、画线条是基础的技法训练。

1. 平涂

与水彩渲染浅淡的水色相反，水粉色平涂需要浓稠的色彩，要加入较多的白色，依靠白色加强颜料的密度，用白粉托出色彩的纯度。

调好的颜料用笔蘸湿，以含在笔中而不滴落的浓度为宜。着色运笔时与纸略有摩擦感为宜，如黏住笔推拉不畅是颜料过稠，有运笔湿滑轻快的感觉则颜料过稀。

涂色时最好使用水平、垂直、再水平 3 遍运笔过程。第一遍水平运笔，颜色足，用笔力度强。第二遍少量加色垂直走一遍，中等力度。最后一遍不加色，轻力、匀速地走一遍笔，减少笔与纸的摩擦，只是浮在颜色表面找匀。每遍运笔应顺一个方向均匀前进，中途不宜返笔。涂完的颜色面从侧面望去应有毛绒的感觉，如表面水汪汪的或留有明显的笔痕，干后肯定不均匀。颜色若稀薄，湿的时候看上去均匀，干后就显出不均匀的效果。

2. 退晕

小面积的退晕采用一支小扁刷两头蘸色，如一头蓝一头白，左右反复摆动，带有中小幅度的上下移动，使蓝白颜色形成过渡。大面积的退晕可用两把刷子，一把从一端涂深色，另一把从另一端涂浅色，向中间合拢，中间地带运笔略轻。也可以调出深、中、浅三色，分别涂在两端与中间，然后用两把刷子分别在衔接地带反复移动运笔，形成退晕效果。

退晕所调颜色的浓稠与平涂相同。

3. 叠色

在第一遍颜色干后叠加第二遍、第三遍色，是水粉画中常用的方法。叠色方法有两种情况：

使用浓厚的颜料将某一部分底色覆盖或以稀的半透明色层罩染，各有不同的效果。但无论采取哪一种方法，实际操作时都要动作敏捷，下笔力求准确，以避免将底色搅起。

4. 画线条

水粉表现图中大量的线条必须用界尺来画，圆规套件的直线笔只适合画很细的线条，各种粗而笔直的长线条必须依靠界尺来完成。使用界尺时，一手持两支笔。一支为画线笔，一支是导向笔，与所画线部位留有一定距离。画线时持笔的手卡紧两支笔，导向笔顺尺槽滑动，拖带着画线笔画线。画长线肩部用力、画短线手腕用力；画细线用衣纹笔，画粗线用兰竹笔或白云笔，齐头线用扁头笔，手指用力下压笔尖可使线条变粗。由于导向笔在尺槽中运行，不会使图面出现划痕。如果用直线笔画长线，会因含颜料不足而中途断色，直线笔画出略粗的线呈凸起状，会影响画面的效果。

要完成一张水粉表现基础练习，在平涂的色块中依照规定粗细的类别画出平行排列、等宽、等距的齐整线条。

（四）水粉表现图的步骤

1. 起稿

先用铅笔定位置和比例，接着用颜色定稿。色线可略重一点，并可用定稿之色薄薄地略示明暗，为下一步的着色作铺垫。造型能力强一些的，也可直接用色线起稿，不示明暗，直接着色。

2. 铺大色调

定稿之后，根据整体色调和大色块关系，薄涂大色调，形成画面的色彩环境。进一步调整大色块的关系，使色彩之间的关系和总的色调与实际感觉相吻合。

3. 具体塑造

在大关系比较正确的基础上，进一步进行具体塑造，从画面主体物着手，逐个完成。此时要注意该物体与背景和其他物体的关系，掌握分寸，细节可留下一步刻画。这一遍用色要适当加厚，增加画面的色彩层次。

4. 细节刻画

对琐碎多余的细节可省略，但对表现物体形象特征与质感的重要细节应加强刻画，画龙点睛。细节要综合到整体之中。

5. 调整、完成

在接近完成的时候，检查一下画面：在深入刻画时是否有些地方破坏了整体，局部和细节的色彩有没有“跳出”画面，还有没有其他毛病。检查后，调整、修改、加工。错误之处，如画得太厚，要洗掉再画，直至完成。

（五）水粉表现图的程式化手法

所谓“程式化”即是一种模式，被反复运用在不同的场合、不同的内容、不同的表演、不同的画面中。程式化的单纯形式形成局限，在局限的制约下便形成独特的风格，各种风格的纵深发展具有广阔的空间。

1. 大型玻璃窗

有单纯的色彩退晕画法；有呈倾斜方向宽窄变化的笔触画法；有垂直、水平色块的穿插画法。

2. 墙面

多采用对角的明暗过渡，与垂直水平形状的墙体形成对比。

3. 地面

地面描画宽窄不等的水平面、水平线，建筑物在地面形成高反差的垂直倒影，勾出流畅的动感线条。各种方法都表现了地面的洁净与明亮，很好地映衬了主体建筑。

此外，树木、人物、汽车也多有程式化的表现。

七、模型制作

园林景观模型是按照一定比例将景物缩微而成，是传递、解释、展示设计项目和设计思路的重要工具和载体。所以，应根据不同模型的用途选取适宜的材料、工艺进行制作，同时要考虑符合美学的原则和处理技术，以加强模型的可视性、可交流性。

园林景观模型制作通过以园林组成要素单体的增减、群体的组合以及拼接为手段，来探讨设计方案。模型不只是表现模型的外部造型，同时也充分表现了模型中各种组成要素之间的空间关系，具有直观性、时空性、表现性。此外，模型还具有完善设计构思、表现设计效果、指导施工、降低风险的作用。

（一）模型的类别

1. 以设计内容区分

（1）造型设计模型

为单体或组合体的造型，像雕塑、环境景观中的各类小品，如水池、花坛、园凳、路牌、路灯等。其种类繁多，使用材料也最为广泛。

（2）建筑设计模型

园林建筑多是小型建筑，如公园大门与票房、展室、小卖部、码头、别墅等。

（3）室内设计模型

各种建筑的室内空间分割、室内外空间的联系、室内外装修、陈设等。

（4）城市、小区规划设计模型

规划设计模型的建筑为群体，着重于整体布局，与环境绿地结合为综合性的开阔景观。

（5）公园、庭园景区设计模型

表现造园掇山理水的诸多手法。此类设计模型最生动、最美观。

（6）古建筑实测模型

再现古建筑的精华，如亭、桥、舫、榭、牌楼、角楼等。

2. 以使用方式区分

（1）基础训练模型

以线材、面材、块材塑造立体形象，组合空间关系，培养抽象思维的能力，建立形式美感的视觉观念。

（2）方案构思模型

这类模型属于工作模型。形象概括简洁，侧重于方案的分析、比较，是理念的构思过程。只表现主要的局部关系，更多的细节雕琢加以省略。

（3）方案实况模型

它是设计图纸全部落实后的再现，造型准确、逼真，刻画所有必要的细节。它是设计平立剖图、表现图、模型三位一体介绍方案的重要组成部分。

（4）展览、竞赛模型

这类模型更侧重于艺术表现。有的极其精致，有的极其概括，有的色彩通体单色，有的以照明渲染出神话般的境界，有时不拘于写实，以象征、抽象、装饰的手法表现鲜明强烈的艺术风格。

3. 以加工材料区分

（1）木材类模型

目前已有各种形状、各种型号的线材、板材、块材的模型木制品。可以黏合、咬合、榫卯，加工方法多样且成形美观。

（2）塑料类模型

包括有机玻璃、各种苯板、泡沫塑料、吹塑制品、塑料薄膜、塑料胶带以及其他类别的复合制品。塑料类的材料色彩鲜艳而且丰富。

（3）纸品类模型

纸品类有卡片纸、瓦楞纸、草板纸、玻璃纸、植绒纸、砂纸、电光纸、纸胶带、压缩纸板以及其他类别的复合纸。纸品类加工最为便利，成形的手段也最多。

（4）金属类模型

金属类常用铝材、马口铁、铜线、铅丝等。金属材的加工略复杂，除一般工具外，需要部分机械加工设备。

（5）综合类模型

上面所介绍的材质类别通常是以一种材料为主，容易达到整体的统一和谐。实际运用中有时会适当地与其他材料结合。

（二）制作模型的工具、黏合剂及其他材料

1. 工具

（1）测绘工具

三棱尺（比例尺）、直尺、三角板、丁字尺、卷尺、弯尺、蛇尺、游标卡尺、圆规、分规、模板、画线工具。

（2）剪裁、切割工具

勾刀、手术刀、扒拉刀、剪刀、单双面刀片、切圆刀、手锯、电动手锯、钢锯、电动曲线锯、电热切割器、台式电锯、计算机雕刻机、钻孔工具、切割垫。

（3）打磨修整工具

砂纸、砂纸机、砂纸板、锉、组锉、特种锉、木工刨、砂轮机。

（4）辅助工具

钣钳工具、喷涂工具、焊接整形工具和其他工具。

2. 黏合剂

有氯仿、丙酮、乳胶、502 胶、4115 建筑胶、801 大力胶、两面贴、胶水等。氯仿、丙酮用来粘接有机玻璃与赛璐珞片。

3. 其他材料与代用品

仿真草皮、绿地粉、发泡海绵（泡沫塑料）、橡皮泥、纸黏土、多胶裸铜线、赛璐珞片、确玲珑、喷漆、清洁剂、型材、玻璃、天然材料以及工业或生活中的废弃物。

材料与代用品应不拘一格，只要适用，经过加工、整形、喷涂颜料，都可以作为很好的模型材料。

（三）各类模型的特征

1. 造型设计模型

造型设计模型是显露的空间关系，一般在通透、开敞的空间展开。一是造型本身的塑造，二是造型与相处环境的高低落差变化。因为空间关系单纯，所占面积又不大，制作时比较简单。以设计平面图为蓝本，完成竖向造型。

2. 方案构思模型

方案构思模型在建筑设计构思的过程中广泛运用。建筑造型做“体块模型”；分析结构做“框架模型”；推敲空间做“面材穿插模型”；群体布局做“体块组合模型”。基于辅助构思的功能，统称为“工作模型”。工作模型是设计方案的立体草图，不要求多么精致，省略细节的刻画，因而可以快速地解决相关阶段的问题。

3. 建筑设计模型

建筑设计模型属于正式设计方案的再现，要求微缩的比例、尺寸非常正确，各种建筑局部与主要细节交代清楚，色彩、质感得到表现，模型的加工制作精巧，模型具有长期保留的价值。

建筑模型的环境处理较为灵活，写实的手法与建筑形象相协调。抽象、装饰的手法又可以形成对比。

4. 室内设计模型

室内设计模型常采用屋顶或一个立面呈敞开状或可以打开的形式，以便清楚地看到室内的内部状态。由于室内设计需要画很具体的室内立面图、天花板平面图，画不同视角的色彩表现图以及一定数量的大尺寸详图，因而模型侧重空间分隔、色彩、材质、固定设施等方面。在室内家具、室内陈设、装饰细节方面比较概括或省略。

室内空间环境是人们生活、工作的场所，应注意人体活动的尺寸范围。

5. 城市、小区规划设计模型

规划模型的场面大，有开阔的地域，运用沙盘模型表现。往往采用照明的手法，变换照明来介绍规划的状况。

6. 公园、庭园景区模型

公园、庭园的设计要充分利用造园的手法，地形地貌复杂，景观丰富多样，从而模型的制作较为多样和复杂。这类模型重在抒情，表现优美的环境，往往以写意的手法，尺寸不特别严格，建筑类景点采用夸张、放大尺寸来表现，园路比较明显，有引导、游览的作用。公园的面积大，也用沙盘来表现。

（四）模型制作的步骤

不同类别模型有不同的表现方法，制作模型的步骤也不尽相同。这里笼统介绍一下过程，有的模型可能不涉及其中某些环节。

1. 绘制模型制作平面图

将模型标题、设计平面图以及要求在模型上表现的内容通过构图画出模型制作平面图。与绘制景区平面图一样，注意留边，图块之间的间距以及在模型板面上布局的虚实关系。

2. 按比例尺作底板

根据加工情况，底板上可以再加复合层，以适应不同需求。

3. 标明部件位置

根据制作平面图，在底板上标明各主要部件的位置。在制作中要进行多次标注。

4. 塑造地形的竖向关系

主要包括山体、坡地、台阶。

5. 制作水池、草地、铺地、道路

6. 黏合建筑与立体造型

把单独完成的建筑与立体造型黏合上去。依照先大后小，先主体后宾体的次序。

7. 加树木衬景

8. 落实标题、指北针、说明文字等

室内设计模型属于比较特殊的类型，但先地面后地上，先大部件后小部件，先整体后局部的规律是一致的。

（五）具体部件的制作

1. 山体

一种是较写实的方法，以石膏、胶泥、纸浆堆塑而成，可以充分塑造山体的纹脉起伏。干燥后再涂绘表现的色彩。山体较高时采取镂空的办法，中间用木框撑起。另一种是较抽象的方法，用等高层垒叠而成，常以单纯材料颜色作为最终效果。

2. 水面

多用彩色有机玻璃，或在着色的纸张上覆盖透明的有机玻璃。

3. 建筑

将预制的立面墙体与屋顶粘接而成。墙面的挖孔与填充门窗、墙体线的叠痕与划痕要提前制作。建筑形体成形后再添加阳台、护栏等局部。制作建筑多用复合的苯板纸或有机玻璃板。

4. 草坪

制作草坪用植绒纸、砂纸。也可以在涂满胶液的表面撒锯末、沙土，再喷上适合的色彩。

5. 树木、灌木、花坛

较为写实的树木可以直接选择干树枝或以大孔泡沫塑料成形。较为抽象的小树木可以用适当的材料做成单纯的几何形体。取材质本身色或涂成白色。灌木用海绵球状、带状成形。花坛用着色的锯末点撒。

6. 道路

及时贴饰简便的材料。

7. 围墙、栅栏

围墙有实体墙与透空墙。实体围墙用签字笔在裁好的墙条上绘出纹路。透空围墙在片状材上打出整齐排列的圆孔，从中裁开即可。栅栏可用塑料窗纱截取使用。

第三节 风景园林素材的表现

一、植物的表现方法

园林植物是构成园林景观的主要素材之一，是风景园林设计中应用最多也是最重要的造园要素。园林植物的种类很多，不同类型的植物形态各异，其平面、立面的表现方法也不同。

（一）植物的平面画法

园林植物的平面图是指园林植物的水平投影图。一般都采用图例概括地表示，其方法为：用圆圈表示树冠的形状和大小，用黑点表示树干的位置及树干粗细。

1. 乔木的平面表示方法

乔木的平面表示可先以树干位置为圆心，树冠平均半径为半径做出圆，再加以表现。乔木的平面表现手法非常多，表现风格变化很大。通常设计师可结合自己的喜好或作图风格采用相应的表达方式。根据不同的表现手法，可将乔木的平面表示划分为下列四种类型。

（1）轮廓型

树木平面只用线条勾勒出轮廓。阔叶树轮廓较光滑，一般为圆弧线或波浪线；针叶树轮廓线常呈针刺状或尖突状。若为常绿树，在轮廓线内加画平行斜线。

（2）分枝型

在树木平面中只用线条的组合表示树枝或枝干的分叉。常用来表示落叶阔叶树。

（3）枝叶型

在树木平面中既表示分枝，又表示冠叶；树冠可用轮廓表示，也可用质感表示。这种类型可以看作其他几种类型的组合。

（4）质感型

在树木平面中只用线条的组合或排列表示树冠的质感。

当表示几株相连的相同树木的平面时，应相互避让，使图面形成整体。当表示成群树木的平面时可连成一片。当表示成林树木的平面时可只勾勒林缘线。

树木的平面落影是平面树木重要的表现方法，它可以增加图面的对比效果，使图面明快、有生气。树木的地面落影与树冠的形状、光线的角度和地面条件有关，在园林图中常用落影圆表示，有时也可根据树形稍稍做些变化。

作树木落影的具体方法如下：先选定平面光线的方向，定出落影量，以等圆作树冠圆和落影圆，然后擦去树冠下的落影，将其余的落影涂黑，并加以表现。对不同质感的地面可采用不同的树冠落影表现方法。

2. 灌木和地被植物的平面表示方法

灌木没有明显的主干，平面形状有曲有直。自然式栽植灌木丛的平面形状多不规则，修剪的灌木和绿篱的平面形状多为规则的或不规则但总体平滑。灌木的平面表示方法与树木类似，通常修剪规则的灌木可用轮廓、分枝或枝叶型表示，不规则形状的灌木平面宜用轮廓型和质感型表示，表示时以栽植范围为准。由于灌木通常丛生、没有明显的主干，因此灌木平面很少会与树木平面相混淆。

地被植物宜采用轮廓勾勒和质感表现的形式。作图时应以地被栽植的范围线为依据，用不规则的细线勾勒出地被的范围轮廓。

3. 草坪和草地的平面表示方法

草坪和草地的表示方法很多，下面介绍一些主要的表示方法。

（1）打点法

打点法是草坪和草地较简单的一种表示方法。用打点法画草坪时所打的点的大小应基本一致，无论疏密，点都要打得相对均匀。

（2）小短线法

将小短线排列成行，每行之间的间距相近排列整齐，可用来表示草坪，排列不规整的可用来表示草地或管理粗放的草坪。

（3）线段排列法

线段排列法是最常用的方法，要求线段排列整齐，行间有断断续续的重叠，也可稍许留些空白或行间留白。另外，也可用斜线排列表示草坪，排列方式可规则，也可随意。

草坪和草地的表示方法除上述外，还可以用乱线法或m形线条排列法。

（二）植物的立面画法

1. 树木的立面表示方法

自然界中的树木千姿百态，各具特色。各种树木的枝、干、冠构成以及分枝习性决定了各自的形态和特征。因此学画树时，首先应学会观察各种树木的形态、特征及各部分的关系，了解树木的外轮廓形状，整株树木的高宽比和干冠比，树冠的形状、疏密和质感，掌握冬季落叶树的枝干结构，这对树木的绘制是很有帮助的。初学者学画树可从临摹各种形态的树木图例开始，在临摹过程中要做到手到、眼到、心到，学习和揣摩别人在树形概括、质感表现和光线处理等方面的方法和技巧，并将已学得的手法应用到临摹树木图片、照片或写生中去，通过反复实践学会自己进行合理的取舍、概括和处理。临摹或写生树木的一般步骤为：①确定树木的高宽比，画出四边形外框，若外出写生则可伸直手臂，用笔目测出大约的高宽比和干冠比。②略去所有细节，只将整株树木作为一个简洁的平面图形，抓住主要特征修改轮廓，明确树木的枝干结构。③分析树木的受光情况，包括树冠的明暗、树冠在主干上的落影、主要枝干的明暗等。④选用合适的线条去体现树冠的质感和体积感，主干的质感和明暗，并用不同的笔法去表现远、中、近景中的树木。

树木的立面表示方法也可分为轮廓、分枝、质感等几大类，但有时并不十分严格。树木的立面表现形式有写实法、图案式及抽象变形法三种形式。写实法表现形式较尊重树木的自然形态和枝干结构，冠叶的质感刻画得也较细致，显得较逼真，即使只用小枝表示树木也应力求其自然错综。图案式的表现形式较重视树木的某些特征，如树形、分枝等，并加以概括以突出图案的效果，因此，有时并不需要参照自然树木的形态而可以很大程度地发挥，而且每种画法的线条组织常常都很程式化。抽象变形的表现形式虽然也较程式化，但它加进了大量抽象、扭曲和变形的手法，使画面别具一格。

画树应先画枝干，枝干是构成整株树木的框架。画枝干以冬季落叶乔木为佳，因为其结构和形态较明了。画枝干应注重枝和干的分枝习性。枝的分枝应讲究粗枝的安排、细枝的疏密以及整体的均衡。主干应讲究主次干和粗枝的布局安排，力求重心稳定、开合曲直得当，添加小枝后可使树木的形态栩栩如生。树干较粗时，可选用适当的线条表现其质感和明暗。质感的表现一般应根据树皮的裂纹而定，如白桦横纹、柿树小块状、悬铃木大片状等。树皮粗糙的线条要粗放，光滑的要纤细。树干表面的节结、裂纹也可用来表现树干的质感。另外还应考虑树干的受光情况，把握明暗分布规律，将树干背光部分、大枝在主干上产生的落影以及树冠产生的光斑都表现出来。

树木的分枝和叶的多少决定了树冠的形状和质感。当小枝稀疏、叶较小时，树冠整体感差；当小枝密集、叶繁茂时，树冠的团块体积感强，小枝通常不易见到。树冠的质感可用短线排列、叶形组合或乱线组合法表现。其中，短线法常用于表现像松柏类的针叶树，也可表现近景树木的叶形相对规整的树木；叶形和乱线组合法常用于表现阔叶树，其适用范围较广，且近景中叶形不规则的树木多用乱线组合法表现。因此应根据树木的种类、远近、叶的特征等选择树木表现方法。

树木在平面、立面图中的表示方法应相同，表现手法和风格应一致，并保证树木的平面冠径与立面冠幅相等，平面与立面对应，树干的位置处于树冠圆的圆心。这样做出的平面、立面图才和谐。

2. 草坪和地被的立面表示方法

草坪因修剪得比较平整，适宜用排列整齐的短线来表现。普通草地没有草坪平整，可用略有疏密变化的打点法或短线法表现。地被植物通常低矮，成片成丛生长，适宜用乱线排列或 m 形线条排列法表达。

二、山石的表现方法

平面、立面图中的石块通常只用线条勾勒轮廓，很少采用光线、质感的表现方法，以免使之零乱。用线条勾勒时，轮廓线要粗些，石块面、纹理可用较细较浅的线条稍加勾绘，以体现石块的体积感。不同的石块，其纹理不同，有的浑圆，有的棱角分明，在表现时应采用不同的笔触和线条。剖面上的石块，轮廓线应用剖断线，石块剖面上还可加上斜纹线。

假山和置石中常用的石材有湖石、黄石、青石、石笋、卵石等。由于山石材料的质地、纹理等不同，其表现方法也不同。

湖石为石灰岩经水浪的冲击和风化溶蚀而成，其面上多有沟、缝、洞、穴等，因而形态玲珑剔透。画湖石时多用曲线表现其外形的自然曲折，并刻画其内部纹理的起伏变化及洞穴。

黄石为细砂岩受气候风化逐渐分裂而成，故其体形敦厚、棱角分明、纹理平直，因此画时多用直线和折线表现其外轮廓，内部纹理应以平直为主。

青石是青灰色片状的细砂岩，其纹理多为相互交叉的斜纹。画时多用直线和折线表现。

石笋石外形多呈长条石笋形。画时应以表现其垂直纹理为主，可用直线，也可用曲线。卵石体态圆润，表面光滑。画时多以曲线表现其外轮廓，再在其内部用少量曲线稍加修饰即可。

三、地形、道路、水体的表现方法

（一）地形的表现方法

1. 地形的平面表示方法

地形的平面表示主要采用图示和标注的方法。等高线法是地形最基本的图示表示方法，在此基础上可获得地形的其他直观表示法。标注法则主要用来标注地形上某些特殊点的高程，常用于详细竖向设计及施工图设计。

（1）等高线法

等高线法是以某个参照水平面为依据，用一系列等距离假想的水平面切割地形后所获得的交线的水平正投影（标高投影）图表示地形的方法。两相邻等高线切面之间的垂直距离 h 称为等高距，水平投影图中两相邻等高线之间的垂直距离称为等高线平距，平距与所选位置有关，是个变值。地形等高线图上只有标注比例尺和等高距后才能解释地形。一般的地形图中只用两种等高线，一种是基本等高线，称为首曲线，常用细实线表示。另一种是每隔 4 根首曲线加粗一根并注上高程的等高线，称为计曲线。有时为了避免混淆，原地形等高线用虚线，设计等高线用实线。

（2）坡级法

在地形图上，用坡度等级表示地形的陡缓和分布的方法称为坡级法。这种图式方法较直观，便于了解和分析地形，常用于基地现状和坡度分析图中。坡度等级根据等高距的大小、地形的复杂程度以及各种活动内容对坡度的要求进行划分。

（3）分布法

分布法是地形的另一种直观表示法，将整个地形的高程划分成间距相等的几个等级，并用单色加以渲染，各高度等级的色度随着高程从低到高的变化也逐渐由浅变深。地形分布图主要用于表示基地范围内地形变化的程度、地形的分布和走向。

（4）高程标注法

当需表示地形图中某些特殊的地形点时，可用十字或圆点标记这些点，并在标记旁注上该点到参照面的高程，高程常注写到小数点后第二位，这些点常处于等高线之间，这种地形表示法称为高程标注法。高程标注法适用于标注建筑物的转角、墙体和坡面等顶面和底面的高程，以及地形图中最高和最低等特殊点的高程。因此，场地平整、场地规划等施工图中常用高程标注法。

2. 地形剖面图的做法

作地形剖面图先根据选定的比例结合地形平面做出地形剖断线，然后绘出地形轮廓线，并加以表现，便可得到较完整的地形剖面图。下面着重介绍一下地形剖断线和轮廓线的做法。

（1）地形剖断线的做法

作地形剖断线的方法较多，此处只介绍一种简便的做法。首先在描图纸上按比例画出间距等于地形等高距的平行线组，并将其覆盖到地形平面图上，使平行线组与剖切位置线相吻合，然后，借助丁字尺和三角板做出等高线与剖切位置线的交点，再用光滑的曲线将这些点连接起来并加粗加深即得地形剖断线。

（2）垂直比例

地形剖面图的水平比例应与原地形平面图的比例一致，垂直比例可根据地形情况适当调整。当原地形平面图的比例过小、地形起伏不明显时，可将垂直比例扩大 5 ~ 20 倍。采用不同的垂直比例所作的地形剖面图的起伏不同，且水平比例与垂直比例不一致时，应在地形剖面图上同时标出这两种比例。当地形剖面图需要缩放时，最好还要分别加上图示比例尺。

（3）地形轮廓线

在地形剖面图中除需表示地形剖断线外，有时还需表示地形剖断面后没有剖切到但又可见的内容。可见地形用地形轮廓线表示。

求作地形轮廓线实际上就是求作该地形的地形线和外轮廓线的正投影。在平地或地形较平缓的情况下可不作地形轮廓线，当地形较复杂时应作地形轮廓线。

（二）水体的表现方法

1. 水体的平面画法

在平面上，水面表示可采用线条法、等深线法、平涂法和添景物法，前三种为直接的水面表示法，最后一种为间接表示法。

（1）线条法

用工具或徒手排列的平行线条表示水面的方法称线条法。作图时，既可以将整个水面全部用线条均匀地布满，也可以局部留有空白，或者只局部画些线条。线条可采用波纹线、水纹线、直线或曲线。组织良好的曲线还能表现出水面的波动感。

水面可用平面图和透视图表现。平面图和透视图中水面的画法相似，只是为了表示透视图中深远的空间感，对于较近的则表现得浓密，越远则越稀疏。水面的状态有静、动之分，画法如下。

静水面是指宁静或有微波的水面，能反映出倒影，如宁静的海、湖泊、池潭等。静水面多用水平直线或小波纹线表示。

动水面是指湍急的河流、喷涌的喷泉或瀑布等，给人以欢快、流动的感觉。其画法多用大波纹线、有鳞纹线等活泼动态的线形表现。

（2）等深线法

在靠近岸线的水面中，依岸线的曲折作二三根曲线，这种类似等高线的闭合曲线称为等深线。通常形状不规则的水面用等深线表示。

（3）平涂法

用水彩或墨水平涂表示水面的方法称平涂法。用水彩平涂时，可将水面渲染成类似等深线的效果。先用淡铅作等深线稿线，等深线之间的间距应比等深线法大些，然后再一层一层地渲染，使离岸较远的水面颜色较深。也可以不考虑深浅，均匀涂黑。

（4）添景物法

添景物法是利用与水面有关的一些内容表示水面的一种方法。与水面有关的内容包括一些水生植物（如荷花、睡莲）、水上活动工具（船只、游艇等）、码头和驳岸、露出水面的石块及周围的水纹线、石块落入湖中产生的水圈等。

2. 水体的立面表示法

在立面上，水体可采用线条法、留白法、光影法等表示。

（1）线条法

线条法是用细实线或虚线勾画出水体造型的一种水体立面表示法。线条法在工程制图中使用得最多。用线条法作图时应注意：线条方向与水体流动的方向保持一致；水体造型清晰，但要避免外轮廓线过于呆板生硬。

跌水、叠泉、瀑布等水体的表现方法一般也用线条法，尤其在立面图上更是常见，它简洁而准确地表达了水体与山石、水池等硬质景观之间的相互关系。

线条法还能表示水体的剖（立）面图。

（2）留白法

留白法就是将水体的背景或配景画暗，从而衬托出水体造型的表示手法。留白法常用于表现所处环境复杂的水体，也可用于表现水体的洁白与光亮。

（3）光影法

用线条和色块（黑色和深蓝色）综合表现出水体的轮廓和阴影的方法称为水体的光影表现法。留白法与光影法主要用于效果图中。

（三）园路的表现方法

1. 园路的平面表示法

园林道路平面表示的重点在于道路的线形、路宽、形式及路面式样。

根据设计深度的不同，可将园路平面表示法分为两类，即规划设计阶段的园路平面表示法和施工设计阶段的园路平面表示法。

（1）规划设计阶段的园路平面表示法

在规划设计阶段，园路设计的主要任务是与地形、水体、植物、建筑物、铺装场地及其他设施合理结合，形成完整的风景构图；连续展示园林景观的空间或欣赏前方景物的透视线，并使路的转折、衔接通顺，符合游人的行为规律。因此，规划设计阶段园路的平面表示以图形表示为主，基本不涉及数据的标注。

绘制园路平面图的基本步骤如下：

确立道路中线；

根据设计路宽确定道路边线；

确定转角处的转弯半径或其他衔接方式，并可酌情表示路面材料。

（2）施工设计阶段的园路平面表示法

所谓施工设计，简单地讲就是能直接指导施工的设计，它的主要特点是：

①图、地一一对应

即施工图上的每一个点、每一条线都能在实地上一一对应地准确找到。因此，施工设计阶段的园路平面图必须有准确的方格网和坐标，方格网的基准点必须在实地有准确的固定位置。

②标注相应的数据

在施工设计阶段，用比例尺量取数值已不够准确，因此，必须标注尺寸数据。

园路施工设计的平面图通常还需要大样图，以表示一些细节上的设计内容，如路面纹样设计。

2. 园路的断面表示法

园路的断面表示主要用于施工设计阶段，又可分为纵断面图和横断面图。

（1）纵断面图表示法

园路的纵断面图主要表现道路的竖曲线、设计纵坡以及设计标高与原标高的关系等。

绘定设计线的具体步骤，标出高程控制点（路线起始点地面标高、相交道路中心标高、相交铁路轨顶标高、桥梁桥面标高、特殊路段的路基标高、填挖合理标高点等）。

拟订设计线。由行车及有关道路技术准则要求，先行拟订设计线，即进行道路纵向“拉坡”。可用大头针插在转坡点上，并用细棉线代表设计线，在原地面线上下移动。结合道路平面和横断面斟酌填挖工程量的大小，决定转坡点的恰当位置。定好后，可沿细棉线把各段的设计线用笔画定。定设计线时，除注意在纵断面上的填挖平衡，还应结合沿途小区、街坊的竖向规划设计考虑。

确定设计线。在拟订设计线后，还要进行各项设计指标的调整查验，如道路的最小纵坡、坡度、坡度折减、桥头线形、纵断面和横断面及平面线形的配合协调等。

设计竖曲线。根据设计纵坡折角的大小，选用竖曲线半径，并进行有关计算。当外距小于5 cm 时，可不设竖曲线。有时亦可插入一组不同坡的竖折线来代替竖曲线，以免填挖方过多。

标出桥、涵、驳岸、闸门、挡土墙等具体位置与标高，以及桥顶标高、桥下净空和等级。

绘制纵断面设计全图。

（2）横断面表示法

园路的横断面图主要表现园路的横断面形式及设计横坡。

道路横断面设计，系在风景园林总体规划中所确定的园路路幅或在道路红线范围内进行。它由下列各部分组成：车行道、人行道或路肩、绿带、地上和地下管线（给水、电力、电信等）共同敷设带（简称共同沟）、排水（雨水、中水、污水）沟道、电力电信照明电杆、分车导向岛、交通组织标志、信号和人行横道等。

（3）园路结构断面表示法

园路结构断面图表现园路各构造层的厚度与材料，通过图例和文字标注两部分表示清楚。

四、风景园林建筑的表现方法

（一）建筑平面图

1. 建筑平面图的内容和用途

建筑平面图是沿建筑物窗台以上部位（没有门窗的建筑过支撑柱部位）经水平剖切后所得的剖面图。建筑平面图除应表明建筑物的平面形状、房间布置以及墙、柱、门、窗、楼梯、台阶、花池等位置外，还应标注必要的尺寸、标高及有关说明。

建筑平面图是建筑设计中最基本的图纸，用于表现建筑方案，并为以后设计提供依据。

2. 建筑平面图的绘制方法

（1）抽象轮廓法

用小三角、小圆点等符号表示建筑，适用于小比例总体规划图，以反映建筑布局及相互关系。

（2）涂实法

此法平涂于建筑物之上，以便分析建筑空间的组织，适用于功能分析图。

（3）平顶法

将建筑屋顶画出，可以清楚地辨出建筑顶部形式、坡向等，此法适用于总平面图。

（4）剖平面法

适用于大比例绘图，该法能清晰地表达园林建筑平面布局，是较常用的绘制单体园林建筑的方法。

（二）建筑立面图

1. 建筑立面图表达的内容和用途

建筑立面图是将建筑物的立面向与其平行的投影面投影所得的投影图。

建筑立面图应反映建筑物的外形及主要部位的标高。其中反映主要外貌特征的立面图称为正立面图，其余的立面图相应地称为背立面图、侧立面图。也可按建筑物的朝向命名，如南立立面图能够充分表现出建筑物的外观造型效果，可以用于确定方案，并作为设计和施工的依据。

2. 绘制要求

（1）线形

立面图的外轮廓线用粗实线，主要部位轮廓线如勒脚、窗台、门窗洞、檐口、雨篷、柱、台阶、花池等用中实线。次要部位轮廓线如门窗扇线、栏杆、墙面分格线、墙面材料等用细实线。地坪线用特粗线。

（2）尺寸标注

立面图中应标注主要部位的标高，如出入口地面、室外地坪、檐口、屋顶等处，标注时注意排列整齐，力求图面清晰，出入口地面标高为 ±0.000。

（3）绘制配景

为了衬托园林建筑的艺术效果，根据总平面图的环境条件，通常在建筑物的两侧和后部绘出一定的配景，如花草、树木、山石等。绘制时可采用概括画法，力求比例协调、层次分明。

（三）建筑剖面图

1. 建筑剖面图的内容和用途

建筑剖面图是假想用一个垂直的剖切平面将建筑物剖切后所获得的剖面图。

建筑剖面图用来表示建筑物沿高度方向的内部结构形式和主要部位的标高。剖面图与平面图和立面图配合，可以完整地表达建筑物的设计方案，并为进一步设计和施工提供依据。

2. 建筑剖面图的绘制要求

（1）剖切位置的选择

剖面图的剖切位置，应根据所要表达的内容确定，一般应通过门、窗等有代表性的典型部位。剖面图的名称应与平面图中所标注的剖切位置线编号一致。

（2）定位轴线

为了定位和阅读方便，剖面图中应给出与平面图编号相同的轴线，并注写编号。

（3）线形

剖切平面剖到的断面轮廓用粗实线绘制，没剖到的主要可见轮廓用中实线，如窗台、门窗洞、屋檐、雨篷、墙、柱、台阶、花池等。其余用细实线，如门窗扇线、栏杆、墙面分格线等。地坪线用特粗线。

（4）尺寸标注

建筑剖面图应标注建筑物主要部位的标高，如室外地坪、室内地面、窗台、门窗洞顶部、檐口、屋顶等部位的标高。所注尺寸应与平面图、立面图吻合。

（四）建筑透视图

建筑透视图主要表现建筑物及配景的空间透视效果，它能够充分直观地表达设计者的意图，比建筑立面图更直观、更形象，有助于设计方案的确定。

风景园林建筑透视图所表达的内容应以建筑为主，配景为辅。配景应以总平面图的环境为依据，为避免遮挡建筑物，配景可有取舍，建筑透视图的视点一般应选择在游人集中处。

风景园林建筑透视图绘图步骤：①以 A3 幅面绘制图形，用 2H 铅笔将已求好的透视影印在图纸之上。②用 0.2 ~ 0.3 针管笔勾勒建筑外形及构件外形。③分大面。将建筑的主要明暗关系表达清楚，对阴影进行反光分析。④细刻画。分析各种构件的形体，并逐一刻画。⑥求统一。

五、风景园林制图综合表现

（一）平面图表现

在平面、立面、剖面、透视和鸟瞰图中，平面图最基本、最重要。对平面性很强的风景园林设计来说，平面图更能显示出它的重要性。平面图能表示整个风景园林设计的布局和结构、景观和空间构成以及诸设计要素之间的关系。在各阶段的设计中，平面图的表现方式有所不同，施工图阶段的平面图较准确、表现较细致；分析或构思方案阶段的平面图较粗犷、线条较醒目，多用徒手线条图，具有图解的特点。平面图可以看作视点在园景上方无穷远处投影所获得的视图，加绘投影的平面图具有一定的鸟瞰感，带有地形的平面图因能解释地形的起伏而在园林设计中显得十分有用。

（二）立面图表现

园林景观立面图是指园林景观立面向与其平行的投影面投影所得的投影图。景观立面图应反映某一方向景观的外形及垂直标高的变化。其中反映主要外貌特征的立面图称为正立面图，其余的立面图相应地称为背立面图、侧立面图。

立面图沿某个方向只能做出一个。在立面图中，不同的造景要素其表现手法和风格、位置、大小应与平面图中相对应，这样做出的平、立面图才和谐。

（三）剖面图表现

园林景观剖面图是指某园林景观被一假想的铅垂面剖切后，沿某一剖切方向投影所得到的视图，其中包括园林建筑和小品等剖面，但在只有地形剖面时应注意园林景观立面和剖面图的区别，因为某些园林景观立面图上也可能有地形剖断线。通常园林景观剖面图的剖切位置应在平面图上标出，且剖切位置必定处在园景图之中，在剖切位置上沿正反两个剖视方向均可得到反映同一园景的剖面图，但立面图沿某个方向只能做出一个，因此当园景较复杂时可多用几个剖面表示。

（四）透视图及鸟瞰图表现

1. 透视图

透视图是风景园林设计中最常用的表现方法。由于平、立面图较抽象，设计内容不易直观地反映出来，因此，需将平面图上的内容转换成三维透视图。透视图能直观、逼真地反映设计意图，便于沟通与交流；还能展示设计内容和效果，有助于设计者对形体和尺度等做进一步的推敲，使设计得到不断的改进与完善。

透视图具有近大远小、近高远低、近宽远窄、近清楚远模糊和近疏远密的特点。

将景物设想为具有长、宽、高的空间体，根据其三个方向的轮廓线与画面的位置关系（实际上是视线与轮廓线的关系），透视图可分为以下几种类型。

（1）一点透视

当空间体有一个面与画面平行时所形成的透视称为一点透视。一点透视较适宜表现场面宽广或纵深较大的景观，室内透视也常常用这种方法表现。另外，一点透视有一种变体的画法称为斜一点透视，由于斜一点透视具有改变一点透视平滞、缺乏生气的效果，因而在建筑和室内设计中得到了广泛的应用。

（2）两点透视

当空间体只有铅垂线与画面平行时所形成的透视称为两点透视。之所以称两点透视，是因为空间体的两组水平线形成了两个灭点。若从景物与画面的平面关系看，则又可称为成角透视。

（3）倾斜透视

当仰视或俯视景物时，因视平面与画面必须垂直，因此，画面与基面呈倾斜状，景物铅垂方向的轮廓线必定有灭点。这时若水平方向轮廓线有一组与画面平行则就形成倾斜两点透视，若两组均不与画面平行则就形成三点透视。

2. 鸟瞰图

常视点位置（包括抬高和降低视平线）的透视图的视域较窄，仅适合于反映和表现局部或单一的空间，当需展现所设计园景总体的空间特征和局部间的关系时，就需要采用视点位置相对较高的鸟瞰图来表现。鸟瞰图一般是指视点高于景物的透视图，因为视点位置在景物上界面的上方，鸟瞰图能展现相当多的设计内容，在体现群体特征上具有一般透视图无法比拟的能力。因此，鸟瞰图在建筑设计和城市规划中得到了广泛应用，对平面性很强的风景园林设计来说更能体现出其表现力。

根据画面与景物的位置关系，透视鸟瞰图可分为顶视、平视和俯视三大类。平视和顶视鸟瞰图在风景园林设计表现中常用，对平面狭长、范围较广的设计内容，可用动点顶视鸟瞰图或平视鸟瞰图表示。俯视鸟瞰图，特别是俯视三点鸟瞰图因其做法较琐碎，故在园林设计表现中很少用。

第四章 空间认知与景观审美

第一节 空间认知

城市景观不论是平淡无奇，还是独具特色，长期生活在其中的人们都会有各自的空间认知方式。各种空间要素综合起来，共同构成城市大环境。方便的交通、明显的标志物，让我们可以很容易地在不同的区域穿梭移动，而不会迷路。虽然城市的结构序列在不断变化，但只要我们随时调整脑中的“环境暂存地图”，仍能很容易地去适应这些变化，这种环境在人心理上的表达，以及记忆重现环境形象的能力，一直都是人类最基本的生存技能之一。

一、空间认知的性质

空间认知由一系列心理过程组成。人们通过一系列的心理活动，获得空间环境中有关位置和现象属性的信息，如方向、距离、位置等，然后对其进行编码、储存、回忆和解码。依靠这种认知能力，人们能够准确地回家、上班、购物以及从事其他各种活动。

空间认知依赖于环境知觉，环境信息的捕捉靠感官来实现，通过对道路、标志物、边界等要素的观察，获得某一区域的信息；通过视觉，把握不同地点之间的距离，捕捉不同区域的主要标志物，对这些信息的捕捉加工，可以使我们对周围的环境更加熟悉，逐渐形成“空间记忆”，以备随时使用。以前熟悉的某个区域突然变化时，这些变化了的信息进一步被大脑加工和储存，构成新的信息保存起来。随着空间环境的变化，人们对涌入大脑的新信息不断地进行编码、分类、储存，对原有的认知地图加以完善，从而获得认路和识别方向的能力。

二、空间认知地图

稍有生活经验的人，都会对居住的地方或经常过往的区域有一些基本的空间认识，借助于这些基本空间认识，在环境中就能够灵活定向、定位、寻找目标和方向，或者在付诸行动之前，正确理解环境所包含的意义，心理学家认为，对环境的识别理解，关键在于空间环境形象能在记忆中重现。这就好像把一张空间地图储存在大脑之中。这种“空间地图”就称为意象或表象（image），具体空间环境意象，则称为认知地图或心理地图。

认知地图是一个动态的过程。广义上讲，它等同于空间认知。狭义而言，它是一种结构，空间信息通过编码储存在此结构中。在认知地图中，视觉信息占主要部分，同时还包含其他感觉信息。

认知地图是人们大脑对路线方向的简易表达，来自于人们对环境的体验与感知，具有直觉性和形象性，随着环境知识的不断增加，认知地图不断丰富完善，在原认知地图的基础上，人们会很快适应新环境。认知地图不如交通图那么完整，它可能比例不对、曲线变直线，或是方向画错、模模糊糊、一鳞半爪。但是它具有环境的基本特征，能有效地帮助人们适应环境以及在环境中定位、定向和寻路。

在实际环境中，认知地图能帮助人们在记忆中对环境布局加以组织，提高在环境中活动的机动性，方便工作、学习、购物和休闲等活动，对同一物质环境，每个人具有不同的认知地图，反映出人格、年龄、职业、社会地位、生活方式等个人特征。认知地图为人类的公共活动和社会交往提供了必要的公共符号系统。不同的个人对同一环境的认知地图交织起来，就构成了对环境的共同记忆，称为公共意象。公共意象越清晰，公共符号系统的作用也就越突出，人们的公共活动和社会交往就越活跃。活跃的社会生活，又会进一步提高公共意象的清晰度。在城市中，它的一个重要特征，就是居民通过共用的符号系统和共同的交往模式被联系起来，这个符号系统被一定数量的市民所共同拥有。公共意象反映出一排人对某一地区环境的共识，能在一定程度上反映出环境本身的属性，强化了地域形象，使地域具有更加鲜明的个性特征，景观设计的作用之一，就是塑造特定场地的公共意象。

三、在景观设计中的运用

认知地图揭示了人们识别和理解环境（即环境认知）的规律，为景观设计提供了大量可以借鉴的信息。

（一）预言行为模式

一般来讲，群体公共意向能反映出环境的主要特征。公共意向与人们的活动范围和生活体验密切相关。例如，妇女更熟悉邻里和社区，男人则偏向于较大的范围。妇女所画的“家”的认知地图，其空间范围竟比男子所画的大一倍。学龄儿童所画的居住区的认知地图，一般以路线形为主，并以家和学校为双中心，形成有限的带形区域。不同区域的居民具有不同的区域意象。对一个城市来说，城市中心往往成为人们意象的公共部分。在城市中，如果主要工作场所和商业区位于市中心，住宅区位于外围，那么居民的城市意象一般呈现扇形。扇形区域之外比较生疏，区域之内则比较熟悉。这一扇形区域就是居民的日常活动范围。群体的城市（区域）公共意象，通常反映他们的活动范围，即意象与活动存在某种程度的一致性。景观规划设计人员可以通过意象调研来判断使用者的活动范围、预言购物消遣等方面的行为模式，在设计中能合理布置公共交通线路，安排商业和公共服务设施。

（二）改善识别特征以及“易识别”设计原则

意象调查有多种方法。①直接提问。如“在市里寻路是否容易”，可以得到肯定性的回答。

但是，它不足以分析具体环境的识别特征。②寻址说明。比如，告诉亲友来访的路线。该法只能了解局部区域。③意象图分析。运用意象图分析，可以从整体和要素两个方面获得大量有用的信息。环境的识别特征模糊而低弱时，人们的意象大多表现为零散或局部的认识；环境（如城市市区）过于复杂时，意象图常出现大范围空白或较多错误；过于单调的环境（如道路等宽、绿化相同，沿街建筑相似的方格网区域），意象图则成为模糊而抽象的示意图。

意象要素平均数量过低，表明环境要素的可意象性低弱；特定要素的认同率过低，表明缺乏可公认的环境要素。

对各组成要素单独进行分析，也有助于改善识别特征。例如，在规划和设计中，充分利用我国台湾台北市四周山水环绕、资源丰富的自然地景，为都市生活提供必要的舒展和缓冲之地，可以增进我国台湾台北市独特的自明性。

在规划和设计中，必须综合处理各类环境要素。巧妙的排列组合，常常能起到相互加强的效果。醒目的标志突出区域的中心。节点附近的标志因位置重要，总会更加引人注目，并进一步强化节点的功能。节点、标志、道路的恰当组合，会使道路意象更加明显。各种要素根据其重要程度，可分为不同的等级。在不同尺度的环境中，可以加入不同等级的标志或道路。但必须指出，城市区域是各类要素相互交织共同组成的有机整体，只有在整体环境中，特定要素才能体现其效果和含义。因此，最终的要素设计还必须经受整体环境效果的检验。景观和城市设计中的“易于识别性”并不是唯一指标，必须具体环境具体分析。商业区、游乐场和公园，既应该考虑认知（或整体）上的易识别性，同时又要考虑知觉（或局部）上的复杂性。

（三）了解认知规律

就一般认知规律而言，人们总是倾向于根据“头脑中固有的环境结构”去解释现实环境。环境结构明确，容易形成比较清晰完整的意象，居民生活也安定自在。反之，公共意象结构模糊——方向混乱、缺乏中心、骨架不明，层次含混，那就意味着现实环境中也存在相应的缺陷。空间结构的好坏，可以通过意象调查反映出来。在我国台湾台北都市意象的调查中，人们普遍认为该市具有清晰的空间结构，但是就整体而言，其南北向之组织性似乎强于东西方向。据此建议，我国台湾台北市在今后发展中可维护坐北朝南的历史性轴向，增进、强化空间的东西方向感，完成台北市整体的空间取向架构。

认知地图所提供的信息，包括使用者对环境设计的反应和评价，它反映了公众的认知规律。无视这些规律，常易导致消极的心理反应。

通过认知地图，能了解公众对不同环境的反应，为提高环境质量提供必要的依据。不同的使用群体有不同的环境意象，可以得出不同的环境设计原则。例如：幼儿园和小学环境设计，应有利于儿童认知能力的发展；居住区设计应向儿童、老人和残疾人倾斜，首先满足上述群体在环境认知方面的需要，做到区域结构明确，定位定向容易、寻址方便；大型游乐场、风景旅游区除了容易识别性外，还必须具有一定刺激性和复杂性。

第二节 城市意向

景观设计与城市密不可分。许多有关城市的研究成果，可以在景观设计中得到应用和借鉴。在宏观上，对景观设计影响较大的是城市意向。所谓城市意向，就是城市在人们头脑中所构成的形象，或称城市空间认知地图。城市意向是观察者与城市之间双向作用的产物。城市环境提供相关特征，表明它们之间的关系。观察者根据自己的经验和知识，对构成城市环境的要素进行选择和组织，然后赋予其一定的形象。

一、城市意向五要素

城市意向五要素，是指道路、区域、边界、节点和标志。这五大要素不仅适用于大的区域，还适用于县城和社区，甚至小到一个房间。比如，一个居住区，几栋楼房就构成了小块区域，围墙作为边界，小区道路指引方向，道路交叉口作为节点，而小区花园就可以当作社区标志了。

（一）道路

道路是有方向性、连续的线形要素，它可以指引人们走向目标区域。大街、运河、步行道、小径、铁路等都可以看作道路，道路是城市意向中较为重要的构成元素，在大多数人的印象中占据了控制性地位，构成城市的大体骨架轮廓，其他构成要素均沿它布置并且与其密切关联。

道路系统构成了城市的主干脉络，使整个城市能够有组织、有秩序地运行，不同级别的道路处于不同的区域，有着不同的构成要素，给人的感觉也不尽相同。

特殊的道路可能成为道路中的特征性元素，而习惯性的道路能给人以最深刻的印象，包括主干道上的重点构成元素，像公共花园、大型雕塑，这些设施都强化了主干道的城市形象。

集中的沿街活动和专门用途，会在观察者思想中产生显著的特征。例如，商业步行街如果去掉街道两侧的商铺店面装饰，它只是一条平常的街道，但加进去之后，效果就完全不同，它成为一条既能满足人们购物需求，又能开展一些娱乐休闲活动的街道，市民在逛街购物的同时，自然就会留下深刻印象。

有特点的空间或建筑外形，均能加强特定道路的形象。试想一下，某条街道新建了一座三角大楼，而这座建筑在城市中是首屈一指的，人们在观赏建筑的同时自然也会记住这条街道了，毕竟它是通往这座建筑的必经之路。而同一条街道中差异较大的空间组合或是街道附近让人着迷的景观也会有这种吸引力，毕竟它们都令观察者难以忘怀。

如果某些区域的主要街道缺乏特征又容易混淆，那就很难让观察者得到整体印象。人生活在城市中，不能俯瞰其整体印象，只能通过对简单要素的积累综合，才能了解其整体意义。但若城市中的简单要素都不容易获取时，那更谈不上整体印象了。

一条道路应具有可识别性和连续性。如果能很方便地为人们指引目标，它还应该具有方向性。

线形要素的正反方向很明显，可以通过一定的梯度变化来实现，即沿着一个方向无限递增，包括使用频度的递增。地形的坡度变化就是很常见的递增方式。同时，拉长的曲线也有变化梯度。

人们倾向于关注道路的起点和终点。端点的识别，有助于增强人们对道路整体性的把握，从而将整个城市联系起来。终点不太明显的例子常常会遇到，三条路通向同一方向，却是不同的终点。对于这类道路，我们可以观察终点附近明显的建筑物或标志，这样可以很方便地辨认出终点。

通过对空间走廊的限定，能给有特征的结构提供足够场地或者急剧的方向变换，均能够加强视觉感受，给人留下深刻的印象。

（二）区域

区域，即构成特征相似的大片空间。区域是城市里中等或较大的部分，像田野、大海、森林、耕地等。区域有时会有明显的界限，有时界限会很模糊。例如，一片森林中两个由不同植物构成的区域，并没有严格的线条区分，边界就会显得很模糊。

区域在观察者心理产生进入“内部”的感受，不管是在区域外部或内部，都能感受到区域中某些共同的特征。林奇在三个城市（波士顿、洛杉矶、泽西城）的调查中，发现了区域给人们的普遍印象。

1. 区域是城市形象的主要构成要素

最熟悉城市的人总是习惯去识别区域。有部分人也会依赖于一些小构成要素去组织和定向。

2. 主题的连续决定了区域的形体特征

包括这些构成因素的无尽变化，如纹理、空间、形式、细节、标记、建筑类型和用途、活动、居民、修缮程度、地形等。比如，在波士顿，立面的类似——材料、式样、装饰、色彩、外轮廓等，都是让主要区域具有同一性的基本要素。主题单元，是指一组事物所具有的共同特征，通常很容易让人辨认。强烈形象的形成需要某些提示给以适当强化。有些地区虽有醒目的标牌，但由于缺乏视觉强度和影响，其在整个城市脉络中不突出，所以不足以构成主题单元。社会内涵对于区域的建立也有着重要的作用。比如说这个地区曾发生过一场灾难，或者说这里曾经诞生过一个英雄人物，这都在一定程度上强化了区域的印象。

3. 每一个区域都有边界

但有一些边界明确可见，有些边界不甚清楚，甚至一些区域完全没有边界。这些边界具有一种作用，它可以限定一个区域，增强区域的特点。但边界不会明显地去构成区域。边界有时会扩大，无规律地对城市进行分割的倾向。而一些较强的边界，会影响从一个区域到另一个区域的过渡。

4. 有较强的核心

核心周围的主题向外逐渐形成梯度变化的区域也不少见。有时，一个强大的核心借助于“放射发散性”就会产生向中心点接近的感觉，可以形成一个区域。景观设计师可以有意地在建筑集中但无视觉中心的区域，通过“放射发散”的方式设计“核心区域”，形成中心区域景观。

（三）边界

边界，即不是道路或不视为道路的线形要素。它通常是两个面的界线，也可以称作两个区域的交界线。边界可能是连续的，但没有方向性，不能作为指引。生活中的河岸、海岸、围墙、路堑、林荫道等都是边界。边界可作为某种侧向的参照基准。最强的边界就是那些视觉明确、形式连续，而且不可穿透的边界，如苏州的护城河。在景观设计中，创造边界地带景观很重要。边界地带往往会结合不同区域的特点，在生态因子组成或系统属性方面引起某种差异，形成奇妙的景观，吸引人们前往。

（四）节点

节点主要指城市的一些中心、要点地带，是观察者借此进入城市的战略点、道路的连接点或者某种特点的集合点，如十字交叉口、方向变换处、中心广场、大型广场、中心集会处等。它是视觉的焦距点，代表了区域的中心和象征。节点的重要性表现在它是某些用途或特征的集中，例如人们常去的街角或封闭型广场，这类集中的节点也许就是某一区域的中心和缩影。节点的影响力波及整个区域，甚至成为城市的象征，所以也被称之为"核"。许多节点同时具有交叉和集中的两种特征，它和道路相互联系，共同构成了人们路程中的某些集中之处。人们集中注意力感觉周围环境，并在这种交叉的节点处做出抉择。节点与区域也有关系，它往往是区域的核心集中点。在我们的城市中，处处都可以发现节点，有时它甚至会在控制性的位置。

（五）标志

标志是观察者的外部参考点。标志是一些具有明显特征并在景观中很突出的元素，观察者一般不进入其内部，只是处于它的外部，它在城市中有可能作为方向的参照物（参照点）。现今城市居民依靠标志作为向导的趋势日益增加。也就是说，对独一无二性和特殊性的关注，胜过了对连续性的关注。典型的标志可以从多角度和多距离观察。如果典型标志形象清晰，就更容易识别。它们在城市内部或一定范围内，甚至可以作为一种永恒的方向标志，例如塔、穹顶、高山、河流、纪念碑、高楼、大厦等。在有限地点和特定道路上看到的重要场所也是一种标志，像意大利佛罗伦萨大教堂、巴黎埃菲尔铁塔、阿尔卑斯山脉、悉尼歌剧院，甚至难以计数的广告、店面、树木等都是标志。它们充斥于观察者的印象之中，成为一种辨认线索、一种结构暗示，甚至作为城市或区域的象征。

二、对景观设计的指导

（一）道路设计

道路，是穿越城市常见的或潜在的运动流线，是取得整体秩序的最有力手段。主干道路应有明显特征，能与周围次要道路形成差别而显现出来，如沿街某些专门的用途和活动的集中，特殊的照明方式，有特征的空间形式，特殊的地面纹理和沿街建筑立面，特有的气味和声响，特有的装饰细节和绿化等。天津滨江道步行街就以特有的装饰店面、购物街为人们所熟悉。

在保证道路连贯性的同时，可以增加一些辅助特征，如树木形成林荫、单一有特色的铺地、古典建筑风格等。道路中的韵律感可以通过有节奏的构图，重复的空间开口、重要建筑或街角杂货铺的重复来构成。这就如同在同一条运输线路上的旅行，使熟悉连续的形象得到增强。

道路应有明确的节点。可通过梯度变化和方向差异来对道路的节点加以强化。较常见的变化梯度是地面坡度。除此之外，还有许多其他变化梯度，如广告、招牌和店铺的渐增以及人数的增加等，都意味着向一个商业集中的节点趋近。色彩或植物也可以形成纹理和梯度变化。建筑物间距的逐步缩短或空间的逐渐变窄，都具有指向中心的作用，即使不对称也可以作为一种指向手段。

如果道路的一些位置能以某种可度量的方式来区别，那么它就不仅有了方向性，还有了尺度。通常的门牌号码就是这种方式。还可以设置一些特征点，特征点越多，这种限定就越精确。这样的路线，就使整个路程获得了新的意义，从而给人以与众不同的体验感。

有些曲折性的道路具有明显的动态，能给观察者留下深刻的印象。人们在道路上拐弯、上升、下降时，视觉范围得以开阔，更多的风景映入眼帘。变化为行走增添了乐趣，从而在心底产生动感，让人难以忘怀。景观设计师在规划道路时，应设法加强运动视差和透视效果，增强道路的动态感觉，使人们在行走时获得不同的连续体验。

具有开阔视野和突出目标的道路能加强自身形象，如日落大道、香榭丽舍大街，它们不仅自身成为一种显著的标志，而且也给人以视觉开阔感。

脉络复杂的道路系统构成了城市最基本的骨架。但是，道路中最有全局意义的地方就是交叉口。作为道路的连接点，它让观察者做出选择。若道路结构清晰可见、关系清楚、交叉点形象生动，就会形成一个让人满意的区域中心。近似不规则交叉比规则的三岔口更可取。常见的近似不规则交叉有平行、纺锤、矩形道路系统或者轴线相接交叉和一条、两条、三条的十字交叉。

道路还可以组织成网络形式，在方向、地形和空间关系方面，构成一个连续网络。道路网中若能加入一些地形变化，并有各种新颖独特的辅助设施，那么道路在视觉上就会有差异了，形象感必然得到增强。曼哈顿的道路网就带有这种特征。色彩、绿化，小品，道路名称、编号，地形和细部装修千差万别，给人一种运动感和尺度感。

在一条有旋律感和韵律感的街道上行走会让人感到兴奋。沿街的活动和特征——标志、空间变换和动感，都可以形成一种旋律线。进一步说，这种旋律可以通过街道两侧的任何物体（包括建筑、小品、植物以及其他一些很小的细节）去实现。

（二）其他构成要素的设计

边界和道路一样，作为一种线形要素，也应保持在方向和整体上的连续。难以被人察觉的边界总是苍白无力的，给人一种似有似无的感觉。一旦边界被察觉，人们就会很深地感受到区域特征的清晰变化以及两个区域的结合。比如，纽约中央公园的高层公寓里面，海边水陆的明确过渡都属于有力的视觉形象，人们的注意力自然会集中于对比强烈、边沿明确的两个区域的接缝处。

若两个区域差异不明显，那么营造观察者的“内外感”就会无效。设计者可以通过使用对比的材料、连续的凹线和植物的合理配置来达到这一效果。不连续或环状边界要注意设置明的终点。

一条边界线如果与其他结构在视觉上和交通上有联系，那么它就成为一个重要的特征，其他所有事物都要依据它来布置。要使一条边界形象鲜明，最好的办法就是多去使用它，频繁地使用，必然能广泛地为人们所注意。

一般来说，标志要具有独立性，并与周围背景形成明显对比。比如，高于住宅的塔形建筑或公园里的摩天轮都是明显的标志。柱子或球体一类标志，往往较突出，再加上丰富的细部要素，就更容易吸引人们的视线。

标志并非一定是庞然大物，关键取决于它的位置以及它自身的形象。如果是高大的，就应该能引起人们视线的注意；若是矮小的，则必须引起人们感觉上的注意。比如，交通线上某个节点，就是能增强感知的地点，位于这类方向选择点的普通建筑物，也是让人难忘的。若赋予标志一种联想或一种精神意义，它的力量又会增强。

第三节 审美心理

对美的欣赏与创造，是人的重要心理活动之一。审美的核心内容是审美经验。所谓审美经验，是指审美主体在审美过程中，凝神观察美的事物和现象（包括自然的、社会的和艺术品）时，所产生的一种特殊的心理活动和心理体验。这种心理活动及心理体验，是审美主体内在的心理活动与审美对象之间相互交流，相互作用的结果。

审美是一个十分复杂的心理活动过程。一方面，审美主体对审美对象由浅入深、由局部到整体、由外部形象到内部实质和深层意蕴进行审美把握，使对象的美学价值在审美主体的审美活动中逐步得到实现；另一方面，审美对象的美学价值也在不断影响审美主体的审美活动和审美过程。

“爱美之心，人皆有之。”人天生对美的事物感到愉悦，对丑的事物感到厌恶。如观看《天鹅湖》，往往会陶醉于唯美的表演之中；倾听贝多芬的《命运》交响曲时，内心会涌现出阵阵波澜和一种对生命的感慨；阅读泰戈尔的诗集，会无法抑制地涌起对生活的无限热爱；阅读鲁迅的《狂人日记》，所能体会出的则是当时社会的黑暗和作者的革命精神。

置身于空气污浊、人声鼎沸的环境之中，心中不免会有阵阵厌恶或烦躁。远离了城市的喧嚣，漫步于田间，面对长天秋水，或小憩于林中清泉之旁，或置身于鸟语花香的环境中时，心中会感到爽朗舒畅、轻松愉悦。不同的景观，能给人以不同的心理感受。

一、景观审美需要

（一）审美需要——主体积极性的源泉

古代哲人很早就发现人身上有一种驱动因素。这种驱动因素导致人们行动和思考，使人得到快乐或痛苦，在心理上表现为兴趣、信念、意志和意图等。

需要是人所感受到的、与生存发展密切相关的各种条件的综合。需要是个性的一种心理状态，反映个体对内外条件的依赖性。同其他心理现象一样，需要也是对于客观现实的反映，只不过它是个体对外部环境与内部条件稳定需求的反映。比如，天气开始转冷，冬天即将来临，人们忙着安装取暖设备和购置保暖衣物。但这一系列活动的内部原因是什么？是人对具体生活条件依赖性的反映——防寒的需要。只有这种目的达到了，需要才能被满足。

人的需要大致分为三类：物质需要、社会需要和精神需要。物质需要基本上是生理的、自然的需要，是人生活的基础，是人维持生命、保存个体及后代延续必须满足的条件。社会需要，包括尊重、友谊、荣誉、爱情、劳动、管理、竞争、模仿等。精神需要是人所特有的，它表现在满足精神文化方面的需求。审美需要就是一种精神需求。美的享受能给人一种舒适、愉快的情绪，给人以精神上的满足，陶冶人的高尚情操。人类对景观的需求似乎晚一点，但景观的前身是园林。中国最早的园林形式可追溯到几千年前殷商的沙丘苑台，周朝的灵囿、灵台、灵沼，直至清朝的颐和园和避暑山庄等。这些园林虽然功能相对简单，但体现出了园林的基本要素——山、水、植物和建筑，表现出人类对美的执着追求。

人的需要是不断发展变化的。人类之初，需要只是为了满足人们直接的肉体需要。衣食住行等基本生活问题解决之后，便出现了劳动、合作、竞争等社会需要，以及求知、审美等精神需要。社会需要和精神需要，都是直接从物质资料的生产活动中产生出来的。但随着社会的发展，这种目的和手段的关系有时可以颠倒过来，精神需要成为第一性的。

依据需要的发展水平，美国人本主义心理学家马斯洛将人的需要分为五个层次，即生理需要、安全需要、友爱和归属需要、尊重需要和自我实现需要，自我实现需要又分为求知需要和求美需要两种。后来，他把求知需要与求美需要独立出来，放在“尊重需要”和“自我实现需要”之间，把需要分为七个层次。马斯洛认为，人的某一种需要得到相应的满足之后，另一种需要就会随之产生，于是人们又继续采取新的行为来满足新的需要。

情感通过体验来反映客观现实与人的需要之间的关系。根据心理学原理，情感是人对客观事物与人的需要之间的关系的反映，或者说是人对客观事物是否符合人的需要而产生的体验。情感与需要是紧密联系在一起的。需要的满足与否，可以引起情感的变化。尽管情感多种多样，但总体来说可划分为愉快与不愉快两大类。需要得到满足，引起主体愉快的情感，反之则引起不愉快的情感。

审美对象能够给人以审美需要的满足，使人产生舒适愉快的审美情感，也能够使人产生压抑的不愉快的情感。审美需要的是审美鉴赏的动力因素。美的追求或者说审美需要，是驱动人格不断完善的内在动力。当人产生了一定的审美需要的时候，他才会去观赏名画佳作，才会去饱览自然美景，聆听音乐和阅览小说。

（二）审美需要——审美主体的自我实现

在马斯洛的需要层次论中，自我实现是最高层次的需要，而审美需要就是一种自我实现需要。人类的审美需要，是一种物质需求以外的高级精神需求，人们对于美的追求和欣赏，充分体现着人的精神的主体性，主要表现在以下几个方面。

1. 美的鉴赏过程和创作过程，是一种“自我实现”的过程

在审美鉴赏中，鉴赏者对审美对象进行感知、想象、联想和再创造，是个人审美能力、审美经验、审美理想在美的对象的体现。鉴赏者在对象中看到的不仅是对象本身的审美属性，接收的并非只是对象的审美信息，就在鉴赏者以参与者身份进入到对象中时，他本人也就成了一个创造者——在作品的基础上再创造。如果鉴赏主体的审美心理结构比较健全，那么他的再创造会得出丰硕的成果，甚至得出超越审美对象本身的成果。他作为创造性主体的本质，也就在这个过程中得到展现和认可。

2. 美的鉴赏和创造，是一种“自我发现”的过程

鉴赏者在美的对象上观照自己，寻找自己，并且与审美对象发生心理对位效应。

在审美鉴赏中，鉴赏主体在感知审美对象时，主要依据的是自己的审美心理结构，在感觉的世界中寻找着自我。鉴赏者有一种特殊心态，他总是想在审美对象中发现自己的本质，并把自己与作品中的人物、事件、情节对应起来，产生共鸣。生活中常有这样的事情，一本小说出版后受到广大读者的欢迎，也许是人们从自己熟悉的生活环境中寻找到了作品中的主人公，因而对故事情节感觉到熟悉，这样就产生了一种共鸣。

审美创造者的创造过程也是一个“自我发生”的过程。创作者在创作中既是创造主体又是鉴赏主体，一方面在创作，一方面在鉴赏，并逐渐发现自我。杰出的作家总是在创作中既表现了自己所感知的现实生活和审美情感，又寻找着自我在作品中的位置。

3. 美的鉴赏和创造过程，是创造者和鉴赏者“自我创造”的过程

鉴赏者在鉴赏过程中依据自己的生活经验，展开一定的想象与联想，对审美对象进行加工、组合、丰富、补充，创造出一个符合自己的审美经验和审美理想的审美意象来。当审美对象作为一种独立的现实存在时，任何一个鉴赏者都可以在其中进行再创造，都可以“以意逆志”。不同时代的鉴赏者不停地在同一对象上进行着再创造，给对象注入新的时代色彩和审美信息。审美创造过程亦如此。创造一个审美对象，也是不断创造自己的过程。在创造过程中感受到的是对自己力量的肯定和灵魂的震撼。一个人把自己的观察、思想、印象、兴趣等一切属于他的感觉世界的东西放进物质材料中的过程，也就是他自己的心灵和自身形象得到创造的过程。

二、审美心理

（一）审美感知阶段

对形式美的感知构成了美感运动的起点。所谓形式感知，是运用审美感官去观察审美对象的外观形式，把有关形式信息摄取到头脑中来。欣赏雕塑艺术品，我们首先看到它的外观，然后才去追究它的意蕴或深层信息；聆听音乐，我们首先接触到的是旋律、节奏和声音效果；观赏绘画，我们第一眼看到的是色彩、线条、构图；观看舞蹈表演，我们首先看到的是舞蹈的形体动作。正是感官系统让我们能够准确地去感受周围的信息，从而获得美的享受。

审美初感，就是审美活动开始时，对审美对象的第一次感知（即第一印象）。它是对人感觉

器官的一种新鲜刺激，或者说是对新鲜刺激的第一次感知，是最为敏锐的。它表现为下述几个特征：①极为灵敏地把握审美对象的形式特征；②加强注意的紧张性，缩小注意的范围，使记忆保持长期性；③出现瞬间的最佳时刻，获得深刻的印象。绘画创作中的审美初感突出地表现在视觉初感上。画家在进行审美观照时，眼睛视线会对准所注意对象的某一点（这一点是眼睛的注意点），并且不断地转动着视线以转换注意的目标，而眼睛又以跳动的方式将视线转换到新的目标。

（二）审美经验阶段

随着审美感知注意力对审美对象形式的动态扫描，美感运动也就进入由表及里的审美经验阶段。这里所说的审美经验包含两个含义：一是指审美经验结构，审美主体大脑信息库中所储藏的、从审美实践中获得的知识经验（包括生活积累，思想情感、文化水准等）和情感体验积累（包括心理冲动趋向和情感反应模式）构成审美经验结构；二是指审美主体以上述的审美经验结构为内因，对审美对象内容的美所进行的体验活动，它包括认知辨析、直觉感受、联想和探求等心理运动环节。

从静态角度看，审美经验结构诸要素可归纳为两大系列：表象性信息系列和意向性信息系列。

人们在感觉和知觉基础上所积累的映象称为表象。感知过程中所得到的是当时作用于感官的外部世界客体的感性映象。这些映象，有的完全不留痕迹地从我们的意识中消失，有的则是作为表象而以记忆的形式在意识中保存下来（通常所说的联想，即以记忆表象的复现为其根本特征）。显然，感知缺乏概括性，客观事物是什么，它就照样反映。表象则不同，它可以是某个独特事物的反映（例如关于黄山迎客松的表象）。这诚然没有概括性（因为它所反映的事物是客观世界中独一无二的）。但是，表象可以反映某一类事物的某种具体形象，例如某房屋，这种表象就具有了一定的概括性。因为房屋涵盖的范围太广，大城市的居民可以想起平顶高层、公寓式房屋，而小城市的居民可能想起木屋、砖墙房屋以及墙面抹灰的二层楼等，农村的居民也许会想起各种平房、瓦房。这三种房屋表象并不包含任何一种房屋中的实际个体所具有的许多特点，而是突出了三类房屋某些共同的、一般的特征（如样式、高低、外墙和屋顶等），是具有一般概括性的概念。这些形象储存在大脑中，就构成了表象性信息系列。以此作为主体的内在参照物，才可能对特定的审美对象所包含的生活内容产生熟识感、亲近感，并进一步产生美感。

审美经验结构的另一组成部分是意向性信息系列。它包括含审美在内的实践活动，人们会对所见所闻产生一定的分析、思索和情感反应，这些心理活动并不都随时过境迁而被淡忘，有些会和表象一起留在大脑之中，日积月累，这类信息凝聚起来，就会使人们对某一事物形成某种带有巨大巩固性的稳定看法和想法，以及带有惯性的情感反应模式。这种建立在一定文化水准之上并且受制于思想的看法、想法和情感趣味的意向、期望和需要以及与之相适应的情感反应模式，就是意向性系列。它左右着审美主体对审美对象意蕴内容的辨察和探求，影响着美感发展的方向。

（三）审美创造阶段

审美创造是依赖于想象来实现的。审美想象，就是在感性经验基础上开拓新的意蕴、构筑新的表象的心理过程，其最终目的是创造富于独创性的意象。

经验是创造的基础，而延时式经验中的审美探求，是想象开拓深层意蕴的基础。当审美者沿着形象特征所提供的线索，按迹循踪深入探求其内含的意蕴而有所收获时，往往不可避免地会带有创造性的因素。

在领略内在意蕴的基础上，审美创造活动就朝着构筑新的意象形态的境地迸发。一方面，通过直接感知，吸取审美对象的形象特征，扬弃偶然的形象枝节，这种有取有舍的心理过程，乃是“得其精而忘其粗”，对感知的形象信息进行一番淘洗选择，是意象形态构成的重要环节；另一方面，调动记忆中的经验，即借助联想为创造性想象输送经验“仓库”中所积累的有关记忆表象（创造性想象的基本趋向是对联想所唤起的经验的改造，从而构筑带有审美者独特创造性的意象形态）。

在创造性的想象中构筑各种类型的意象，是美感发展的最高阶段。意象创造使审美者的自由自觉的本质力量得到极其充分的展示。意象的灵魂输入了审美者心灵酿造的信息，意象的躯体混合着审美者孕育的血肉，意象成了审美者对象化的自我。

三、审美想象

审美想象不同于一般想象，它总是会受制于主体的审美意识，是一种表现主体个性和趣味的想象，它与主体的审美修养有着密切的联系。同一个对象，不同主体所引发出的想象不一样。对某一门类的艺术有着特殊爱好和兴趣的人，总是比较容易对这门艺术产生丰富的想象，而这种想象也很独特。

审美想象的产生需要以下三个条件。

（一）审美想象的基础是多彩多姿的现实生活

审美想象如果远离生活就会成为“灰色”之物。只有与那些常青的生活之树相依为命，想象才会是具体而丰富、新鲜而生动的。我们欣赏借助显微摄影所得到的污染中的美，尤其需要一定的现实生活基础，否则，很难从那些“奇形怪状”的物质微粒结构中获得美感享受，或者充其量把它们看成一些斑斑块块而已。

（二）审美想象要受激情的推动

审美想象与科学想象的区别在于，科学想象力要受理解力的支配，而审美想象力则受到情感的推动。科学家在科学研究中，要凭借想象力发现已经存在但还没有发现的某些客观规律；而审美者（特别是艺术家）却在于依据想象发现、体味审美对象的审美意蕴，创造出新的审美意象。

（三）审美想象要靠际遇触发审美联想

在设计中会有这种体会：有时候各种条件都已具备，但方案还是久久不能完成；有时候偶然一次旅游，或者一个故事的触动，灵感突然爆发，想象力会很活跃，于是设计作品马上就完成了。与小说、音乐作品、美术作品一样，景观设计与灵感有着密切的关系，有时灵感甚至构成了整个作品的灵魂。

四、审美体验

（一）审美体验的内涵

审美体验，是指审美主体在审美活动中，对审美对象进行聚精会神的审美观照时在内心所经历的感受。审美体验的成果，就是审美感受的获得；审美体验的深入，引起了审美感受的深化。比如说，艺术家们所创作的艺术作品，就是他们审美体验的结晶，他们以这种方式将自己体验过的生活、情感和感受过的世界传达给接受者，接受者也从中分享到他们的审美意趣和审美情感。但艺术作品本身只是一些凝固的或非凝固的符号信息，它只有经过接受者内在解释结构的解释才会变得鲜活起来。也就是说，接受者只有在审美体验中才能获得作品的审美意蕴，才能在感情上与创造者进行交流。至于那些含义深远，言在此而意在彼的“微言大义”式的作品，则更需要接受者细心的体验才能识得“庐山真面目”。比如说，人们第一次来到拙政园，穿过主门往北走不久就会看到主体建筑“远香堂”，它紧邻水面，周围环境开阔，荷花满池，附近垒石玲珑，林木苍翠，让人赏心悦目。也许这时人们已经被眼前这醉人的风景所打动，急于去观赏建筑里面的陈设，或是在临水月台上眺望东西两山、屹立的小亭或是去观赏荷花。但当人们再次游览“远香堂”的时候，一些小的、奇妙的、上次被忽略的新事物也许就会进入他们的眼帘，会有人去细心地感受这里的意境。“远香堂”取自宋代著名理学家周敦颐之《爱莲说》中“香远益清”之意，本来就是一处观赏荷花的胜地。第三次来，人们又会有不同的感受，更多的细部会进入他们眼中。这样反复多次的欣赏琢磨，人们的感受显然越来越深，从而获得一种成就感和自豪感。而这种体会和感受的过程带给人们的乐趣远超过了一目了然、全盘呈现在人们眼前的景物。

审美体验与非审美体验的区别在于：①审美体验是一种精神的、总体的情感体验，而日常生活体验或科学体验是功利的、单纯的情感体验。审美体验往往由客体对象形式美的愉悦，到对人生、未来、永恒的感悟，并能直接深入到人的潜意识深层领域。由对审美对象的外部形式的感知，深入到内部实质的理解，再深入到深层意蕴的领悟，从而获得心灵的触动。②审美体验是一种心理震撼的强效应，比之科学体验、道德体验，在强度上显得更为强烈。③审美体验过程始终伴随着一种心理愉悦，并在意象纷呈中获得审美享受，而不像实践体验、日常生活体验那样，因为有太强的功利目的性而丧失其精神的愉悦性。

（二）审美体验的主要特征

1. 极大的灵活性和广泛性

审美体验具有极大的灵活性和广泛性。所谓灵活性，是指审美体验既可以独立进行，又可以与其他实践活动并行不悖。游览秀丽的山川、雄伟的大海，观赏娇艳的花朵、稀世的珍品，当然是审美体验活动。但是在从事其他活动之时，同样可以进行审美体验活动。

2. 强烈的个体性和主观性

审美体验活动具有个体性和主观性。它虽属人所共有的心理活动，但只能以个体的方式进行，而且表现出鲜明的个体性和主观色彩。面对同样的客观事物，不同的人有着不同的感受或体验。

而审美体验的个体性和主观性还表现在，体验者所感受到作品的意义、情感并不一定与作家或艺术家所要表达的意义、情感相一致，他们在作品中看到的是自己的世界。每个人所能领略到的境界都是性格、情趣和经验的返照，而每个人的性格、情趣和经验都是不同的。

3. 丰富的直觉性和具体性

审美体验活动是人“以全部感觉”作为主要手段来把握世界，肯定自己的一种方式，而且在审美对象上直观自身，获得审美愉悦。因而审美体验富有直觉性与具体性，这不仅表现在整个审美体验过程中主体不能离开客体而孤立存在，同时还表现在审美主体必须调动各种感官去精细地感受审美对象，以把握具体的情境，从而形成审美意象，获得审美感受。审美体验的这种直觉性和具体性，是一种精神的、总体的情感体验的体现，是其有别于一般日常生活体验的重要标志。

4. 浓厚的感情性和活跃的联想力

审美体验的过程，自始至终都充满着主体的情感活动。在审美体验中，人们依据一定的审美态度，去观察和评价客观事物，从而产生一种情感体验。因此，审美体验活动的自始至终，都伴随着审美主体强烈、浓厚的情感波动。

联想也在审美体验中具有重要的意义。在审美体验过程中，审美主体不是孤立静止的去反映和评价某一单一的事物，而往往是从某些事物的联系，渗透方面加以考虑。只有通过联想加以印证和比较，才能加深对事物的审美感受。如果说能够把想象力视之为审美活动的创造力高低的一种表现的话，那么，联想力则可视之为审美活动的感受力强烈与否的一项标志。

五、审美探求

（一）审美探求的内涵

1. 探求心理是人类的一种基本特性

探求心理是人类的一种天性，它的核心是求知欲，而表现形式是好奇心。人生来就有一种好奇心，爱好探求周围世界的奥秘，以便了解、认识和掌握客观世界的规律，从而改造世界。在人的探求过程中，会产生惊奇、怀疑、坚信等情感，而这些情感又反过来激发人们进行更深入的探求。

人的探求心理（包括探求自然、社会和艺术等等）从主观上来说是由好奇心被激发而引起的。它是人类有意识、有目的的活动，并使人类逐步摆脱了原始、落后，进入人先进的文明。人类一直按照自己的需要在有目的、有计划地探求自然，最终揭开了它的奥秘，掌握了自然的一些规律，并产生出积极的结果。所以说，人的探求心理是作为人的一种认识活动而存在的，它是人所具有的一种特性。

2. 审美探求的主要特征

（1）审美探求是追求精神上的享受和满足

与科学探求心理的功利性目的不同，审美探求的功利性并不直接，其探求结果也不是获得对事物的抽象认识，而是给人以精神上的享受。为了追求和获得精神上的满足和享受，审美探求可以超出于现实生活和物理时空之外，以一种异乎寻常的力度和气势来表现这种审美探求的结果。

（2）审美探求始终都不脱离具体可感的形象

在科学探求过程中，人们往往从感性的事物出发，通过对具体可感的事物的分析、判断、推理，发现事物内在的规律，得到理性的结论，在整个过程中，它由具体走向抽象。而在审美探求过程中，却始终离不开具体可感的形象。尽管抽象思维在审美探求中起着十分重要的作用，但它必须也伴随着具体可感的形象（审美探求与形象运动同时进行），纯粹的抽象思维不能进入审美领域。

（3）审美探求常常达到物我同一的境界

审美探求自始至终都伴随着情感。主体的感情常常被审美对象所牵引，并达到一种物我同一的境界。

3. 好奇心理与逆反心理

生活中常会有这种事情，一部文学作品或电影受到指责和批评之后，很多读者或观众反而会千方百计地传阅或观看。对于这些人来讲，他们更多的是抱着一种好奇心理，想亲自探求一下作品的真实情况，看其内容和形式是否应该受到指责和批评。逆反心理与好奇心理虽都是人的心理活动，但却有着本质的区别。逆反心理是与常态心理相违背的，即有的人对于明明是错误的、落后的事物，反而认为是正确的、进步的，对于明明是正确的、进步的事物，又偏偏看成是错误的、落后的。逆反心理有意或无意颠倒了事物的性质，混淆了是非界限，是一种反常的、变态的、畸形的心理状态。它是由抵触情绪、不信任感而激发形成的一种偏见。但人们的好奇心理却是一种正常的、合理的心理活动，好奇心可以使人产生惊奇、疑问，进而促使人去探索事物的本质，把握事物的规律。人具有好奇心以及由好奇心所形成的探求心理，对于开拓客观世界的未知领域，促进科学的发展，有着极为重要的意义。在审美活动中，人们的审美好奇心，会促使人们深入探求审美对象的内在意蕴。

（二）审美探求在审美活动中的作用

1. 审美探求与审美发现

研究审美探求心理，对于审美创造与审美欣赏都具有十分重要的作用。主体在审美活动中，常常带着一种强烈的好奇心去探求作品，从而在作品所提供的审美信息的基础上做出独特的审美发现。在自然美的鉴赏中，审美探求也会带来新的审美发现。许多自然风景区的开辟，就是人们在审美探求心理的驱使之下所做出的审美发现。

2. 审美探求与审美创造

审美探求促进审美创造。如艺术家在审美探求心理的驱使下进行审美创造的问题。在艺术创造中，每个艺术家都要使自己的作品具有新颖而深刻的主题理念，这也是艺术家在设计创造中所体现的基本思想。艺术家提炼作品主题的过程就是一个艰苦的审美探求的过程。他要透过现象去把握事物的本质，要从司空见惯的事物中去挖掘常人能够感受但又尚未清晰的思想，这样才能显示出主题的深刻性。

(三)重视引发和培育审美探求心理

在审美活动中应注意以下几点。

1. 以新颖独创的作品引发观赏者的探求心理

人的审美探求心理是有惰性的。看戏不愿看老面孔，听曲不想听老调子。似曾相识的旧事物、旧形式很难在人们的审美心理中占据位置。旧的审美对象容易对人的审美心理产生饱和作用。而审美心理的饱和一旦形成，审美探求的兴趣就会消失。因此，各种艺术作品都应该突出其新颖独特性，这样才能给人留下深刻的印象，给人以心灵上的震撼。

2. 应了解和掌握观赏审美探求心理的可行性

艺术作品创作成功后，便成了客观存在，在其中积淀了艺术家的审美探求心理，而观赏者在欣赏作品时也会产生类似于艺术家的审美探求心理，这其实是艺术家审美探求心理的“还原”。

但是设计者也应该充分考虑到他提供的信息是否能够被观赏者理解，是否能激发出观赏者的审美探求心理，是否能对观赏者的审美探求做出一定的限制和规范。观赏者可以丰富、补充、探求作品深意，但是不能超越作品所提供的信息引导，否则观赏者不但不会有审美探求的乐趣，还会感觉主题思想隐晦。表达方式要曲折生动，却不是扑朔荒唐不可理解；手法要新颖独特，但绝非是离奇怪诞不可捉摸。所以设计者一定要用心留意这个“度”，把握好作品的审美探求，使观赏者能产生出审美的乐趣。

3. 注意培养健康的审美探求心理

审美探求心理属于人的审美活动范围，它应该是美的、健康的。由好奇心所引发的探求心理虽然是人的特性，有一定合理性，但也并非就意味着它是完全合乎道德的、健康的。设计师应该注意培养健康，道德的审美探求心理，将观赏者引入正确的审美轨道中，传达给他们景观艺术的真、善、美，让人们从观赏中受益。

六、审美距离

(一)审美距离的内涵

1. 布洛的距离说

“心理距离”一词，所谓“距离”，就是“介于我们自身与我们的感受之间的间隔，是我与物在实用观点上的隔绝”。有没有距离，是审美与非审美之间的根本区别。注意到“心理距离”与时空距离的不同，强调“心理距离”是一种对经验的特殊的心理态度和看法，它属于审美心理范畴。这是布洛“心理距离”的精华。

2. 心理距离与审美心理距离

(1)心理距离

心理学的研究证明，人的任何心理活动，都是由外界事物的刺激而引起的，并且总是针对一定的对象来进行。人在同一时间之内不能感知周围的一切对象，而只能感知其中的少数对象。这就是心理学中“注意”的指向性和集中性。根据负诱导的规律，当一个人对某一事物发生注意时，他大脑两半球内的有关部位就会形成最优势的兴奋中心，周围其他神经部位必然受到抑制。当一个人注意到某些对象时，他便离开其他对象。集中注意的对象是其注意中心，其余的对象则处于注意的边缘，多数对象处于注意范围之外。这样，注意中心与注意边缘或注意外围之间产生了“距离”，这就是心理距离。

（2）审美心理距离

在审美的场合，审美对象在人们心理上所引起的正是高度的注意，它必然要产生负诱导。与审美无关的事物和心理活动就会处于注意中心之外。这种审美心理距离的特点在于，事物的审美特性处在心理活动的中心，事物的实用性能，科学认识价值等方面的特性则被视为非审美的东西而被忽略，甚至被弃之一旁。布洛所举的在雾海中航行的例子就是如此。当人们把注意力集中于周围景色时，就会沉醉在这一片朦胧缥缈的美景中，而那潜在的威胁生命的危险全都被置于脑后。这种心理距离是随着美感的强度而扩大的，美感愈强，心理距离愈大。但是并非所有的心理距离都能产生美感。如果人们把注意力集中在航行的安全上，时时担心着前途和命运，那么，即使周围一片迷人的景色，也无法引起主体的美感。因此，审美性的心理距离和一般的心理距离是有区别的。其重要区别在于，一般的心理距离所注意的是中心而不是审美特性，是事物的实用性或其他特性。当一个科学家全神贯注于科学研究工作的时候，他竟然忘记了自己是否吃过饭，这就是一般的心理距离。而孔子在齐国听了《韶》乐，竟三月不知肉味，这种对音乐的欣赏所引起的审美效应，就是审美的心理距离所造成的结果。

3. 设置审美心理距离是进行审美活动的必要条件

主体进行审美活动，必须与对象形成一种审美的距离，而审美距离的形成首先取决于审美主体的审美心理结构。尚未构建起审美心理结构的主体或审美心理结构尚不健全的主体都不可能对审美对象形成一定的审美距离。有的时候，审美距离的形成不仅取决于审美主体的审美心理结构，还取决于特定的物理距离。

在对造型艺术作品进行审美鉴赏时，主体所形成的审美距离与特定时空条件下的物理距离有着密切的关系。观赏雕刻、绘画作品、物理距离有所不同，主体所形成的审美距离也不同。有些作品，比如大型油画、镶嵌瓷画适宜远看；而有些工笔花鸟画作品则适宜近看；至于观赏摩崖造像则更是需要特定的物理距离才能形成审美距离。

很多事实证明，有审美必须有心理距离。心理距离的设置是进行审美活动、获得美感的必要条件。

人们面对“长河落日”“大漠孤烟”的塞北风光，或身临悬崖峭壁，万仞峰巅的巴山景色，会沉迷在那惊心动魄的雄伟场面之中，惊叹着大自然的鬼斧神工，精神为之振奋，人格也随之提升。在那被勾魂摄魄的瞬间，人们是无暇回想那深渊巨谷会吞噬万物的潜在危险的。人们在赞叹“滚滚长江东逝水”的顷刻，往往也不会去考虑它水流湍急，即使是修建水电站的地方。因为人们的注意力已经全部被那迷人的景色所吸引，它就处在优势兴奋中心内。至于实用的考虑，科学的价值，全都暂时处于抑制状态之中，不在注意的范围内。心理的距离把人们推到审美欣赏的极致，保证主体不受外来的干扰，而尽情领略大自然的美。

（二）审美心理距离产生的条件

1. 使主客体的关系由对立转向统一

人与自然的关系，首先是利害关系。对人类而言，大自然首先是作为能够为人类提供物质生活资料的对象而存在的。当人们尚处于自在阶段，未能充分掌握，利用大自然的规律时，面对客观对象，首先考虑的就是利害关系问题，求取生存的需要迫使人们只能持实用功利的观点来看待事物，注意事物实用方面的特性，而无暇顾及事物的审美特性。所以，人们无法在事物的审美特性与实用特性之间设置审美的心理距离。人们只有通过改造自然界，解决了衣食住行的问题之后，才有可能寻求精神生活的满足，才可能有审美的需要和审美的活动。一旦主客体的矛盾关系得到和解，人们看待事物的角度就能够得到转换，就有可能由实用的观点转到审美的鉴赏，从而在审美中拉开与实用的距离，全神贯注于对象的审美特性。

2. 要有一定的审美能力、鉴赏兴趣和心境

人的心理活动一般都指向集中于对他来说最有意义的事物。但人们审美心理的形成，能够把自己的心理活动指向和集中于某一审美对象，必然以一定的审美能力为前提条件。正因为如此，在大千世界中，在鸟语花香、山川秀丽的自然界，很多人被单纯的实用观点挡住了审美的眼睛，因而或失之交臂，或擦肩而过，或视而不见，或听而不闻。只有那些独具慧眼、感觉敏锐的艺术家，才能发现生活中的美，从而以艺术手段把生活中的美表现出来，给人以美的熏陶。这也说明了大部分艺术家具有高度的审美感受力，最能设置审美的心理距离，把事物放在审美的角度来观察。

人的注意力的指向和集中，在很大程度上是由兴趣支配的。兴趣是一个人优先对一定的事情发生注意的倾向。矿石商人之所以只看到矿石的货币价值，而看不见矿石的美，就因为他对此没有兴趣，因而也没有把他的注意力集中在这方面，不可能形成审美的心理距离。

兴趣有高低雅俗之分，它根据年龄、修养、性格、时代、民族、地域等的不同而表现出明显的差异。并非所有的兴趣都能促使审美主体与对象形成审美距离。唯有高雅的，与一定时代精神、民族精神和地域风情相统一的兴趣方能使主体与对象形成审美距离。

正如不朽的艺术雕塑——米洛斯的维纳斯，虽然创作的时间已经久远，但它在艺术史上的震撼力没有停止，并已逐渐成为赞颂女性人体美的代名词。她一直为世界上所有热爱艺术和美的人们所景仰，人们以能亲眼看见这尊古希腊最伟大的艺术奇迹为人生一大幸事。

心境对于注意力的指向也有很大的影响。当一个人处于某种心境中，他往往以同样的情绪状态看待一切事物。

审美活动要求主体方面有适宜的心境，不为物役，才能保持适当的心理距离以在审美观照中获得审美感受。

3. 审美对象必须具有能吸引注意力的审美特性

注意的一个基本特征是它的“选择性”。人的心理活动总是有选择地指向和集中于某一对象，而人的审美探求心理又总是让人将其注意力集中于新异的、富于变化的事物。一幕平淡无奇，老生常谈的戏，很难引起观众的审美注意，而一幕形式新颖、情节曲折的戏，则很容易收到突出的审美效果，促成审美心理距离的设置。

（三）审美心理距离在审美中的作用

1. 使审美对象多方面的审美特性得以充分显现，并拓宽审美对象的范围

当审美主体把它全部心理功能的活动指向或集中于对象的审美特性的时候，头脑中相应部位的优势兴奋中心必然导致周围部位的抑制。这样，审美对象就好像形成了一个孤立绝缘、无挂无碍的独立体。孔子闻《韶》乐，三月不知肉味，就因为《韶》乐在他的大脑中产生的优势兴奋中心抑制了味觉神经的活动。当优势兴奋中心把审美对象孤立起来时，对象各方面的审美特性就得到最充分的显现，使审美主体得到最佳的审美享受。

发现美、拓宽审美对象的范围，不仅在于主体的实践力量，也在于心理距离的获得。高山和大海作为自然存在，并非作为人的审美对象而设置。尽管客观上它们是美的，但在地理学家的眼中，它们只是科学认识的对象，未能进入审美的范围。而在山水画家看来，它们是审美对象，审美心理距离使它们超越了自然的物质功用，而从中发现了美，它们也就进入了审美范围。

2. 使审美主体调动起各种心理功能进行深入的审美体验

因为心理距离产生时，大脑两半球中相应部位出现的优势兴奋中心最适宜于反映客观外物，它把主体的感知、想象、情感、思维等多种心理功能都充分地调动起来，以促进美感的产生。美学家往往提倡审美时的凝思默察、全神贯注，就是为了形成最优势的兴奋中心，以期获得最大的美感。乘船过山峡，如果对神女峰仅仅是匆匆一瞥，那只不过是一堆石头，而一旦把注意力全部集中在石头上面，并充分调动起各种心理功能，一幅充满生机的、富有神话色彩的图画便浮现在眼前，审美感受也就油然而生。所以要创造出美的作品，必须进入一个虚静的境界，将注意力集中指向在对象的审美属性上，主体才有可能对对象形成审美距离，从而进行深入的审美体验。

3. 促使审美主客体由物我对立向物我同一的转化

审美的心理距离产生时，被注意到的对象与未被注意到的对象之间形成间隔。优势兴奋中心周围的神经活动都处于抑制状态，主体的注意中心实际上被孤立起来了。在产生美感的瞬间，主体完全沉浸在审美对象中，他心中只有当前所观照的审美世界，而别无他物。在这种凝神观照中，主体把整个自我移入到审美对象中去，而对象又包含着主体的精神活动。这种现象之所以发生，其实都是以心理距离的作用为前提的。在心理距离所造成的封闭系统中，人与物之间发生情感转移，这种转移一旦达到高潮，就会产生物我同一的境界。

第四节 景观设计与审美

景观，作为人类创造的充满大自然情趣的生活游憩空间，除具有实用功能外，还具有更深一层的艺术功能，即通过园林欣赏审美。审美学与景观设计有着不可分割的联系。它是一门解释审美，美感的本质以及美与真善，审美与欣赏、鉴赏娱乐的关系和美感与人类其他感觉的关系的学问，从其实践或运用的角度来说则是一种境界学或修养学——通过阐明人的本质、价值和意义来试图提高人的境界和修养而使真正的人性放射出璀璨夺目的光彩。在设计中，审美学的一些理论可以为设计师所借鉴利用，从而提高景观设计含金量，营造出能为大众喜欢并欣赏的优秀景观作品。中国传统园林中的美学思想，深受早期老子审美，儒家审美的影响，倡导“仁”与“和”“美”与“善”的境界，包括“以和为贵”“形神兼养”等观点，表现出一种乐观积极、谦虚、礼貌的文化氛围。所以古典园林艺术审美多是从诗画情趣和意境角度来讲审美主体所获得的美感，其中主要运用了诸如引起美的联想、产生了悠然意境而又怡然自得的哲学反思等人文语言，塑造了独特的东方园林的风格，给我们留下了宝贵的财富。譬如中国古典园林中所运用的诗文的意蕴以及画意的构图方式，使其融合了诗情画意的美感以及特有的东方意蕴，不仅将前人诗文的某些境界、场景在园林中以具体的形象复现出来，通过景名、匾额、楹联等文学手段作直接的点题，还借鉴了文学艺术的手法使古典园林的规划设计颇多类似文学艺术的结构，在景点的安排之中加强了犹如诗歌的韵律感和节奏感。在古典园林的构图经营上，假山的堆叠方式充分体现了古典园林的画意之美，其堆叠章法既是天然山岳构成规律的概括、提炼，也能看到“布山形、取峦向、分石脉”“主峰最宜高耸，客山须是奔趋”等山水画理的体现。其他诸如建筑、理水、植物搭配也都明显表现出画意的特点。不仅如此，古典园林中还充满了深刻的意境表达，通过诗文、点题、匾额等画龙点睛之笔，给观赏者传达出一定的情感思绪或哲理表达，使人能陷入深刻的联想之中。正是因为具备这些特点，中国古典园林才能够在世界上独树一帜，它传达给观赏者的审美情景更是只可意会不可言传的，在对美的观赏中让人受益匪浅。

曾有人认为自然美经过提炼、取精成为艺术品，已不是纯自然的形式，也许会和当前的生活存在显著的距离，这样的认识不无道理。格式塔心理学研究表明：人们在日常生活和艺术欣赏中宁愿欣赏那些稍微不规则和稍稍复杂些的式样，其理由是这些式样能唤起人们注意和紧张的情绪，继而（审美主体）对其积极地组织，最后组织活动得以完成，开始的紧张逐渐消失；而这种活动呈现出一种有始有终、有高潮有起伏的经验，这样的经验给我们的情绪带来与众不同的快感。这也说明了日常生活中司空见惯的对象是不可能引起我们的美感的，只有那些与生活有一定距离的对象，即在时间、空间、心理上超越生活的对象才能引起我们的注意和紧张，而这种紧张是通过对审美主体内在生理和内在情感的刺激产生的，即这种愉快感均来自于外在刺激。这种刺激和紧张是中等程度的（相对内在生理和内在情感而言），它来自审美信息的新颖度与可理解性之间的平衡。一个景观设计作品，其审美信息新颖度越大，独创性也越大，产生的刺激也越强烈，它的可理解量就会越小，越不容易被欣赏者接受。景观的审美主体主要是游人，每个人知识水平，修养程度以及对景观美的理解水平不一样，在创造园林美时要增强审美信息的可理解性，但也要保持一定的新颖度，使游人可以在休闲中认识世界、增长知识、提高修养和陶冶情操。因此，景观设计者应该致力于寻求可理解性与新颖度之间的最佳点，充分体现景观艺术功能。但随着社会的发展进步和游人对景观审美能力的提高，这个满足审美需求的最佳点会向新颖量一方不断移动。在每一个不同时期，这要根据物质与精神文明发展的程度来决定。所以设计者也要适时而变，随时调整自己的审美信息，力求创造出符合当代游人审美观的优秀景观作品，从而做到景观创作审美与欣赏审美的相互统一。

但是，现代科技处于全球支配地位，它在给人们的工作带来优越性的同时，也不知不觉弱化了人们内在的心智，使得景观设计行业又出现了许多新的问题。

一、景观设计过度依赖机器

计算机设计、计算机绘图极大地丰富了图面效果，提高了参与国际竞争的能力。但设计者在熟练使用软件的同时，手绘表现的基本能力却逐日下降，这直接地影响了学生对于景观设计（包括建筑学、城市规划）的想象能力，降低了审美情趣的敏感度。

二、缺乏自身审美与情趣的培养

设计者学习期间重视专业课，却极大地忽视了自身的审美，尤其是情趣的培养。一个好的景观设计者，在具备基础专业能力的同时，也应该具有高尚的审美观念，并具备社会责任、职业道德、开阔的视野等综合能力。

三、缺乏景观设计的情感理念剖析

设计者对形式的关心超过了对于理念的剖析，他们为了所谓“好”“漂亮”的方案，只关心设计的外在形式，却忽视了景观设计作品的内涵，缺乏深入的人性化思考。

四、景观设计教育与大众情趣脱节

由于学生接触范围狭小，其审美情趣多是通过书籍或各种媒体来培养，对于现存的社会问题很少关心，更谈不上接触社会。即使进入社会，现实工作的繁忙也使设计师缺乏了解社会的责任感，很少和群众去沟通，因此造成了景观设计的某些作品不能为大众所认同和喜爱。只能说设计者是按照自己美好的愿望去创造，但忽视了大众的情感需求，没有能取得自己预计的理想效果。

如果这种情况任其发展，势必要阻碍中国景观设计行业的长期发展。审美活动给了我们某种形而上的慰藉，对释放人们心中的强制和压抑、满足陶冶人们的情操、唤醒建构诗意的生存理念，都具有一定的积极意义。它改善了人性质量并提升了生存品质，建构起和谐的、诗意的生存理念，这正是我们在景观设计本质中极力追求的东西。而景观设计的服务群体是人民大众，只有他们的认可，才能体现出作品真正的成功。从侧面来讲，景观设计教育与大众情趣脱节也是“以人为本”理念的缺失。景观环境的体验者是人，我们应该从景观环境中看到人的需要，觉察人们的思想，活动、喜怒哀乐的心理变化。即使是同一个人，各个时间段的需要也不一样，有时需要热闹、交往、流动，有时却想要安宁、私密、静态。因此，在我们对环境的设计中，应该着重了解大众的审美情趣，在设计中用心去关心爱护每一个人，让他们在放松休闲的同时也能满足其各种生理或是心理的需求，从而体验到设计者的一片良苦用心。

第五章 风景园林的植物设计

第一节 园林种植设计基本形式

一、种植设计的基本原则

园林植物在进行设计的时候不仅要遵循生态学原理，根据植物自身的生态要求进行因地制宜的设计，还要结合美学原理，兼顾生态和人文美学，师法自然是设计的前提，胜于自然是从属要求。园林植物资源丰富，多植物形态的多方面把握，采用美学原理，把每种植物运用在园林中，充分展示植物本身特色，营造良好生态景观的同时，还要形成景观上的视觉冲击。因此，园林中植物设计不与林学上的植物栽植相同，而是有其独特的要求。

（一）“适地适树”，以场地性质和功能要求为前提

园林植物的设计，首先要从园林场地的性质和功能出发。在园林中，植物是园林灵魂的体现，植物使用的地方很多，使用的方式也很多，针对不同的地段，针对不同的地块，都有着其具体的园林设计功能需求。

街道绿地是园林设计中比较常见的，针对街道，首先要解决的是荫蔽，用行道树制造一片绿荫，达到供行人避暑的目的，同时，还要考虑运用行道树来组织交通，注意行车时候对视线遮挡的实际问题，以及整个城市的绿化系统统一美化的要求。公园是园林不可或缺的一个部分，在公园设计中一般有可供大量游人活动的大草坪或者广场，以及避暑遮阴的乔灌木、密林、疏林、花坛等观赏实用的植物群。工厂绿化在日益发达的工业发展中，逐步被人所重视，它涉及到工厂的外围防护，办公区的环境美化，以及休息绿地等板块。

园林植物的多样性导致了各种植物生长习性的不同，喜光、喜阴、喜酸性土壤，喜中性土壤，喜碱性土壤，喜欢干燥，喜欢水湿，或长日照和短日照植物等等各有不同需求。根据“物竞天择，适者生存”的理念，在园林场地与植物生长习性相悖的情况下，植物往往会生长缓慢，表现出各种病状，最终会逐渐死亡，因此，在植物种植设计时，应当根据园林绿地各个场地进行实地考察，在光照、水分、温度以及风力等实际方面多做工作，参照乡土植物，合理选取，配置相应物种，使各种不同习性的植物能在相对较适应的地段生长，形成生机盎然的景观效果。

本土植物是指产地在当地或起源于当地的植物，即长期生存在当地的植物种类。这类植物在当地经历了漫长的演化过程，最能够适应当地的生境条件，其生理、遗传、形态特征与当地的自然条件相适应，具有较强的适应能力。它是各个地区最适合用于绿化的树种，可以有效提高植物的存活率和自然群落的稳定性，做到适地适树。同时，乡土植物是最经济的树种，运输管理费用相对较低，也是体现当地城市风貌的最佳选择。

（二）以人为本的原则

任何景观都是为人而设计的，但人的需求并非完全是对美的享受，真正的以人为本应当首先满足人作为使用者的最根本的需求。植物景观设计亦是如此，设计者必须掌握人们的生活和行为的普遍规律，使设计能够真正满足人的行为感受和需求，即必须实现其为人服务的基本功能。但是，有些决策者为了标新立异，把大众的生活需求放在一边，植物景观设计缺少了对人的关怀，走上了以我为本的歧途。如禁止入内的大草坪、地毯式的模纹广场，烈日暴晒，缺乏私密空间，人们只能望“园”兴叹。因此，植物景观的设计必须符合人的心理、生理、感性和理性需求，把服务和有益于“人”的健康和舒适作为植物景观设计的根本，体现以人为本，满足居民“人性回归”的渴望，力求创造环境宜人，景色引人，为人所用，尺度适宜，亲切近人，达到人景交融的亲情环境。

（三）植物配置的多样性原则

根据遗传基因的多样性，园林植物在选择上，有着太多的选择方式。但是，植物的多样性充分体现了当地植物品种的丰富性和植物群落的多样性，可以表现出多少绿量才能使植物景观有更加稳定的基础。各种植物在自身适宜环境下生长、发育、繁殖，都会有其独特的形态特征和观赏特点。就木本而言，每一种树木在花、叶、果、枝干、树形等方面的观赏特性都各不相同。如罗汉松、马褂木是以观叶为主，樱花、碧桃以观花为主，火棘、金橘以观果为主，龙爪槐、红瑞木主要观赏枝干，柏树类主要就是观赏它的树形，主要也是用于陵墓，塑造庄严气氛。在城市园林中，由于有大量高大建筑，硬质铺装，通常情况下，需要选用多种园林观赏植物来形成丰富多彩的园林绿地景观，提高园林绿地的艺术水平和观赏价值，优化城市绿化系统。多样性植物，多品种植物的运用，根据植物的季相性变化，会使得城市园林绿地呈现出各个季度不同的色彩，不同的生气，带来四季常青、生机盎然的优美景观。

多种植物的选用，可以对城市不同地段的光照、水分、土壤和养分等多种生态条件进行合理的利用，获得良好的生态效益。植物的正常生长都需要一定的适宜环境条件，在城市中，光照、湿度及土壤的水分、肥力、酸碱性等生态条件有很大的差异，因此，仅用少数几种植物是满足不了不同地段的各种立地条件；多种植物，就有了多种的环境条件的契合，可以有效地做到，有地就有相宜植物与之搭配。如在高层建筑的小区中，住宅楼的北面是背阴面，在地面上一般不容易形成绿化地块，需选用耐阴的乔木、灌木、藤蔓及草本来统一整合植物优势，进行绿化。城市绿化还要考虑到植物覆盖率以及单位面积植物活体量和叶面积指数，使用多种植物进行绿化，可以有效提高以上参数，同时还可以增加居住区内绿地，实现净化空气，消减噪声，改善小环境气候等功能。

在植物绿化种植设计中，以各种植物有其不同的功能为依据，可以根据绿化的功能要求和立地条件选择种植适宜的园林植物。例如在需要遮挡太阳西晒的绿化地段，可配置刺桐、喜树等高大乔木；在需要进行交通组织的地段，通常可用小叶女贞、丁香球、红花继木等灌木绿篱进行分割、处理；在需要安排遮阴乘凉的地段，可以使用小叶榕、桂花、荷花玉兰等枝叶繁密、分支点适宜的乔木；在需要攀附的廊架、围栏等独立小品面前，可以种植可观赏的藤蔓植物，如丁香、藤蔓月季、紫罗兰、常春油麻藤等等；在需要设置亭廊的周围，需要打造出一片属于该处的独特景观视点，以值得游人驻足；如今在广场活动集结的地方，一片草坪势必会让硬质也软化，这是讲究的阴阳调和；选用多种植物，可以满足一种自然的需求，可以满足人为对美的定义，用植物创造自然美。

选用多种植物，可以有效防治多种环境污染问题。

（四）满足生态要求的“人工群落”原则

植物种植设计时，要遵循自然生态要求，顺应自然法则，形成植物生态群落。选择对应植物，构成相同群落元素，师法自然。要满足植物的生态要求，一方面要在选择植物树种时因地制宜，适地适树，使种植植物的生态习性和栽植点的生态条件基本能够得到统一；另一方面，需要为植物提供合适的生态条件，如此才能使植物成活并正常生长。同时，对各种大小乔木、灌木、藤蔓、草本植物等地被植物进行科学的有机组合，形成各种形态、各种习性、各种季相、各种观赏要素合理配合，形成多层次复合结构的人工植物群落及良好的景观层次。

植物景观除了供人们欣赏外，更重要的是能创造出适合人类生存的生态环境。它具有吸音除尘、降解毒物、调节温湿度及防灾等生态效应，如何使这些生态效应得以充分发挥，是植物景观设计的关键。在设计中，应从景观生态学的角度，结合区域景观规划，对设计地区的景观特征进行综合分析，否则，会南辕北辙，适得其反。例如，北京耗巨资沿四环和五环修建的城市绿化隔离带，其目的是为了控制城市“摊大饼”式的向外蔓延带来的环境压力，但在规划中由于缺乏对北京区域环境、自然系统和城市空间扩展格局的分析，采用均匀环绕北京城市周围的布局方式，不但不能真正防止北京城市无序扩张，而且可能拉动和强化这种扩张模式。

（五）满足艺术性、形式美法则

植物景观设计同样遵循着绘画艺术和景观设计艺术的基本原则，即统一、调和、均衡和韵律四大原则。植物的形式美是植物及其“景”的形式，在一定条件下给人的心理上产生的愉悦感反应。它是由环境、物理特性、生理感应三要素构成。即在一定的环境条件下，对植物间色彩明暗的对比、不同色相的搭配及植物间高低大小的组合，进行巧妙的设计和布局，形成富于统一变化的景观构图，以吸引游人，供人们欣赏。

完美的植物景观必须具备科学性与艺术性两方面的高度统一，既满足植物与环境在生态适应上的统一，又要通过艺术构图原理体现出植物个体及群体的形式美，以及人们欣赏时所产生的意境美。意境是中国文学和绘画艺术的重要表现形式，同时也贯穿于园林艺术表现之中，即借植物特有的形、色、香、声、韵之美，表现人的思想、品格、意志，创造出寄情于景和触景生情的意境，赋予植物人格化。这一从形态美到意境美的升华，不但含义深邃，而且达到了“人与自然和谐统一”的境界。植物景观中艺术性的创造是极为细腻复杂的，需要巧妙地利用植物的形体、线条、色彩和质地进行构图，并通过植物的季相变化来创造瑰丽的景观，表现其独特的艺术魅力。

（六）师法自然

植物景观设计中栽培群落的设计，必须遵循自然群落的发展规律，并从丰富多彩的自然群落组成、结构中借鉴，保持群落的多样性和稳定性，这样才能从科学性上获得成功。自然群落内各种植物之间的关系是极其复杂和矛盾的，主要包括寄生关系、共生关系、附生关系、生理关系、生物化学关系和机械关系。在实现植物群落物种多样性的基础上，考虑这些种间关系，有利于提高群落的景观效果和生态效益。例如，温带地区的苔藓、地衣常附生在树干上，不但形成了各种美丽的植物景观，而且改善了环境的生态效应；而白桦与松、松与云杉之间具有对抗性，核桃叶分泌的核桃醌对苹果有毒害作用，这些现实环境中存在的客观条件不可不察，必须在植物种植设计的时候充分考虑这些因素，才能设计出自然而然的景观。

二、乔—灌种植形式

乔木是植物景观营造的骨干材料，形体高大，枝叶繁茂，绿量大，生长年限长，景观效果突出，在种植设计中占有举足轻重的地位，能否掌握乔木在园林中的造景功能，将是决定植物景观营造成败的关键。“园林绿化，乔木当家”，乔木体量大，占据园林绿化的最大空间，因此，乔木树种的选择及其种植类型反映了一个城市或地区的植物景观的整体形象和风貌，是种植设计首先要考虑的问题。

灌木在园林植物群落中属于中间层，起着乔木与地面、建筑物与地面之间的连贯和过渡作用。其平均高度基本与人平视高度一致，极易形成视觉焦点，在植物景观营造中具有极其重要的作用，加上灌木种类繁多，既有观花的，也有观叶、观果的，更有花果或果叶兼美者。

根据在园林中的应用目的，大体可分为孤植、对植、列植、丛植和群植等几种类型。

（一）孤植

孤植是指在空旷地上孤立地将一株或几株同一种树木紧密地种植在一起，用来表现单株栽植效果的种植类型。

孤植树在园林中既可作主景构图，展示个体美，也可作遮阴之用。在自然式、规则式中均可应用。孤植树主要是表现树木的个体美。如奇特的姿态、丰富的线条、浓艳的花朵、硕大的果实等，因此孤植树在色彩、芳香、姿态上要有美感，具有很高的观赏价值。

孤植树的种植地点要求比较开阔，不仅要保证树冠有足够的空间，而且要有比较合适的观赏视距和观赏点。为了获得较清晰的景物形象和相对完整的静态构图，应尽量使视角与视距处于最佳位置。通常垂直视角为26° ~ 30° 、水平视角为45° 时观景较佳。

在安排孤植树时，要让人们有足够的活动场地和恰当的欣赏位置，尽可能与天空、水面、草坪、树林等色彩单纯而又有一定对比变化的背景加以衬托，以突出孤植树在体量、姿态、色彩等方面的特色。

适合作孤植树的植物种类有：雪松、白皮松、油松、圆柏、侧柏、金钱松、银杏、槐树、毛白杨、香樟、椿树、白玉兰、鸡爪槭、合欢、元宝枫、木棉、凤凰木、枫香等。

（二）对植

对植是指用两株或两丛相同或相似的树，按一定的轴线关系，有所呼应地在构图轴线的左右两边栽植。在构图上形成配景或夹景，很少作主景。

对植多应用于大门的两边，建筑物入口、广场或桥头的两旁。例如，在公园门口对植两株体量相当的树木，可以对园门及其周围的景观起到很好的引导作用；在桥头两边对植能增强桥梁的稳定感。对植也常用在有纪念意义的建筑物或景点两边，这时选用的对植树种在姿态、体量、色彩上要与景点的思想主题相吻合，既要发挥其衬托作用，又不能喧宾夺主。如广州中山纪念堂前左右对称栽植的两株白兰花，对植于主体建筑的两旁，高大的体量符合建筑体量的要求，常绿的开白花的芳香树种，又能体现对伟人的追思和哀悼，寓意万古长青、流芳百世。

两株树的对植包括两种情况：一种是对称式，建筑物前一边栽植一株，而且大小、树种要对称，两株树的连线与轴线垂直并等分。

另一种是非对称式，两边植株体量不等或栽植距离不等，但左右是均衡的，多用于自然式。选择的树种和组成要比较近似，栽植时注意避免呆板的绝对对称，但又必须形成对应，给人以均衡的感觉。如果两株体量不一样，可在姿态、动势上取得协调。种植距离不一定对称，但要均衡，如路的一边栽种雪松，一边栽种月季，体量上相差很大，路的两边是不均衡的，我们可以加大月季的栽植量来达到平衡的效果。对植主要用于强调公园、建筑、道路、广场的出入口，突出它的严整气氛。

（三）列植

列植是指乔灌木按一定株行距成排成行地栽植。

列植树种要保持两侧的对称性，当然这种对称并不是绝对的对称。列植在园林中可作为园林景物的背景，种植密度较大的可以起到分隔空间的作用，形成树屏，这种方式使夹道中间形成较为隐秘的空间。通往景点的园路可用列植的方式引导游人视线，这时要注意不能对景点造成压迫感，也不能遮挡游人。在树种的选择上要考虑能对景点起到衬托作用的种类，如景点是已故伟人的塑像或纪念碑，列植树种就应该选择具有庄严肃穆气氛的圆柏、雪松等。行列栽植形成的景观比较整齐、单纯、气势大，是公路、城市街道、广场等规划式绿化的主要方式。

在树种的选择上，要求有较强的抗污染能力，在种植上要保证行车、行人的安全，然后还要考虑树种的生态习性、遮阴功能和景观功能。

列植的基本形式有两种：一是等行等距，从平面上看是成正方形或品字形。它适合用于规则式栽植。二是等行不等距，行距相等，但行内的株距有疏密变化，从平面上看是不等边三角形或不等边四边形。可用于规则式或自然式园林的局部，也可用于规划式栽植到自然式栽植的过渡。

（四）丛植

丛植通常是由几株到十几株乔木或乔灌木按一定要求栽植而成。

树丛有较强的整体感，是园林绿地中常用的一种种植类型，它以反映树木的群体美为主，从景观角度考虑，丛植须符合多样统一的原则，所选树种的形态、姿势及其种植方式要多变，不能对植、列植或形成规则式树林。所以要处理好株间、种间的关系。整体上要密植，像一个整体，局部又要疏密有致。树丛作为主景时四周要空旷，有较为开阔的观赏空间和通透的视线，或栽植点位置较高，使树丛主景突出。树丛栽植在空旷草坪的视点中心上。

具有极好的观赏效果，在水边或湖中小岛上栽植，可作为水景的焦点，能使水面和水体活泼而生动，公园进门后栽植一丛树丛既可观赏又有障景的作用。

树丛与岩石结合，设置于白粉墙前、走廊或房屋的角隅，组成景观是常用的手法。另外，树丛还可作为假山、雕塑、建筑物或其他园林设施的配景。同时，树丛还能作背景，如用雪松、油松或其他常绿树丛作背景，前面配置桃花等早春观花树木或花境均有很好的景观效果。树丛设计必须以当地的自然条件和总的设计意图为依据，用的树种虽少，但要选得准，以充分掌握其植株个体的生物学特性及个体之间的相互影响，使植株在生长空间、光照、通风、温度、湿度和根系生长发育方面，都取得理想效果。

（五）群植

群植是由十几株到二三十株的乔灌木混合成群栽植而成的类型。群植可以由单一树种组成，也可由数个树种组成。由于树群的树木数量多，特别是对较大的树群来说，树木之间的相互影响、相互作用会变得突出，因此在树群的配植和营造中要注意各种树木的生态习性，创造满足其生长的生态条件，在此基础上才能设计出理想的植物景观。从生态角度考虑，高大的乔木应分布在树群的中间，亚乔木和小乔木在外层，花灌木在更外围。要注意耐阴种类的选择和应用。从景观营造角度考虑，要注意树群林冠线起伏，林缘线要有变化，主次分明，高低错落，有立体空间层次，季相丰富。

群植所表现的是群体美，树群应布置在有足够距离的开敞草地上，如靠近林缘的大草坪、宽广的林中空地、水中的小岛屿等。树群的规模不宜过大，在构图上要四面空旷，树群的组合方式最好采用郁闭式，树群内通常不允许游人进入。树群内植物的栽植距离要有疏密的变化，要构成不等边三角形，切忌成行、成排、成带地栽植。

（六）林植

凡成片、成块大量栽植乔灌木，以构成林地和森林景观的称为林植。林植多用于大面积公园的安静区、风景游览区或休、疗养区以及生态防护林区和休闲区等。根据树林的疏密度可分为密林和疏林。

1. 密林

郁闭度0.7～1.0，阳光很少透入林下，所以土壤湿度比较大，其地被植物含水量高、组织柔软、脆弱、禁不住踩踏，不便于游人做大量的活动，仅供散步、休息，给人以葱郁、茂密、林木森森的景观享受。密林根据树种的组成又可分为纯林和混交林。

（1）纯林

由同一树种组成，如油松林、圆柏林、水杉林、毛竹林等，树种单一。纯林具有单纯、简洁之美，但一般缺少林冠线和季相的变化，为弥补这一缺陷，可以采用异龄树种来造景，同时可结合起伏的地形变化，使林冠线得以变化。林区外缘还可以配植同一树种的树群、树丛和孤植树，以增强林缘线的曲折变化。林下可种植一种或多种开花华丽的耐阴或半耐阴的草本花卉，或是低矮的开花繁茂的耐阴灌木。

（2）混交林

由多种树种组成，是一个具有多层结构的植物群落。混交林季相变化丰富，充分体现质朴、壮阔的自然森林景观，而且抗病虫害能力强。供游人欣赏的林缘部分，其垂直成层构图要十分突出，但又不能全部塞满，以致影响到游人的欣赏。为了能使游人深入林地，密林内部有自然路通过，或留出林间隙地造成明暗对比的空间设草坪座椅极有静趣，但沿路两旁的垂直郁闭度不宜太大，以减少压抑与恐慌，必要时还可以留出空旷的草坪，或利用林间溪流水体，种植水生花卉，也可以附设一些简单构筑物，以供游人作短暂休息之用。密林种植，大面积的可采用片状混交，小面积的多采用点状混交，一般不用带状混交，要注意常绿与落叶、乔木与灌木林的配合比例，还有植物对生态因子的要求等。单纯密林和混交密林在艺术效果上各有其特点，前者简洁后者华丽，两者相互衬托，特点突出，因此不能偏废。从生物学的特性来看，混交密林比单纯密林好，园林中纯林不宜太多。

2. 疏林

郁闭度0.4～0.6，常与草地结合，故又称疏林草地。疏林草地是园林中应用比较多的一种形式，不论是鸟语花香的春天，浓荫蔽日的夏日，或是晴空万里的秋天，游人总喜欢在林间草地上休息、看书、野餐等，即便在白雪皑皑的严冬，疏林草地仍具风范。所以，疏林中的树种应具有较高的观赏价值，树冠宜开展，树荫要疏朗，生长要强健，花和叶的色彩要丰富，树枝线条要曲折多变，树干要有欣赏性，常绿树与落叶树的搭配要合适。树木的种植要三五成群，疏密相间，有断有续，错落有致，构图上生动活泼。林下草坪应含水量少，坚韧而耐践踏，游人可以在草坪上活动，且最好秋季不枯黄，疏林草地一般不修园路，但如果是作为观赏用的嵌花疏林草地，应该有路可走。

（七）篱植

由灌木或小乔木以近距离的株行距密植，栽成单行或双行的，其结构紧密的规则种植形式，称为绿篱。绿篱在城市绿地中起分隔空间、屏障视线、衬托景物和防范作用。

1. 篱植的类型

（1）按是否修剪分

可分为整齐式（规则式）和自然式。

（2）按高度划分

矮篱：0.5 m 以下，主要作为花坛图案的边线，或道路旁、草坪边来限定游人的行为。矮篱给人以方向感，既可使游人视野开阔，又能形成花带、绿地或小径的构架。

中篱：0.5 ~ 1.2 m，是公园中最常见的类型，用作场地界线和装饰。能分离造园要素，但不会阻挡参观者的视线。

高篱：1.2 ~ 1.6 m，主要用作界线和建筑的基础种植，能创造完全封闭的私密空间。

绿墙：1.6 m 以上，用作阻挡视线、分隔空间或作背景。如珊瑚树、圆柏、龙柏、垂叶榕、木槿、枸橘等。

（3）按特点分花篱

由六月雪、迎春、锦带花、珍珠梅、杜鹃花、金丝桃等观花灌木组成，是园林中比较精美的篱植类型，一般多用于重点绿化地段。

叶篱：大叶黄杨、黄杨、圆柏等为最常见的常绿观叶绿篱。

果篱：由紫珠、枸骨、火棘、枸杞、假连翘等观果灌木组成。

彩叶篱：由红桑、金叶榕、金叶女贞、金心黄杨、紫叶小檗等彩叶灌木组成。

刺篱：由枸橘、小檗、枸骨、黄刺玫、花椒、沙棘、五加等植物体具有刺的灌木组成。

篱植的材料宜用小枝萌芽力强、分枝密集、耐修剪、生长慢的树种。对于花篱和果篱，一般选叶小而密、花小而繁、果小而多的种类。

2. 篱植在园林中的作用

篱植除了可用来围合空间和防范外，在规则式园林中篱植还可作为绿地的分界线，装饰道路、花坛、草坪的边线，围合或装饰几何图案，形成别具特点的空间。篱植还是分隔、组织不同景区空间的一种有效手段，通常用高篱或绿墙形式来屏障视线、防风、隔绝噪声，减少景区间的相互干扰。高篱还可以作为喷泉、雕塑的背景。篱植的实用性还体现在屏障视线，遮挡土墙与墙基、路基等。

三、藤蔓植物种植形式

植物种植设计的重要功能是增加单位面积的绿量，而藤蔓植物不仅能提高城市及绿地拥挤空间的绿化面积和绿量，调节与改善生态环境，保护建筑墙面，围土护坡等，而且藤蔓植物用于绿化极易形成独特的立体景观及雕塑景观，可供观赏，同时还可起到分割空间的作用，其对于丰富与软化建筑物呆板生硬的立面，效果颇佳。

（一）藤蔓植物的分类

1. 缠绕类

枝条能自行缠绕在其他支持物上生长发育，如紫藤、佛猴桃、金银花、三叶木通、素方花等。

2. 卷攀类

依靠卷须攀缘到其他物体上，如葡萄、扁担藤、炮仗花、乌头叶蛇葡萄等。

3. 吸附类

依靠气生根或吸盘的吸附作用而攀缘的植物种类，如地锦、美国地锦、常春藤、扶芳藤、络石、凌霄等。

4. 蔓生类

这类藤蔓植物没有特殊的攀缘器官，攀缘能力比较弱，需人工牵引而向上生长，如野蔷薇、木香、软枝灌木、叶子花、长春蔓等。

（二）藤蔓植物在园林中的应用形式

1. 棚架式绿化

选择合适的材料和构件建造棚架，栽植藤蔓植物，以观花、观果为主要目的，兼具遮阴功能，这是园林中最常见、结构造型最丰富的藤蔓植物景观营造方式。应选择生长旺盛、枝叶茂密的植物材料，对体量较大的藤蔓植物，棚架要坚固结实。可用于棚架的藤蔓植物有葡萄、猕猴桃、紫藤、木香等。棚架式绿化多用于庭院、公园、机关、学校、幼儿园、医院等场所，既可观赏，又给人们提供了一个纳凉、休息的理想场所。

2. 绿廊式绿化

选用攀缘植物种植于廊的两侧，并设置相应的攀附物，使植物攀缘而上直至覆盖廊顶形成绿廊。也可在廊顶设置种植槽，使枝蔓向下垂挂形成绿帘。绿廊具有观赏和遮阴两种功能，在植物选择上应选用生长旺盛、分枝力强、枝叶稠密、遮阴效果好而且姿态优美、花色艳丽的种类。如紫藤、金银花、铁线莲、叶子花、炮仗花等。绿廊既可观赏，廊内又可形成一私密空间，供人们游赏或休息。在绿廊植物的养护管理上，不要急于将藤蔓引至廊顶，注意避免造成侧方空虚，影响观赏效果。

3. 墙面绿化

把藤蔓植物通过牵引和固定使其爬上混凝土或砖制墙面，从而达到绿化美化的效果。城市中墙面的面积大，形式多样，可以充分利用藤蔓植物来加以绿化和装饰，以此打破墙面呆板的线条，柔化建筑物的外观。如地锦、美国地锦、凌霄、美国凌霄、络石、常春藤、藤蔓月季等，为利于藤蔓植物的攀附，也可在墙面安装条状或网状支架，并进行人工缚扎和牵引。

墙面绿化应根据墙面的质地、材料、朝向、色彩、墙体高度等来选择植物材料。对于质地粗糙、材料强度高的混凝土墙面或砖墙，可选择枝叶粗大、有吸盘、气生根的植物，如地锦、常春藤等，对于墙面光滑的马赛克贴面，宜选择枝叶细小、吸附力强的络石，对于表层结构光滑、材料强度低且抗水性差的石灰粉刷墙面，可用藤蔓月季、凌霄等。墙面绿化还应考虑墙体的颜色，砖红色的墙面选择开白花、淡黄色的木香或观叶的常春藤。

4. 篱垣式绿化

篱垣式绿化主要用于篱笆、栏杆、铁丝网、矮墙等处的绿化，既具有围墙或屏障的功能，又有观赏和分割的作用。用藤蔓植物爬满篱垣栅栏形成绿墙、花墙、绿篱、绿栏等，不仅具有生态效益，使篱笆或栏杆显得自然和谐，并且生机勃勃，色彩丰富。由于篱垣的高度一般较矮，对植物材料的攀缘能力要求不高，因此几乎所有的藤蔓植物都可用于此类绿化，但具体应用时应根据不同的篱垣类型选用不同的植物材料。

5. 立柱式绿化

城市的立柱包括电线杆、灯柱、廊柱、高架公路立柱、立交桥立柱等，对这些立柱进行绿化和装饰是垂直绿化的重要内容之一，另外，园林中的树干也可作为立柱进行绿化，而一些枯树绿化后可给人老树生花、枯木逢春的感觉，景观效果好。立柱的绿化可选用缠绕类和吸附类的藤蔓植物，如地锦、常春藤、三叶木通、南蛇藤、络石、金银花等；对枯树的绿化可选用紫藤、凌霄、西番莲等观赏价值较高的植物种类。

6. 山石—陡坡及裸露地面的绿化

用藤蔓植物攀附于假山、石头上，能使山石生辉，更富有自然情趣，常用的植物材料有地锦、美国地锦、扶芳藤、络石、常春藤、凌霄等。陡坡地段难以种植其他植物，若不进行绿化，一方面会影响城市景观，另一方面会造成水土流失。利用藤蔓的攀缘、匍匐生长习性，可以对陡坡进行绿化，形成绿色坡面，既有观赏价值，又能形成良好的固土护坡作用，防止水土流失。经常使用的藤蔓有络石、地锦、美国地锦、常春藤等。藤蔓植物还是地被绿化的好材料，一些木质化程度较低的种类都可以用作地被植物，覆盖裸露的地面，如常春藤、蔓长春花、地锦、络石、扶芳藤、金银花等。

四、花卉及地被种植形式

花卉种类繁多、色彩艳丽、婀娜多姿，可以布置于各种园林环境中，是缤纷的色彩及各种图案纹样的主要体现者。园林花卉除了大面积用于地被以及与乔灌木构成复层混交的植物群落，还常常作为主景，布置成花坛、花境等，极富装饰效果。

（一）花坛的应用与设计

花坛的最初含义是在具有几何形轮廓的植床内种植各种不同色彩的花卉，用花卉的群体效果来体现精美的图案纹样，或观赏盛花时绚丽景观的一种花卉应用形式。

花坛通常具有几何形的栽植床，属于规则式种植设计；主要表现的是花卉组成的平面图案纹样或华丽的色彩美，不表现花卉个体的形态美；且多以时令性花卉为主体材料，并随季节更换，保证最佳的景观效果。

1. 花坛的类型

（1）以表现主题不同分类

花丛式花坛（盅花花坛）：主要表现和欣赏观花的草本植物花朵盛开时，花卉本身群体的绚丽色彩，以及不同花色种或品种组合搭配所表现出的华丽的图案和优美的外貌。

模纹花坛：主要表现和欣赏由观叶或花叶兼美的植物所组成的精致复杂的平面图案纹样。

标题式花坛：用观花或观叶植物组成具有明确的主题思想的图案，按其表达的主题内容可以分为文字花坛、肖像花坛、象征性图案花坛等。

装饰物花坛：以观花、观叶或不同种类配植成具有一定实用目的的装饰物的花坛。

立体造型花坛：以枝叶细密的植物材料种植于具有一定结构的立体造型骨架上而形成的一种花卉立体装饰。

混合花坛：不同类型的花坛组合，如花丛花坛与模纹花坛结合、平面花坛与立体造型花坛结合以及花坛与水景、雕塑等的结合而形成的综合花坛景观。

（2）以布局方式分类

独立花坛：作为局部构图中的一个主体而存在的花坛，所以独立花坛是主景花坛。它可以是花丛式花坛、模纹式花坛、标题式花坛或者装饰物花坛。

花坛群：当多个花坛组合成为不可分割的构图整体时，称为花坛群。

连续花坛群：多个独立花坛或带状花坛，成直线排列成一列，组成一个有节奏规律的不可分割的构图整体时，称为连续花坛群。

2. 花坛植物材料的选择

（1）花丛式花坛的主体植物材料

花丛式花坛主要由观花的一二年生花卉和球根花卉组成，开花繁茂的多年生花卉也可以使用。要求株丛紧密、整齐；开花繁茂，花色鲜明艳丽，花序呈平面开展，开花时见花不见叶，花期长而一致。如一二年生花卉中的三色堇、雏菊、百日草、万寿菊、金盏菊、翠菊、金鱼草、紫罗兰、一串红、鸡冠花等，多年生花卉中的小菊类、荷兰菊等，球根花卉中的郁金香、风信子、水仙、大丽花的小花品种等都可以用作花丛花坛的布置。

（2）模纹式花坛及造型花坛的主体植物材料

由于模纹花坛和立体造型花坛需要长时期维持图案纹样的清晰和稳定，因此宜选择生长缓慢的多年生植物（草本、木本均可），且以植株低矮、分枝密、发枝强、耐修剪、枝叶细小为宜，最好高度低于 10 cm。尤其是毛毡花坛，以观赏期较长的五色草类等观叶植物最为理想，花期长的四季秋海棠、凤仙类也是很好的选材，另外株型紧密低矮的雏菊、景天类、孔雀草、细叶百日草等也可选用。

3. 设计要点

（1）花坛的布置形式

花坛与周围环境之间存在着协调和对比的关系，包括构图、色彩、质地的对比；花坛本身轴线与构图整体的轴线的统一，平面轮廓与场地轮廓相一致，风格和装饰纹样与周围建筑物的性质、风格、功能等相协调。花坛的面积也应与所处场地面积比例相协调，一般不大于 1/3，也不小于 1/15。

（2）花坛的色彩设计

花坛的主要功能是装饰性，即平面几何图形的装饰性和绚丽色彩的装饰性。因此在设计花坛时，要充分考虑所选用植物的色彩与环境色彩的对比，花坛内各种花卉间色彩、面积的对比。一般花坛应有主调色彩，其他颜色则起勾画图案线条轮廓的作用，切忌没有主次，杂乱无章。

（3）花坛的造型、尺度要符合视觉原理

人的视线与身体垂直线形成的夹角不同时，视线范围变化很大，超过一定视角时，人观赏到的物体就会发生变形。因此在设计花坛时，应考虑人视线的范围，保证能清晰观赏到不变形的平面图案或纹样。如采用斜坡、台地或花坛中央隆起的形式设计花坛，使花坛具有更好的观赏效果。

（4）花坛的图案纹样设计

花坛的图案纹样应该主次分明、简洁美观。忌在花坛中布置复杂的图案和等面积分布过多的色彩。模纹花坛纹样应该丰富和精致，但外形轮廓应简单。由五色草类组成的花坛纹样最细不可窄于 5 cm，其他花卉组成的纹样最细不少于 10 cm，常绿灌木组成的纹样最细在 20 cm 以上，这样才能保证纹样清晰。当然，纹样的宽窄也与花坛本身的尺度有关，应以与花坛整体尺度协调且在适当的观赏距离内纹样清晰为标准。装饰纹样风格应该与周围的建筑或雕塑等风格一致。标志类的花坛可以各种标记、文字、徽志作为图案，但设计要严格符合比例，不可随意更改；纪念性花坛还可以人物肖像作为图案；装饰物花坛可以日晷、时钟、日历等内容为纹样，但须精致准确，常做成模纹花坛的形式。

（二）花境的应用与设计

花境是园林中从规则式构图到自然式构图的一种过渡的半自然式的带状种植形式，以体现植物个体所特有的自然美以及它们之间自然组合的群落美为主题。

花境种植床两边的边缘线是连续不断的平行直线或是有几何轨迹可循的曲线，是沿长轴方向演进的动态连续构图；其植床边缘可以有低矮的镶边植物；内部植物平面上是自然式的斑块混交，立面上则高低错落，既展现植物个体的自然美，又表现植物自然组合的群落美。

1. 花境的类型

（1）依设计形式分

单面观赏花境：为传统的种植形式，多临近道路设置，并常以建筑物、矮墙、树丛、绿篱等为背景，前面为低矮的边缘植物，整体上前低后高，仅供一面观赏。

双面观赏花境：多设置在道路、广场和草地的中央，植物种植总体上以中间高两侧低为原则，可供双面观赏。

对应式花境：在园路轴线的两侧、广场、草坪或建筑周围设置的呈左右二列式相对应的两个花境。在设计上统一考虑，作为一组景观，多用拟对称手法，力求富有韵律变化之美。

（2）依花境所用植物材料分

灌木花境：选用的材料以观花、观叶或观果且体量较小的灌木为主。宿根花卉花境：花境全部由可露地过冬、适应性较强的宿根花卉组成。

混合式花境：以中小型灌木与宿根花卉为主构成的花境，为了延长观赏期，可适当增加球根花卉或一二年生的时令性花卉。

2. 花境植物材料的选择

花境所选用的植物材料通常以适应性强、耐寒、耐旱、当地自然条件下生长强健且栽培管理简单的多年生花卉为主，为了满足花境的观赏性，应选择开花期长或花叶皆美的种类，株高、株形、花序形态变化丰富，以便于有水平线条与竖直线条之差异，从而形成高低错落有致的景观。种类构成还须色彩丰富，质地有异，花期具有连续性和季相变化，从而使得整个花境的花卉在生长期次第开放，形成优美的群落景观。宿根花卉中的鸢尾、萱草、玉簪、景天等，均是布置花境的优良材料。

3. 设计要点

（1）花境布置应考虑所在环境的特点

花境适于沿周边布置，在不同的场合有不同的设计形式，如在建筑物前，可以基础种植的形式布置花境，利用建筑作背景，结合立体绿化，软化建筑生硬的线条，道路旁则可在道路一侧、两侧或中央设置花境，形成封闭式、半封闭式或开放式的道路景观。

（2）花境的色彩设计

花境的色彩主要由植物的花色来体现，同时植物的叶色，尤其是观叶植物叶色的运用也很重要。宿根花卉是色彩丰富的一类植物，是花境的主要材料，也可适当选用些球根及一二年生花卉，使得色彩更加丰富。在花境的色彩设计中可以巧妙地利用不同花色来创造空间或景观效果，如把冷色占优势的植物群放在花境后部，在视觉上有加大花境深度、增加宽度之感；在狭小的环境中用冷色调组成花境，有空间扩大感。在平面花色设计上，如有冷暖两色的两丛花，具相同的株形、质地及花序时，由于冷色有收缩感，若使这两丛花的面积或体积相当，则应适当扩大冷色花的种植面积。

因花色可产生冷、暖的心理感觉，花境的夏季景观应使用冷色调的蓝、紫色系花，以给人带来凉爽之意；而早春或秋天用暖色的红、橙色系花卉组成花境，可令人产生温暖之感。在安静休息区设置花境宜多用冷色调花；如果为加强环境的热烈气氛，则可多使用暖色调的花卉。

花境色彩设计中主要有四种基本配色方法：单色系设计、类似色设计、补色设计、多色设计。

设计中根据花境大小选择色彩数量，避免在较小的花境上使用过多的色彩而产生杂乱感。

（3）花境的平面和立面设计

构成花境的最基本单位是自然式的花丛。每个花丛的大小，即组成花丛的特定种类的株数的多少取决于花境中该花丛在平面上面积的大小和该种类单株的冠幅等。平面设计时，即以花丛为单位，进行自然斑块状的混植，每斑块为一个单种的花丛。通常一个设计单元（如 20 m）以 5 ~ 10 种以上的种类自然式混交组成。各花丛大小有变化，一般花后叶丛景观较差的植物面积宜小些。为使开花植物分布均匀，又不因种类过多造成杂乱，可把主花材植物分为数丛种在花境不同位置。在花后叶丛景观差的植株前方配植其他花卉给予弥补。使用球根花卉或一二年生草花时，应注意该种植区的材料轮换，以保持较长的观赏期。对于过长的花境，可设计一个演进花境单元进行同式重复演进或两三个演进单元交替重复演进。但必须注意整个花境要有主调、配调和基调，做到多样统一。

花境的设计还应充分体现不同样型的花卉组合在一起形成的群落美。因此，立面设计应充分利用植物的株形、株高、花序及质地等观赏特性，创造出高低错落，丰富美观的立面景观。

（三）花丛的应用与设计

花丛是指根据花卉植株高矮及冠幅大小之不同，将数目不等的植株组合成丛配植阶旁、墙下、路旁、林下、草地、岩隙、水畔等处的自然式花卉种植形式。花丛重在表现植物开花时华丽的色彩或彩叶植物美丽的叶色。

花丛既是自然式花卉配植的最基本单位，也是花卉应用最广泛的形式。花丛可大可小，小者为丛，集丛成群，大小组合，聚散相宜，位置灵活，极富自然之趣。因此，最宜布置于自然式园林环境，也可点缀于建筑周围或广场一角，对过于生硬的线条和规整的人工环境起到软化和调和的作用。

1. 花丛花卉植物材料的选择

花丛的植物材料应以适应性强，栽培管理简单，且能露地越冬的宿根和球根花卉为主，既可观花，也可观叶或花叶兼备，如芍药、玉簪、萱草、鸢尾、百合、玉带草等。栽培管理简单的一二年生花卉或野生花卉也可以用作花丛等。

2. 设计要点

花丛从平面轮廓到立面构图都是自然式的，边缘不用镶边植物，与周围草地、树木等没有明显的界线，常呈现一种错综自然的状态。

园林中，根据环境尺度和周围景观，既可以单种植物构成大小不等、聚散有致的花丛，也可以两种或两种以上花卉组合成丛。但花丛内的花卉种类不能太多，要有主有次；各种花卉混合种植，不同种类要高矮有别，疏密有致，富有层次，达到既有变化又有统一。

花丛设计应避免两点：一是花丛大小相等，等距排列，显得单调；二是种类太多，配植无序，显得杂乱无章。

第二节 园林种植景观功能

种植设计最终的目标是创造感官（视觉、触觉、嗅觉、听觉等）愉悦和功能适宜的植物景观。那么，从种植设计的对象，即植物材料开始到目标的完成这一过程中，必然与诸要素相关联历史、文化、气候、场地、设计者个人的思维习惯、经验积累，以及种植设计的理论知识等等。不同的设计者，不同的设计目标，其设计方法是有差异的，且植物景观本身有地域特征的，那么形成的种植设计作品则带有明显的地方特色。

一、园林种植景观生态功能

现代人们生活质量不断提高，人们不再局限于有吃有穿就是好日子的生活理想了，许许多多的人更加希望得到的是那些原始的自然的生活环境。的确，无论从主观上，还是客观科学事实上，生活在较为自然的环境中对人的身体健康有益，身心也会舒畅。而生态园林的到来为人们建造了一个可以欣赏自然、感受自然的平台，从它的多维空间感及特殊的艺术造型方面看，无不体现着美学特征。因此，人工的生态园林，不仅要体现自然的美，更要具有一定的科学性、艺术性。良好的生态园林可以提供良好的观赏效果，同时还可以改善人们的生存环境。

（一）增加物种多样性，提升生态园林魅力

每一个生态园林都具有独特的美学价值，对于现在以人为本的现代城市，它无疑给生活在大都市的人们创设了一道空间艺术盛宴，它是结合了审美特征与审美规律的一门生态学科。生态园林景观是人为建设的自然景观，不仅要体现绿化之美，更要将生态园林中的生态多样性发展起来，融入自然，真正体现自然之美。

为了能够允分地利用现有的自然资源，把要建设的地域美化到最佳状态，我们有必要了解当地的气候、土质等自然状况，为了能够让建设的生态园林持续地发展下去，就有必要详细地调查以上的自然环境特点。在调查好当地的自然情况后，接下来就是选择合适的植物，对植物的要求要根据需求，然后定植物的质地、美观程度、色泽以及种植之后绿化的效果，选择几种合适的植物种植。

现在，我国的生态园林正向着自然化、森林化的目标不断前进，而构建在人们生活中的生态园林自然更加贴近人的生活，让人们体会到自然与人的和谐发展对人类生活的重要性。自然中的各种植物，构建的群落式的自然之美，是生态园林的一大特点，建设这样的生态园林是科学与艺术的完美结合。因此对生态园林中植物的选择就很重要，选择合适的植物种类才能使生态园林有好的观赏性和功能性。在选择植物的时候，要考虑到美学价值，找到人们审美观的共同点，建造一个能使人人都认可的生态园林。为了使我们建设的生态园林完成美与内容的辩证统一，我们需要让静谧的自然展示动态美，使生态园林蕴含静谧之趣。生态园林是以植物造景为主的人工生态

系统，不同种类的植物可以为打造一个可持续发展的生态园林创造一个良好的基础，选择合理的植物是营造成功生态园林的关键因素。我们利用草本、灌木、乔木等植物，利用他们自身生理结构的不同，从空间、时间、营养结构上合理地配置植物，规划一个合理的生态园林，并充分展示所用植物的美学价值，在构建生态园林时，植物的种类要尽量丰富，功能要尽量全面，这样才能构建既美观又富有实际意义的生态园林景观。除此之外，我们还需要考虑到建设生态园林周边的环境，要使建设的园林可以和周边的环境结合得十分融洽，考虑其所处地的环境，建造层次丰富、复合型的植物生态群落。对于环境的考察，要考虑到其温度、湿度、水土、保温等因素，充分发挥生态园林的减小噪声、除尘等效用。

生态多样性是评价一个生态园林好坏的重要标准。只有依照不同的生态园林实例，不断引入新的植物，为生态园林增添色彩，才能开发出具有美学价值的生态园林。群落的多样性取决于物种的多样性，它不仅可以展示出生态群落的观赏价值，还可以强化群落的生存能力，增强物种的抗逆性和恢复能力，多样性的物种构成的植物群落，可以更好地丰富生态景观，满足不同人的审美要求，发挥生态群落的作用。

对于城市生态园林的建造工作，要尽量选择当地的植物种类，把当地的树种作为骨干树种，做到植物成活率高，构成可持续发展的生态园林的概率大。在此基础上也不能放弃一切外来植物种类的引进，在避免生物入侵的情况下，积极地引入容易成活的可适应的新植物，这样可以使得当地的生态园林景观更具有较高的观赏价值。因此合理运用当地的生态资源，发挥当地的自然优势，打造出一片具有当地自然风格的生态园林。另外，选择植物时还要保证植物的适应性强、光合作用能力强、美观大方及枝叶茂盛，有助于提高生态效益。在排布植物的位置时，要注意植物的营养生态位置，使植物以整体构成一个乔灌草合理结合的复合型植物生物群落。

（二）促进生态景观的合理化建设理念

城市中的生态园林景观的规划工作，要遵循“因地制宜，展现特点，保证效用，不盲目进行”的原则，在建设生态园林之前要对所建设城市的历史、人文特点、民俗民风等环境因素进行了解，不能因为建设生态园林而毁坏了城市原有的自然面貌，破坏了城市本来的文化特色。

设计生态园林的时候要把所在地的文化因素考虑进去，保证园林的社会性、生态性、艺术性的统一和谐。要尊重当地的乡土风情，要以改善人们的生活环境、改善人文环境为出发点来打造园林。设计的过程就是将当地的自然特点汇集在一起，加上合理地引入外界的新种类植物，使得已有的生态特点与外界的新颖生态特点相融合，这样可以保证生态园林的物种多样性和持续性。

从乡土植物的优点来看，乡土植物具有成本低廉、便于管理、栽培的特点，并且在栽种后的成活率很高，也会较快地与园林中其他乡土生物融洽地生长在一起，所以乡土植物已成为园林中重要的主打类植物，种植乡土植物还可以有效地保护那些将要灭绝的植物种类，把它们集中起来管理，有助于阻止因为植物种类的减少而带来的环境问题，保护具有地方特色的植被，并且保护植被也会让当地的园林景观更加符合生态要求，可以更好地发挥生态作用。绿地的规划要细致，使绿地功能分区合理，这也是生态园林的基本要求之一，只有符合上述标准的生态园林才是现代化的合理园林。

生态园林可以改善城市的生态环境，在经济飞速发展的今天，我们需要这样一个可以净化环境的机构，还给我们一个清新健康的生活环境。现在的环境问题因为其重要性而受到国际社会的普遍关注，主要是因为人类的经济生活等活动对环境的改造而造成的，生态园林的介入，能有效地改善现在经济社会生态环境日趋城市化的局势。生态园林具有良好的生态功能，它能为人们创造舒适、优美的休闲场所，让人类社会与自然有机地结合在一起。

二、园林种植景观空间功能

植物本身是一个三维实体，是园林景观营造中组成空间结构的主要成分。枝繁叶茂的高大乔木可视为单体建筑，各种藤蔓植物爬满棚架及屋顶，绿篱整形修剪后颇似墙体，平坦整齐的草坪铺展于水平地面，因此植物也像其他建筑、山水一样，具有构成空间、分隔空间、引起空间变化的功能。

植物造景在空间上的变化，也可通过人们视点、视线、视境的改变而产生“步移景异”的空间景观变化。造园中运用植物组合来划分空间，形成不同的景区和景点，往往是根据空间的大小，树木的种类、姿态、株数多少及配置方式来组织空间景观。

（一）园林种植设计中空间设计要点

一般来讲，植物布局应根据实际需要做到疏密错落，在有景可借的地方，植物配置要以不遮挡景点为原则，树要栽得稀疏，树冠要高于或低于视线以保持透视线。对视觉效果差、杂乱无章的地方要用植物材料加以遮挡。

大片的草坪地被，四面没有高出视平线的景物屏障，视界十分空旷，空间开朗，极目四望，令人心旷神怡，适于观赏远景，而用高于视平线的乔灌木围合环抱起来，形成闭锁空间，仰角愈大，闭锁性也随之增大。闭锁空间适于观赏近景，感染力强，景物清晰，但由于视线闭塞，容易产生视觉疲劳。所以在园林景观设计中要应用植物材料营造既开朗、又闭锁的空间景观，两者巧妙衔接，相得益彰，使人既不感到单调，又不觉得疲劳。

用绿篱分隔空间是常见的方式，在庭院四周、建筑物周围，用绿篱四面围合可形成一独立的空间，增强庭院、建筑的安全性、私密性；公路、街道外侧用较高的绿篱分隔，可阻挡车辆产生的噪声污染，创造相对安静的空间环境；国外还很流行用绿篱做成迷宫，增加园林的趣味性。

1. 园林静态空间布局

园林静态空间布局是指在视点固定的情况下所感受的空间画面。这与绘画具有很大的共同性，这时只有视线所及的四周景物，才对空间布局有用，在视线以外的景物可以不予考虑。在以上所说的线性排列空间、簇空间以及包含空间中，一般来说在每个空间的入口或者空间中某些需要游人停留的地方，往往需要考虑静态空间的配置和景点的安排。园林静态空间布局一般需要考虑以下要素。

（1）风景透视与视角、视距的关系

在园林中不同视距、不同视角，会使游人形成不同的风景感觉。适宜的视距、视角可以起到更好地渲染气氛的作用。一般视力正常的人，在距离景物 0.25m 处，能够看清各种细节，属于最明视的距离。在距离植物 250 ~ 270 m 的距离时，可以辨别出花木的类型。正常的眼睛在静止时，最大能看到垂直方向视角 130° 的水平方向 160° 范围的景物。景物最佳视域为：园林中的主景，如建筑、小品、园景树、树丛等，最好能在游人垂直视场 30° 和水平视场 45° 的范围内。所以，在此范围内，应该安排游人停留、休息、欣赏的空间。例如，在草坪中安排雪松作园景树，则要安排出一定的视距范围，才能让游人不用仰头，直接可以看到雪松优美树姿的全景。而不能在小范围空旷草坪中安排较大的园景树，这样游人不能一目了然地观赏树姿，影响了其观赏效果。

在园林中，有时为了营造景物特殊的感染力，还可以把主景树安排在仰视或俯视条件下来观赏。平视时，游人头部比较舒适，此时的感染力是静的、安宁的、深远的，没有紧张感，所以在安静休息处应该注意树丛与休息点的距离，空出足够空间，甚至营造非常开敞的空间，使游人视线延伸到无穷远的地方。当游人与景物不断接近，仰角超过 13° 时，为了较完整地欣赏景物，必须使头部微微仰起；如果继续接近，景物映象不能进入垂直视场 26° 范围时，必须抬头仰视；仰角超过 30° 时，显示出愈来愈紧张的感觉，可以突出所观景物的高耸感。这种手法常常用来突出建筑的高大感。当游人视点位置高，景物展开在视点下方时，不得不俯视观察。由山顶俯视山谷，景物位置愈低，就显得愈小，给游人一种“登泰山而小天下”的英雄气概，征服自然的喜悦感。在中国自然风景当中，常有这种俯视景观，如黄山清凉台和峨眉金顶等，我们称之为俯视景观或鸟瞰画面。

在园林中，可以巧妙创造这种视觉景观与空间，尤其是大型园林和风景林，要很好地利用自然地形的起伏，营造各种空间，形成富于变化的仰视、俯视和平视风景。如杭州宝石山的宝傲塔、玉皇山顶等都是很好的仰视和俯视风景，而平湖秋月、曲院风荷、柳浪闻莺等则是很好平视风景。

（2）园林视觉造景方式

特别需要注意的是，无论哪种视角，在种植时一定要注意布置透景线。透景线两边的植物在景观上起到对景物的烘托作用，所以不能阻隔游人视线，不能在透景范围内栽植高于视点的乔木，而要留出充足的空间位置以表现透视范围的景物。

规则式园林在安排透景线时，常与直线的园路、规则的草坪、广场、水面统一起来；自然式园林常与河流水面、园路和草坪统一起来安排，从而使透景线的安排与园林的风格相一致，同时可以避免降低园林中乔木的栽植比例。在非常特殊的场合下，如风景区森林公园，原有树木很多，通过周密的安排，可以疏伐少量衰老或不健康的树木，以达到开辟透景线的作用。

在园林种植设计的过程中应该使园内外的美景互相透视，这种手法被明代造园家计成称为“借景”。他认为：“借者，园虽别内外，景则无拘远近，晴峦耸秀，绀宇凌空，极目所致，俗则屏之，嘉则收之。”在借景的过程中需要注意游人观赏点周围的种植与所借风景如何融为一体，不能出现比例上不和谐的问题。

出现局部景色不调和的问题时，常用的手法是“障景”。很多公园绿地用障景的手法变换空间，达到欲扬先抑的目的。比如花港观鱼公园东入口的种植，就采用树丛种植屏障游人视线，使他们不能入园后一览无余，造成空间明暗的变化，使树丛后的草坪空间显得更加开阔。

夹景，当远景在水平方向上很宽，其中部分景色并不动人，可以利用树丛、地形或建筑等把不动人的景色屏蔽掉，而只留合乎观赏的远景。

框景，就是利用类似画框的门、窗、门洞等，把真实的自然风景“框”起来，从而形成画意。植物种植中可以利用树丛、灌丛，甚至乔木枝干等形成框景。

2. 园林动态空间布局

园林静态空间在园林中并不是孤立的，而是相互联系，从而形成一种动态变化的空间过渡与转折。游人视点移动，画面立即变化，随着游人视点的曲折起伏而移动，景色也随着变化，就是我们经常所说的“步移景异”，但这种景色变化不是没有规律，而是必须既有变化，又要合乎节奏的规律，有起点、高潮、结束。这就要考虑动态空间的布局。以上所说的三种空间组合形式，每一个空间具有其静态空间，但从整个游线来说，其为一种动态的空间布局，随着游线的展开，视觉画面会随着植物种类、色彩、季节等发生着有节奏的变化。动态空间布局须注意以下三方面。

（1）变化与节奏

游人在行进间两侧的景物不断变化，这种连续的风景是有始有终的，有开始有高潮有结束的多样统一的连续风景。在这个连续的风景营造中，对比和变化的使用，可以营造出一种多样性的统一，从而产生节奏感。具体方法有：

①断续

连续风景是需要具有轻重缓急节奏的，否则就会变得单调乏味。所谓“密林稠林，断续防他刻板”，就是这个道理。连续不断的同一个景物延续下去，尤其在空间营造中林带的延续，就会产生刻板、不生动，即缺乏节奏；反之，如果林带有断续，就可能产生节奏。

②起伏曲折

起伏有致，曲折生情。通过起伏和曲折的变化，来形成构图的节奏。园林中河流及湖岸，则用曲折来产生节奏，例如，颐和园苏州河两岸的土山和林带，富于曲折和起伏，林带由油松构成的林冠线有起有伏，河流两岸的林缘线也有曲折变化，因而沿苏州河走去，感觉构图有动人节奏。

③反复

连续风景中出现的景物，不能永远不变，也不能时刻不停地变化，这就要求有些景物在行进间反复出现，这样既可以打破因单调产生的变化，又不致太杂乱无章，失去重点。反复有三种。

第一种是“简单反复”，就是同一个体连续出现，如行道树种植等。

第二种是“拟态反复”，就是出现的单体具有细微的差别，基本感受一样，但形态或色彩等方面会有少许变化。如一个花丛为玉簪、萱草和紫花鸢尾；另一个花丛为玉簪、射干、黄花鸢尾，以射干代替萱草，产生形态的变化，同时以黄色鸢尾代替紫花鸢尾，也产生色彩的差异，但这两个花丛相似度很高，其反复轮流出现就构成了“拟态反复”。

第三种是“交替反复”，就是差别很大的单体反复出现。如一个花丛为玉簪、萱草和紫花鸢尾；另一个花丛为宿根福禄考、景天和漏斗菜。在自然式林带设计中，以不同树种构成的树丛，就可以采用以上方式进行种植。

④空间开合

游人在园林中行进，有时空间开阔，有时空间闭锁，空间一开一合，可以产生节奏感。如颐和园苏州河两岸，不仅林冠线有起有伏，林缘线有曲折变化，同时河流本身也有弯曲，这样河流宽度也会发生宽窄变化，因而沿河行空间时而开朗，时而闭锁，产生空间开合节奏感。

（2）主调、基调与配调

在连续布局中必须有主调贯穿整个布局，拥有统率全局的地位，基调也必须自始至终贯穿整个布局，但配调则可以有一定变化。整个布局中，主调必须突出，基调和配调必须对主调起到烘云托月、相得益彰的作用。

如颐和园苏州河两岸的林带，以油松、桃花、平基槭、栾树、紫丁香等树种组成的树丛为基本单元，把这个基本单元不断地进行拟态反复。两旁的林带，春天以粉红色的桃花为主调，以紫花的丁香、平基槭、栾树嫩红的新叶为配调，以油松为基调；秋季则以红叶的平基槭为主调，油松为基调，其余为配调；冬季则以油松为主调，其余均为配调；其中油松、平基槭、桃花3个树种，必须自始至终贯穿在整个苏州河两岸。

（3）季相交替变化

园林植物随着季节的变化而时刻变换着外貌和色彩。植物作为园林空间构图中的主题，由于季相变化，也就引起园林空间面貌的季相变化。对于这种季相的变化，是与园林的功能要求以及艺术节奏相结合的，从而做出多样统一的安排，这就是季相构图。季相变化不仅仅考虑植物的荣枯，还要考虑其叶色、花期、果期、展叶期、落叶期等多方面的生物学特性，从而合理安排植物在所需营造空间中的季相特征。

园林植物从开花到结果，从展叶到落叶，随着时间的推移而不断变化，从色彩、光泽和体形都随着时间而不断变化，正是这种变化，在保证基本空间功能的基础上，赋予空间以更多的色彩和体验。在季相变化的构图中，不论是大型的风景区，还是小型的花园，从大型密林疏林到小型花坛花境的植物搭配，都要做到不能偏荣偏枯，一年四季要做到有序曲、有高潮、有结尾。每一个园林空间，每一种种植类型，在季相布局上，都应该各有特色、各有不同的高潮。有的可以以春花为高潮（如牡丹、樱花、梅花等主题景区），也可以以秋实为高潮（如石榴、柿树等）。

（二）园林植物种植空间营造的基本手法

运用植物来营造空间的基本原理实际上是利用植物塑造类似建筑的三维空间感。在一定范围内可以利用相应的植物材料塑造出室外的“建筑空间”，如类似建筑的墙面、天花板和地板等，都可以用植物来体现。一般用来营造植物空间的方法有以下几种。

1. 围合与分隔

要营造一个有效的植物空间，最基本的方法就是围合——利用植物将空间的垂直面进行围合，起到类似建筑墙面的作用。而围合所用植物材料的质地、色彩、形态、规格决定了创造出空间的特征。

植物围合出的空间的尺度变化可以很大，从小尺度的庭院到大尺度的公园中的疏林草地，它们都有特定的功能并满足使用者的需求。根据选择的植物材料和种植密度可以形成植物虚空间和实空间。虚空间围合种植密度低，利用稀疏的枝叶形成隐约的空间感，实空间树木紧凑，枝叶繁密，视线被局限在所围合的空间里。围合的程度又决定了创造出的是 1/4 围合空间、半围合空间、3/4 围合空间还是全围合空间。然而，无论创造的是怎么样的围合空间，这种类型的空间总是能够给人带来一定的安定感和神秘感。而且只有为满足一定功能而营造的围合空间才有意义。

利用植物材料不仅可以围合形成一定功能的园林空间，而且也可以在景观构成中充当像建筑物的地面、天花板、墙面等界定和分割空间的因素。

植物在园林中以不同高度和不同种类的地被植物或灌木丛来分隔空间，起到类似建筑屏风的作用，在一定程度上限制游人视线，达到引导游人游览的目的。在垂直面上，植物特别是乔木的树干如同外部空间中建筑物的支柱，以暗示的方式限制着空间，其空间封闭程度随着树干的大小、疏密以及种植形式的不同而变化。植物枝叶的疏密度和分枝高度又影响着空间的闭合感。

2. 覆盖

围合空间是空间垂直面上的围合，而覆盖则是运用植物材料进行平面上的界定，包括地平面及顶平面两种形式。在地平面上，植物以不同高度和不同种类的地被植物来暗示空间的边界，一块草坪和一片地被植物之间的交界处，虽不具有实体性的视线屏障，但暗示着空间范围的不同。在顶平面上，围合空间通常顶平面与自由的天空相连接，然而覆盖空间的顶平面是绿色植物。顶平面覆盖的形式、特点、高度及范围对它们所限定的空间特征同样产生明显的影响。

园林里最常见的亭子、楼阁、大棚、廊架是一种利用构筑物形成覆盖的方法，而植物材料覆盖一方面可以选择攀缘植物借助廊架和构筑物的构建来形成，另一方面可以选择具有较大的树冠和遮阴面积的大乔木孤植、对植、丛植、群植来形成。这时的植物犹如室内空间中的天花板或吊顶限制了伸向天空的视线，并影响着垂直面上的尺度。

3. 辅助

在园林绿地中，植物元素只是构成空间的因素之一，其他因素如地形、构筑物、道路等可以辅助植物形成更加丰富多样的空间类型。园林中的地形因素常常与植物配置不可分割，两者之间的配合设计对构成的空间有着增强或者减弱的作用。高处种高树，低处种矮树，可以加强地势起伏的感觉，反之，就减弱和消除了原有地形所构成的空间。又如植物辅助道路边界的界定，无论在城市道路还是园林道路，边缘处种植行道树或者用灌木、花境镶边，既起到强化道路边界的效果，又可以分隔空间和构成空间，两旁行道树形成垂直空间或覆盖空间，对于旁边的绿地形成开放或围合的游憩空间。

（三）园林植物空间的类型

在园林的构成要素中，建筑、山石、水体都是不可或缺的要素，然而，缺少了植物，园林就不可能从宏观上作整体性的空间配置。利用植物的各种天然特征，如色彩、形姿大小、质地、季相变化等。本身就可以构成各种各样的自然空间，再根据园林中各种功能的需要与小品、山石、地形等的结合更能够创造出丰富多变的植物空间类型。下面从形式和功能两个角度出发并，结合实例对园林植物构成的空间作具体分类。

1. 开放性空间（开敞空间）

园林植物形成的开放性空间是指在一定区域范围内，人的视线高于四周景物的植物空间，一般在地面上种植低矮的灌木、地被植物、花卉及草坪而形成开敞空间。

这种空间没有私密性，是开敞、外向型的空间。游人在此种空间活动时，是完全暴露的状态。另外，在较大面积的开阔草坪上，除了低矮的植物以外，有几株高大乔木点缀其中，并不阻碍人们的视线，也为开放性空间。

然而，在庭园中，由于尺度较小，视距较短，四周的围墙和建筑高于视线，即使是疏林草地的配置形式也不能形成有效的开放性空间。开敞空间在开放式绿地、城市公园等园林类型中非常多见，像大草坪、开阔水面等，视线通透，视野辽阔，容易使游人感觉心情舒畅，产生轻松自由的满足感。

2. 半开放性空间（半开敞空间）

半开放性空间是指在一定区域范围内，四周不完全开敞，而是某些部分用植物阻挡了游人的视线。根据功能和设计需要，开敞的区域有大有小，其共同特征是在开放的范围中种植低矮的植物材料，而在封闭的范围中种植高大的植物材料，在垂直方向上起到遮挡及封闭视线的作用。从一个开放性空间到封闭空间的过渡就是半开放空间。这种空间具有一定的私密性，游人在景观中处于半暴露的状态，即不同方向上的通透与遮蔽状态。当然，半开放性空间也可以以植物与其以外的园林要素如地形、山石、小品等相互配合，共同完成。半开敞空间的封闭面能够抑制人们的视线，从而引导空间的方向，达到“障景”的效果。如从公园的入口进入另一个区域，设计者常会采用先抑后扬的手法，在开敞的入口某一朝向用植物、小品来阻挡人们的视线，使人们一眼难以穷尽，待人们绕过障景物，进入另一个区域就会豁然开朗、心情愉悦。

3. 冠下空间

冠下空间通常位于树冠下方与地面之间，也称为覆盖空间，通过植物树干的分枝点高低、树冠的浓密来形成空间感。

高大的常绿乔木是形成覆盖空间的良好材料，此类植物不仅分枝点较高，树冠庞大，而且具有很好的遮阴效果，树干占据的空间较小，所以无论是几株、一丛，还是成片栽植，都能够为人们提供较大的树冠下活动空间和遮阴休息的区域。游人的视线在此类空间中水平方向是通透的，但垂直方向是遮蔽的。此外，攀缘植物利用花架、拱门、木廊等攀附在其上生长，也能够构成有效的冠下空间。

4. 封闭空间

封闭空间是指在游人所处的区域范围内，四周用植物材料封闭，垂直方向用树冠遮蔽的空间。此时游人视距缩短，视线受到制约，近景的感染力加强，景物历历在目，容易产生亲切感、宁静感和安全感。

小庭园的植物配置可以在局部适当地采用这种较封闭的空间造景手法，而在一般性的绿地中，这样小尺度的封闭空间，私密性最强，视线不通透，适宜于年轻人私语或者人们独处和安静休憩。

5. 竖向空间（垂直空间）

用植物封闭垂直面，开敞顶平面，就形成了竖向空间。分枝点较低、树冠紧凑的中小乔木形成的树列，修剪整齐的高树篱等，都可以构成竖向空间。由于竖向空间两侧几乎完全封闭，视线的上部和前方较开敞，极易产生“夹景”效果，以突出轴线景观，狭长的垂直空间可以起到引导游人行走路线，适当的种植具有加深空间感的作用。公园、校园的入口处，常以甬路的形式出现；道路两旁种植高大圆锥形树冠的乔木来加强纵深感。而在纪念性园林中，园路两边常栽植松柏类植物，使游人在垂直的空间中走向轴线终点瞻仰纪念碑时，会产生庄严、肃穆的崇敬感。

通常在一个园林中，往往会有以上各种空间围合形式。根据各类植物空间具有的不同特性，可在不同功能分区中加以应用。如儿童活动区不需要有太多的私密性，要方便家长的看管、寻找、关注，因此多应用开放性空间；小型建筑亭、榭、廊等具有观景、聊天等功能，多置于半开放空间中；老人活动区、休闲广场、停车场多采用冠下空间，既满足人们的活动需求，又可以起到遮蔽烈日的作用；恋爱角由于私密性较强，而多用封闭性空间以满足青年人谈恋爱所需要的环境氛围；园路、甬道则多用竖向空间，以加强指向性。

（四）空间单元的组合

植物作为构成园林景观的要素，是构成空间的弹性材料，是极富变化的动景，增添了园林的生机和野趣，丰富了景色的空间层次，起着划分景区、点缀景观、创造园林空间的作用；即使园林中的地表也可以不同高度和不同种类的植物来暗示空间的边界。如果没有花草树木，园林中的山水、建筑仅以空阔的蓝天作为背景，就会显得过分开敞、暴露，毫无园林情趣。用植物作背景，包围某一个景区，笼罩某一个景象，则使其在建筑与山水周围产生尺度宜人、气氛幽静空间环境。

在园林设计中，可根据设计目的和空间性质（开旷、封闭、隐蔽等），相应地选取各类植物来组成开敞空间、半开敞空间、覆盖空间、完全封闭空间等不同的空间组合。高大树木、绿荫华盖，不仅创造了幽静凉爽的空间环境，还创造了富有变化的光影效果，那“梧桐匝地，槐影当庭，墙移花影，窗映竹姿”的景象使人抒发某种意境和情趣。浓郁的树木，可以形成建筑与山水的背景，而树冠的起伏层叠，又构成园林空间四周的丰富变化。层次深远的林冠线，打破或遮蔽了由建筑物顶部与园林界墙所形成的单调的天际线，使园林空间更富于自然情调。

1. 空间的阶层顺序和连续顺序

园林中的空间不是一成不变的，在各个空间之间必须存在一定的关系。

首先，是阶层顺序，即一种空间出现的顺位秩序。比如，依照公园的各个设施、景点的顺序，而产生了与之配合的空间顺序。有时可以落实为一种空间的表象顺序，空间是外向的—半外向的—内向的；写实的—折中的—抽象的；封闭的—半封闭的—开放的；等等。阶层顺序的主要内容是对各个空间规定性格的顺序，从视觉上形成各个空间的交替作用。在园林中这种空间的交替，使之分成若干段落的方法有很多，可以采用建筑、小品、水体、地形等园林要素来进行分隔，例如，园林中的门、栅栏、台阶、牌坊、地形高差改变、水体等。也可采用植物种类、种植方式转换进行分隔，例如，北京植物园桃花园与丁香园之间的空间转换。在实际范例中，常常植物与其他要素配合使用，来达到设计目的。

其次，确定空间的连续顺序。连续顺序像电影中将很多个镜头连接在一起，使之成为一个连贯画面。把空间的阶层顺序连接起来就成了连续顺序。长距离单一的空间，容易使游人在游览时产生乏味的感觉。在种植中利用园林要素，巧妙改变空间的方向、类型，变更园林要素的材质等，都能得到优美的连续顺序。如能很好地利用园林要素，则可起到加强空间的丰富性和趣味性作用。

2. 空间过渡

植物用来组织空间，能够构成相互联系的空间序列，这时植物就像一扇扇门、一堵堵墙，引导人们进出和穿越一个个不同空间，可以取得似隔非隔，使相邻景象空间相互渗透的效果。浓郁的树木或竹丛，有时可以完全遮挡视线，使空间得到划分。

景观发生变化的位置，称为转折过渡区域。转折过渡区域有时以点的形式存在。在一个景区空间的结束处，点缀几株植物，可以对另一个景区空间起到引导与暗示作用，所谓“山重水复疑无路，柳暗花明又一村”的效果就显现出来。那么，这几株植物组成的树丛，形成了空间过渡的转折点，起到了连接过渡点两侧空间的作用。同时植物可以用在园林内外空间交接处，起到拓展园林空间感的效果。

例如，有些面积较小的园林，人们在园内漫步，园林边缘的界墙，往往就在视线范围之内，使人觉得园林空间过分局促，感到索然无味。如果用浓郁的树木加以遮挡，使界墙在人们的视线中消失，这种心理上的局促感就消除了。所谓“围墙隐于萝间”，使人感到在竹丛、树木之后还有园林空间的延伸。这种园林内外的过渡，既是空间的变化，又是不同空间之间的交流。在种植设计中对园边界的处理，也要注意空间过渡和变化，使园内的游人到达园边界却还有景可观，而园外的行人又能被园内透出的景色所吸引。例如，北京植物园月季园的南边界，也是北京植物园边界的一部分。它的种植就考虑了园景透绿的要求，通过园边界处的小地形与植物种植的变化，营造出丰富的景观，使游人身处边界，却还感觉有无限风景在前方。

3. 空间组合

在组成景观空间的过程中，不同植物空间通过不同排列与过渡的形式可以创造出不同的景观空间。游人在欣赏景观的过程中，会不自觉地按照一定的次序在运动与驻足观赏中断续进行。因此种植设计是要充分考虑游人驻足观赏、停留的空间，否则设计只能产生道路效果，游人穿行其中不能停歇。根据游览形式不同，可以将空间组合分为线性排列空间、簇空间及包含空间等几种形式。

（1）线性排列空间

线性排列空间指在一系列前进过程中的空间，仅有一条交通依次穿过不同的空间或各个空间沿着行进路线依次平行排开，每个空间有独立的出入口。行进的方向可以是直线、折线、曲线或不规则线，但整个游览线路连续并具有起点和终点。在线性排列空间组合中出现的每个独立空间可以相似，其平面大小、形状和封闭性也可以根据位置及功能的不同而变化。在这个线上的起点和终点空间由于标志着开始和结束而具有特殊的重要性，中间各个空间的重要性决定于它们在整个序列中的位置，或者决定于它们的大小、形态和主景元素。

线性排列空间组合可以根据游览线穿行方式不同，分为游线内穿式和游线外穿式两种类型。

①游线内穿式线性空间

指游览线从各植物围合空间内部穿越，把各空间按照一定顺序一个接一个地连起来。这种空间组合形式的各个空间直接连通，不仅它们之间关系紧密，而且具有明确的顺序和连续性。如图所示，一条游览线路从每个独立的空间中穿过。种植设计时在每个独立空间的营造上，可以选择不同主题植物搭配形成一定的围合空间，可以采用片植手法，注意围合所形成空间的内边缘效果，使游人在空间内部能够观赏到丰富的景观层次。而在相邻的两个空间的连接处，注意树种的变换，以起到示意空间转换的目的。在整个游览线路上选择一致的植物材料，采用等间距或变化间距的列植形式，以达到统一、自然的效果。在空间转折处可以选择种植特殊景观的观赏树，提醒游人空间将要发生的变化。

②游线外穿式线性空间

指每个独立空间之间没有明显的直接连通关系，各个植物围合的空间直接与道路相接，道路位于各空间的外缘，空间和交通明确分开。这种游线的设置，在一定程度上保证了各个空间的相对独立性，使之相对安静和私密。道路将各空间连成一体，使它们保持必要的功能联系。每个空间有独立的出入口，出入口在道路两侧依次排开。这样的空间布置要点与内穿式基本相同，只是由于具有单独的入口，因此，在空间入口处采用孤植、对植、丛植园景树的方式作为独立空间的标志。

这种线性排列空间主要用于重要建筑或场所前，对其前面引导序列进行细致设计，使整个行进过程充满预期、兴奋和到达感。

（2）簇空间

簇空间群构成了另一种不同的空间组合方式。在这种组合方式中，组成的空间的相关性主要取决于它们之间的接近距离或距离道路或入口的远近。对称可以作为组合这种空间的一种方式，如果不是实的对称轴线，这种虚轴更多的是一种联系它所分隔空间的视线或感知的轴线。

簇空间有多种交通组织方式。如果一个空间仅引向另一个，这就类同于压缩到一起的线性空间。常用的组织方式是根据各个空间的功能和重要性，形成道路网络加以连接。主要道路引导进入主要空间，通过其他过渡空间或次级路进入其他空间。另一种方法是营造一个大型的聚会和分散场所，类似于城市广场或演艺区，尽管是非线性静态的，却能与它相邻的周边空间有方便的交通联系。由于其在整个构图中的位置及其与其他空间良好的交通，这个聚集空间通常是最大和最重要的因素。

簇空间的组织方式适用于需要相对独立范围，同时又具有相似或相关活动的空间。一个常见的例子就是居住区内的私人庭院、公共空间和街道、游戏区和街区公园的关系。交通系统应该允许居民或参观者选择进入或不进入某些场地，这一点与线性排列空间仅提供一条预先设计好的序列不一样。这种复杂多变的簇空间形式可以在中国传统园林中见到，室内、室外、过渡、覆盖等空间都集中在封闭的院墙内。

为形成以上的空间，通过采用对植、列植和丛植、群植的方式，形成引导、封闭、围合出符合空间序列和空间功能要求的场地。

（3）包含空间

一个或多个空间完全包含于一个大的围合空间。被包含空间可以完全封闭并与包含的空间相隔离，或仅仅部分空间封闭，但仍然拥有与其包含空间明显不同的领域。一个包含空间序列理论上可以有两层（一个空间在另一个空间内）、三层、四层等，但实践中包含空间序列很少会有三层以上，在包含空间内的任何一层可以由不止一个空间组成。

包含空间序列可以是同心的，或者被包含空间根据交通和其他使用需求而不对称分布。与线性空间序列和簇空间不同，包含空间序列的功能决定于组成空间的相对尺度大小。如果被包含空间与包含空间相比很小，它就会具有明显视觉特征，并作为一个大空间内的主景，这个被包含空间会被认为是一个大空间内的实体而不是可以进入和游赏的空间。在另一方面，如果被包含空间太大，则包含空间没有足够的领域范围就会失去其独立性和主导特征。在这种情况下，或者是这两个空间的边界简单地相互强化形成双边界，或在边界间形成线性空间，最后成为一条环形道路。

包含空间序列给人以深刻、积极地进入边界，逐渐接近构图中心的感觉。任何组成包含序列空间的影响效果是由其相对大小、封闭程度和对视觉的吸引力决定的。通常而言，主导空间是那些最大或最内部的空间，因为这个才是构图的中心。其他附属空间起到辅助、增加多样性、分隔空间或为最内部空间提供缓冲或作为前奏的作用。

空间组合中出现的不同空间应该在满足功能的前提下富于变化。空间组合的起点和终点一般要求有标志性的设计，可以通过不同的配植手法，如利用树形、体量或者色彩等的对比来形成主体。在一些重点表现的空间需要设计者通过前景、中景和背景以及树丛的林缘线的较多层次变化来表现空间的进退和大小，用其精彩的设计作为整个空间组合的景观高潮。这样使游览者在欣赏景观时，能够感受到景观丰富度的不同，并在不同功能、大小、形式各异的空间中找到适合自己的空间进行一系列游憩活动。游人在顺序游览的过程中，空间围合、变化一定要丰富，否则使之长时间在某种或明或暗的光影效果空间中行进，会产生厌倦的感觉。在平面上，空间要有大小、形状的差异，在空间的光影效果上要表现为明暗的交替、郁闭度的变化。

第三节 植物设计的园林美学

园林融绘画、文学、书法、雕塑、建筑、园艺于一体，是一门综合性艺术学科。园林具有广泛和丰富的内容，按美的规律（包括形象美）来配置园林植物，设计植物栽植形式，这就是美学园林。

植物所具有的美学属性，是在人为情况下，因为个人情感色彩而赋予的属性，是第二性的东西。它是客观存在的美反映到人的头脑中以后，形成的一种观念，人们把这种观念用“美”的概念表达出来，于是人们对该植物下一个逻辑判断：该植物是美的，从而该种植物具有美学的属性。这包括了三种美学属性，即实用美学属性、形式美学属性、形象美学属性。这里需要指出的是，在美的判断之前，存在着一个美的三要素的情感反应过程。

一、园林规律性配置美

植物的观赏特性，多指植物所具有的形式美学属性，有时涉及形象美学属性。植物所具有的实用美学属性显然是不包括在内的。因此，植物的美学属性包括了观赏特性，观赏特性不等于植物所具有的美学属性。

就植物配置而言，就是选择具有美学属性的植物和具有美学属性的配置形式按照美的规律，进行配置或造“景”。对审美主体而言，必须产生美的反应——实用美感、形式美感和形象美感。

（一）按照实用美的规律配置植物

园林中的实用美就是植物及“景”刺激人，引起人生理上的愉快舒适的反应。这由环境、实用、生理三要素构成。三要素是辩证统一的关系，即实用美的基本规律。公园是供人休息、娱乐、观赏的场所，植物的配置也必然要满足游人生理上和心理上的需要，按照实用美的规律来配置植物。因此，为了遮阴，创造一个凉爽的环境，我们可以在人行道的两旁行植法国梧桐、香樟、大叶女贞等浓荫植物；也可以在草坪的构图重心处配植体型较大、树姿优美的榕树、银杏、朴树等；为造成一个芳香扑鼻的环境，可广植桂花、梅花、蜡梅、月季等花木；为了划分空间、掩蔽墙体，可将雀舌黄杨、小叶女贞、红继木植成绿篱；有些果树，如桃树、银杏树、橘子树等，既具有果子好吃的实用美学属性，又具有花叶好看的形式美学属性，更可采用适当的形式（如群植、林植等）进行配置。这些配置都能引起游人的实用美感，形成实用美。

以竹子为例来说明对以上几个问题的认识：竹子在生产、生活，以及环境保护中，都有很多的用途，这是众所周知的。由于它不断重复满足人的需要，竹子对人构成了一种功利关系，这种关系反映到人的头脑中以后，形成一种观念用语言表达出来，就出现了竹子是有用的判断。在这里人从概念上赋予竹子一种“有用”的性质。这时，竹子才具有“有用的属性”，由于这种“有用”的关系，人往往产生愉悦的情感反应，这种美的反应就是狭义的美感。这种刺激和反应的功利关系就是美。客观的美反映到人的头脑中以后，又形成一种新的观念，这种观念用语言表达出来，就出现了美的判断。这种美就是实用美，这就是“美的反映”，就是广义的美感。在这里，人从概念上赋予竹子具有“实用美”的性质。这时竹子也就具有“实用美”的属性。

（二）按形式美的规律配置植物

植物的形式美就是植物及“景”的形式在一定条件下，作为刺激信号引起人的生理、心理上的愉悦情感反应。这由环境、物性、心理三要素构成。形式三要素的辩证统一规律，就是形式美的基本规律。按照形式美的基本规律，采用多样统一、对称、均衡、比例、尺度、对比、调和、节奏、韵律、艳丽等规范化的形式，配置具有形式美属性的植物，其植物和“景”就能引起游人的形式美感，形成形式美。

植物的配置形式，如孤植、对植、丛植、群植、林植、本身就是按形式美确定的内容。很明显，用这种形式配置植物或造“景”，就具有形式美。在这里以三株梅花丛植为例：三株丛植必须两株相近，一株远离，而且不能在一条直线上。两株为一大一小，远离的一株大小为中等。

就此而言，从距离、从体量上就体现一条重要的形式法则一多样统一规律，“多样统一”就是一种美的形式。雪松、塔柏对植在现代规则式建筑大门的两旁，体现了对称的形式美。银杏树、朴树、榕树体型巨大，姿态优美，孤植在大草坪的构图重心，这又是一种均衡的形式美。

作为植物，其本身也具有形式美。以竹子为例：竹子具有盘根错节的根，高低错落、疏密有致、中空有节的竿、“个”字形状的叶，潇洒飘逸，倩影婆娑。然后按一定的配置形式栽植，如丛植在大门两边粉墙的内侧，当这种形式作为竹子的刺激信号进入审美领域时，便能引起游人的形式美感，形成形式美。

（三）按形象美的规律配植植物

形象美就是形象作为客体的刺激物，引起主体心理上的爱慕、敬佩的情感反应。它由环境、表现、心理三要素构成辩证统一的关系，即形象美的基本规律。园林植物及“景”没有社会属性，更不具备心灵，没有形象，它必须转化成形象以后才可能有形象美。植物转化为形象有三种情况。

第一，有些植物的环境表现和人的形象表现相似，唤起审美者对人的形象的联想，从而将人的形象转化到植物身上，这在植物中是不乏其例的。出淤泥而不染的荷花的环境和表现同身处腐化环境，仍能保持廉洁清正的人的环境和表现十分相似，故审美者可以将洁身自好的品质转化到荷花身上。这样，荷花就具备了洁身自好的品质了。成为具有环境、表现、心灵三要素的完整的形象了。具有清正廉洁、洁身自好品质的人的形象是美的形象，所以荷花的形象也就成了美的形象。具有虚心、坚定自主、洁身自好的人一样的品质，所以竹子的形象是美的。和荷花、竹子一样，梅花、松树等，也可将人转化成类似的形象。当我们选择一定的配置形式，用荷花和竹子为主景配植或以荷花、竹子为主进行造景时，就能引起游人的形象美感，产生形象美。

第二，在很多情况下，植物和景，没有被人格化、形象化，而仅仅作为一个环境要素和审美者身临其境的表现及心灵一起构成一个完整的形象。现仍以荷花为例："接天莲叶无穷碧，映日荷花别样红"中所描写的一望无际的绿色的莲叶和与早晨相辉映的荷花就是形象的环境要素，表现的是一种优美的意境。不同的自然环境，具有不同的特征，不同的人对环境产生不同的选择和不同的态度。像这方面的例子是很多的，如："万壑松风"表现的是幽美的意境；"曲院风荷""柳浪闻莺"表现的是优美的意境；"梅林春晓"表现的是幽美的意境，当游人身临其境时都可以得到美的享受。这些都是园林植物配置的成功例子。因此，我们可以根据自然环境的不同特征或山水诗、风景画的意境，创造出很多类似这样的"景"来。作为环境要素的松、荷、柳、梅，多采取林植的配置形式，同时还必须和壑、院、莺、亭融为一体。

第三，还有一种情况就是植物或"景"只具有某种象征的意义，象征着某人或某集体的形象。例如油橄榄就是中阿友谊的象征。同理，我们可以按此方式广植当地的市树、市花。

二、园林种植景观美学功能

随着人们物质生活水平的提高，居民对生活环境质量越来越重视，对园林绿化工作者来说，加速城市绿化建设，建造高质量的城市园林景观显得尤为重要，而作为园林景观构成四要素之一的园林植物是表现园林美的重要素材。

园林设计归根结底是植物材料的设计，目的就是改善人类的生态环境，其他的内容都只能在一个有植物的环境中发挥作用。合理的植物配置是科学与艺术的完美结合，在注重植物造景科学性和功能性的同时，对其艺术性的发掘则更为重要（即发挥植物的形体、线条、色彩等自然美，强调植物景观的视觉效应），因为园林植物的艺术化配植对于体现整个园林景观的美感甚为重要。巧妙地运用植物搭配体现形式美和意境美，实现园林植物配置的科学性与艺术性的高度统一。

（一）形式美

1. 节奏与韵律

节奏与韵律在原来的希腊文中都是同一个词 rhythmos，西方文字也都差不多是一个词，在我国则多出现在诗词歌赋与音乐中，是指艺术作品中的可比成分连续不断交替出现而产生的美感。

除上述艺术形式外，在植物配置中也讲究节奏与韵律。例如，道路两旁的行道树用一种或两种以上的植物重复出现形成韵律。一种树等距离排列称为"简单韵律"，比较单调而装饰效果不大。如果两种树木，尤其一种乔木和一种花灌木相间排列就显得活泼一些，称为"交替韵律"。

如果三种植物或者更多一些交替排列，则会获得更丰富的韵律感。人工修剪的绿篱可以形成各种形式的变化，如方形起伏的城垛状、弧形起伏的波浪状、平直加尖塔形半圆或球形等很多种类，这样如同绿色的墙壁一样，形成一种“形状韵律”。例如，在丹麦用山楂作绿篱，美国南部用一种法氏石楠作绿篱，前者秋季变红，后者春季嫩梢为红色，随季节发生色彩的韵律变化，称为“季相韵律”。花坛的植物内容的变化、色彩及排列纹样的变化，结合起来成为花园内最富有韵律感的布置。

欧洲文艺复兴时期，大面积使用图案式花坛给人以强烈的韵律感。另外一种称为“花境”，植物的种类不多，按高低错落做不规则的重复，花期按季节而此起彼伏，全年欣赏不绝，其中高矮、色彩、季相都在交叉变化之中，如同一曲交响乐在演奏，韵律感十分丰富。沿水边种植木芙蓉、夹竹桃、杜鹃等，倒影成双，也是一种重复出现，一虚一实形成韵律。一片树木，树冠形成起伏的林冠线，与青天白云相映，风起树摇，林冠线随风流动也是一种韵律。植物体叶片、花瓣、枝条的重复出现也是一种协调的韵律。

总之，在植物景观设计中，利用美学原理中的“节奏与韵律”，使景观在时间与空间上得到艺术化的处理，给人一种律动之美，展现出不同植物个体或景观整体的形态美、色彩美、组合美、动态美、意境美等。

2. 比例与尺度

在植物景观设计中，对于“比例和尺度”的把握同样十分重要。因为在构成园林的四要素中的建筑、土地和水体在园林空间中都是具有尺度的，所以，根据不同的园林空间大小和形式，选取适宜比例和尺度的园林植物进行植物造景才能充分展示植物个体和群体美，以满足不同空间风景构图的需要。

在园林空间大小的处理中，植物很好地协调了园林环境。大空间选用体形高大的树种或以植物群体进行造景，以充分展示植物的个体和群体之美，使之在构成园林轮廓线、加强建筑物之间的空间联系、划分园林空间等方面起着重要作用，并满足了空间比例尺度的要求。如宽阔草坪上点缀冠形巨大、开展的树木（雪松、香樟、合欢等）；山丘坡地群植树木，构成林相；广阔水岸选用冠形开展的树种（伞形、球形、卵形等）组成层次。小空间则相应选择较小的树种，植物配植以近距离为主。在小空间内，视距短，景物少，要求培植形态好，色香俱佳的花木。如庭院当中配置一些中、小乔木或灌木（玉兰、海棠、紫薇、石榴、桃、李等）；园林道路转弯而围合的隙地可孤植乔木或丛植矮小灌木；小水面四周则相间错落地种植一些低矮的树冠通透或冠形较窄的树种。

3. 对比和衬托

利用植物不同的形态特征，运用高低、姿态、叶形叶色、花形、花色的对比手法，表现一定的艺术构思，衬托出美的植物景观。如我国造园艺术中“万绿丛中一点红”就是运用植物在色彩上的对比来突出主景的。对比的方式有运用水平与垂直对比、体形大小对比和色彩与明暗对比三种方法。

4. 层次和背景

为克服景观的单调，宜以乔木、灌木、花卉、地被植物进行主体化多层布置，形成空间层次。植物配置的空间，无论平面或立面，都要根据植物的形态、高低、大小、落叶，或常绿、色彩、质地等，做到主次分明、疏落有致。

群体配置，要充分发挥不同园林植物的个性特色，分清主次，突出主题。现代园林造景讲求群落景观“师法自然”，植物造景利用乔、灌、草形成树丛、树群时深浅并有，若隐若现，虚实相生，疏落有致。开朗中有封闭，封闭中有开朗，以无形之虚造有形之实，体现自然环境美。

园林植物与其他园林要素相互之间的配置时，要注意植物与其周围建筑小品以及水体等环境的和谐，分清楚以建筑还是以园林植物为主题，切勿喧宾夺主。

（二）意境美

中国园林植物配置深受中国文学和绘画艺术的影响，形式上注重色、香、韵，手法上常用比拟、寓意的方式，意境上追求深远、含蓄，讲究情景交融、寓情于景。

江南园林中的花坛花境、梅兰松竹、花墙漏窗、借景障景、曲径通幽、廊架悬花等造园手法，将植物与其他园林要素有机地融为了一体，精心营造适合广大人民生活、休闲、娱乐的植物景观环境。

古人很讲究植物的意境，而植物孕育着文化内涵，松、梅喻坚贞不渝、高傲自放，牡丹、芍药喻富贵华丽，水仙、兰花喻文雅清心。如松、竹、梅被誉为“岁寒三友”，因为松苍劲耐寒、竹虚心有节、梅迎雪怒放，所以常用来比拟文人志士坚贞不屈、高风亮节的品格；荷花“出淤泥而不染，濯清涟而不妖”象征廉洁朴素、正气一身；菊花“高情守幽贞，大节凛介刚”象征离尘居隐、临危不惧。

此外，在民间桃花象征幸福、理想，石榴和葡萄因果实籽多象征多子多福；在古典私家园林中，常种植玉兰、海棠、迎春、牡丹、桂花来象征“玉堂春富贵”。这种由人及物，又由物及人的造景手法在今天仍然值得借鉴。

每个地区都有自己丰富的文化底蕴，在进行园林景观建设时，特别是在植物配置上应充分将当地的文化内涵、民俗风情融入其中，建设人与自然和谐相处的生态环境，让人们从园林景观中品味出风格，感知园林艺术的独特魅力。

总之，园林景观植物配置不是绿色植物的简单堆积，而是各种植物在审美及生态习性上的艺术配置，合理的植物能体现出景观之中的自然美、和谐美。景观中的植物配置要有一定的特点，结合环境中的各个因素，合理配置，使得景观中的景观和植物协调，相得益彰，充分体现景观中的生态和自然的完美结合。

第六章 风景园林的地形设计

第一节 地形概述

地形是地球表面在三维方向上的形状变化。对地形的整理、改造与合理利用，是园林建设最基础的工程，一般起到骨架、空间、造景、背景、观景、工程等作用。在规则式园林中，一般表现为不同标高的地坪、层次；而在自然式园林中，我们改造的模式是自然界的山水风光，是对自然的一种提炼、加工、概括，形成有分有合、有起有伏、千姿百态的峰、岭、谷、崖、湖、池、溪、堤、岛、山坡、草原、田野等景观。

地形按其地貌一般可分为山丘、山冈、山坳、坪台、峡谷、盆地，等等，对园林布局和用地组织影响较大。《园冶》中提到的有关地形的描述有以下几种：丘、壑、山、峦、池沼、溪、涧、岩、岭、堤、麓、平冈、曲坞、台、洞、峰、瀑布等。《园冶》中提及的地形都是小地形的概念。

地形、水、植物、建筑是造园的四大要素。它们相辅相成，共同形成园林景观。一般来说，凡是园林建设，必须首先通过土方工程对原地形进行改造，以符合人们的使用需求，再接着进入下一阶段的设计。地形是构成整个园林景观的骨架，也是其他诸要素的依托基础和底界面，地形布置和设计的恰当与否直接影响其他要素的设计。

一、地形的特征

地形或称“地貌”，指地球表面由内、外动力相互作用形成的多种多样的外貌或形态。地形可以通过各种途径加以归类和评估，这些途径包含它的形态、规模、坡度、地质构造等。

从规模大小来说，可以将地形分为三大类：大地形、小地形、微地形。《风景园林设计要素》中将地形依“形状”分成五类：平地、凸地形、山脊、盆地、山谷。《园林与景观设计》根据地形的景观特征将地形分为六类：山丘、低地和洞穴、岭和山脊、谷地、坡地、平地。

二、地形的功能

地形的塑造与利用全依赖于设计师的技能和想象，但必须牢记的是，在设计中无论设计师如何使用地形这个因素，最终都会对所有布局在地面上的因素产生影响，因此必须科学认真地分析地形的功能。

（一）分割空间

地形可以利用许多不同的方式创造和限制外部空间。我们可以挖掘或填充现有平面来创造空间，也可以改变原有凸形地貌或水平面来营建空间。用地形来界定户外空间，有三个要素会很明显地影响我们对空间的感受：①空间的底面范围；②封闭斜坡的坡度；③斜坡的轮廓线。

空间的底面范围是指空间的底面或基础部分，通常表示可以利用的部分。

封闭斜坡的坡度是指坡面在外部空间中犹如一道墙体，担负着垂直立面的功能。斜坡的坡度与空间制约有着联系，斜坡越陡，空间的轮廓越显著。

斜坡的轮廓线代表地形可视高度与天空之间相交的边缘，与观察者的相对位置、高度和距离，都可影响空间的视野及可观察到的空间界限。

上述这三种变化因素，在封闭空间中都同时起作用。在任何一个限定的空间内，其封闭程度主要依赖于视野区域的大小、坡度和轮廓线，一般的视域在水平视线的上夹角（40° ~ 60°），到水平视线的下夹角（20°）的范围内。而当地平面、坡度和天际线三个可变因素的比例达到或超过 45°，则视域达到完全封闭；当三个可变因素的比例小于 18° 时，其封闭感便会消失。

从小的亲密性空间到庞大的巨型空间，都可以利用底面、斜坡轮廓线、坡度这三个可变因素来创造无限变化的空间。地形界定了空间的边缘，也产生了方向感，空间的走向一般都是朝向开阔视野。地形一侧为一片高地，而另一侧为一片低矮地时，空间就可形成一种朝向较低、更开阔的一方，而背离高地的空间走向。

（二）影响导游路线和线路

地形可被用在外部环境中，影响行人和车辆运行的方向、速度和节奏。运行总是在阻力最小的道路上进行，从地形的角度来说，就是在相对平坦、无障碍的地区进行。在平坦的土地上，人的步伐稳健持续，无须花费什么力气。随着地面坡度的增加或更多障碍物的出现，游览也就越发困难。为了爬山下坡，人们必须使出更多的力气，时间也相应延长，中途的停顿休息也逐渐增多。如果可行，步行道的坡度不宜超过 10%，如果需要在坡度更大的地面上下坡时，为了减小道路的陡峭，道路应斜向于等高线，而非垂直于等高线。如果需要穿行山脊地形，最好走“山洼”或“山鞍部”，最适宜的就是尽量从凹口通过。

如果设计的某一部分，要求人们快速通过的话，那么在此就应使用水平地形；相反，如果设计的目的是要求人们缓慢地走过某一空间的话，那么，斜坡地面或一系列水平高度变化，就应在此加以使用；当需要完全停留下来时，那么就需要再一次使用水平地形。

地形起伏的山坡和土丘，可被用作障碍物或阻挡层，以迫使行人在其四周行走，以及穿越山谷状的空间。在古典园林的入口处，就经常采用假山障景的手法，使游人只能绕过假山，起到组织游览路线的作用。在那些人流量较大的开阔空间，如商业区或大学校园内，就可以直接运用土堆和斜坡的功能。

对于底面积大小相同的园林场地而言，地形比较平坦的园林活动场地往往比较单一，一般都是给人空旷平坦的感觉；而地形复杂的园林空间类型也相应会多一些，趣味性也会大大增强。这里或许有平坦的供大量游人活动的场所；或许有山间小溪给人幽静深邃的感觉，为游人提供散步踏青的场所；或许有缓坡如大草坪供游人休憩，享受阳光的沐浴；或许有巍峨险峻的高山、峡谷，能为游人提供世外桃源的享受。总之，地形地势复杂的场地比地形地势简单的场地，给人更多的空间感受，能为游人提供更多的活动场所。

（三）改善小气候

地表形态的丰富变化，形成了不同方位的坡地。不同角度的坡地接受太阳辐射、日照长短都不同，其温度差异也很大。例如，对位于北半球的地区来说，南坡所受的日照要比北坡充分，其平均温度也较高；而在南半球，情况则正好相反。在有不同地形的环境中，由于坡度、坡向和基地的海拔高度不同，每块山坡基地的日照时间和日照间距有很大差异。

此外，由于各个地区在各个季节的主导风向一定，坡向不同，其所受风的影响也不相同。从风的角度而言，凸面地形、脊地或土丘等，可用来阻挡冬季强大的寒风。为能防风，土壤必须堆积在场所中面向冬季寒风的那一边，如在园林环境中，通常选择当地冬季常年主导风向（在中国大部分地区为北风或西北风）的地带，尽量堆置起一些较高的山体。相反，地形也可用来收集和引导夏季风。夏季风可以被引导穿过两高地之间形成的谷地或洼地、马鞍形的空间。穿过这类开阔地的风力往往会因这种“漏斗效应”或“集中作用”而得到增强，并由此引起更大的冷却效应。对于地处北半球的园林，可以在其用地南部营造湖池。这样，冬季由处于南半球的太阳辐射到大地上的光热，经过湖池水面的反射作用，可汇集至湖池北部。

（四）解决排水问题

园林中排水的组织主要依靠自然的重力排水，因此有坡度变化的场地在设计时考虑到排水的组织，将会以最少的人力、财力达到最好的景观效果。即使是在暴雨季节，较好的地形设计也不会使场地内产生大量积水，而破坏绿地的效果。从排水的角度来考虑，斜坡可以防止水土流失，最大坡度一般不超过10%，而为了防止积水，最小坡度不应该小于1%。

（五）改善种植和建筑物条件

地形可以改善种植条件，增加绿地面积。利用地形起伏，改善小气候，有利于植物生长。如果地面标高过低，地下水位高，雨后容易积水，会影响植物正常生长，在这种情况下，对其加以改造，将低洼处填高堆成微地形后种植植物，就可以使植物生存条件得以改善。在垂直投影面积相同的情况下，在微地形上铺草形成的绿化面积要比在平地上铺草大，能更好地满足人们对绿地的需求。

对于底面面积相同的基地来说，处理成平地或者坡地，起伏的地形所形成的表面积会更大。因此在现代城市用地非常紧张的环境下，在进行城市园林建设时，加大地形的处理量会十分有效地增加绿地面积；并且地形所产生的不同坡度特征的场地，为不同习性的植物提供了生存空间，提高了人工群落的生物多样性，从而加强了人工群落的稳定性。

对建筑物同样也是如此，防水防潮，同时在美观上丰富建筑物的立面。

（六）地形的美学功能

1. 主景或者背景

在园林创作中，在蜿蜒起伏的山地一角以堆叠的山石和瀑布相结合形成主景，是园林构景的常见方式，另外起伏的地形，尤其结合植物的配植时，常常能成为水体、建筑、雕塑或构筑物的背景依托。自然山体的巨大尺度和向上收分的外轮廓线给人雄伟、高大、坚实、向上和永恒的感觉。

2. 丰富空间类型

地形能够影响人们户外空间的范围和对户外空间气氛的感受。比如平坦的地区在视觉上缺乏空间限制，它缺乏垂直限制的平面因素，而斜坡和地面较高点则占据了垂直面的一部分，能够限制和封闭空间。斜坡越陡越高，户外空间感就越强烈。我们可以挖掘或填充现有平面来创造空间，也可以改变原有凸形地貌或水平面来营建空间。不同的地形可以创造出雄、奇、险、幽等不同性格的空间，也就在某种程度上表达了不同的情感，让人产生不同的联想。

3. 引导视线

通过地形塑造，可以避免观赏的风景直接一览无遗地进入人们的视线。地形能在景观中将视线导向某一特定点，影响某一固定点的可视景物和可见范围，形成连续景观序列，以及阻断看向不雅景物的视线。在平坦的地形上，通常在道路旁或停车场利用土墩、小丘遮挡视线，而在有斜坡的山地上就可以利用其地形的长处来阻挡不佳的内容。一个特殊的例子是英国的自然式风景园林“隐垣”，它以线形的凹地作为墙体，既限定了园的边界，又将人的视线引出园外，使园外的美好风光为园内所借。地形也可被用来“强调”或展现一个特殊目标或景物。比如，放于高处的目标，即使距离比较远也能被看到。同样，置于谷地的构筑物也会被在高处的视点一览无遗。

地形的另一个作用是利用隐蔽的物体及变化的视野来建立一系列连续的空间。每当人们看到物体的某一部分时，会盼望接下来能再看到什么精彩的景观，当不能看到全貌时，就会产生一种期待，游人就会被这一期待引诱，试图改变自己的位置以期能看到全貌。设计师可以利用这一点去创造一系列连续变化的景观来引导游人前行。

三、地形的表达方式

（一）等高线表示法

此法在园林设计中使用最多，一般地形测绘图都是用等高线或点标高表示的。在绘有原地形等高线的底图上用设计等高线进行地形改造或创作，在同一张图纸上便可表达原有地形、设计地形状况及公园的平面布置、各部分的高程关系。这大大方便了设计过程中的方案比较及修改，也便于进一步的土方计算工作，因此，它是一种比较好的设计方法。此法最适宜自然山水园的土方计算。

应用等高线进行公园的竖向设计时，首先应了解等高线的基本性质。

等高线是一组垂直间距相等、平行于水平面的假象面，与自然地貌相切所得到的交线在平面上的投影。给这组投影线标注上数值，便可用它在图纸上表示地形的高低陡缓、峰峦位置、坡谷走向及溪池的深度等内容。

等高线有以下性质。

在同一条等高线上的所有的点，其高程都相等；

每一条等高线都是闭合的。由于园界或图框的限制，在图纸上不一定每根等高线都能闭合，但实际上它们还是闭合的。为了便于理解，我们假设园林基地被沿园界或图框垂直下切，形成一个地块，可以看到没有在图面上闭合的等高线都沿着被切割面闭合了；

等高线的水平间距的大小表示地形的缓或陡。如疏则缓，密则陡。如果等高线的间距相等，表示该坡面的角度相同；如果该组等高线平直，则表示该地形是一处平整过的同一坡度的斜坡；

等高线一般不相交或重叠，只有在悬崖处等高线才可能出现相交情况。在某些垂直于地平面的峭壁、地坎或挡土墙、驳岸处，等高线才会重合在一起。

等高线在图纸上不能直穿横过河谷、堤岸和道路等。由于以上地形单元或构筑物在高程上高出或低陷于周围地面，所以等高线在接近低于地面的河谷时转向上游延伸，而后穿越河床，再向下游走出河谷；如遇高于地面的堤岸或路堤，等高线则转向下方，横过堤顶再转向上方而后走向另一侧。

（二）标高点表示法

在平面图或剖面图上，另一种表示海拔高度的方法叫标高点。标高点在平面图上的标记是一个“+”字记号或圆点，并同时配有相应的数值。

等高线由整数来表示，标高点常用小数来表示。标高一般用来描绘这些地点的高度，如建筑物的墙角、顶点、低点、台阶顶部和底部以及墙体高端等。等标高最常用在地形改造、平面图和其他工程图之上，如排水平面图和基底平面图。

（三）蓑状线表示法

蓑状线表示法是另一种在平面图上表示地形的图解工具。蓑状线均是互不相连的短线，它们均与等高线垂直。等高线和蓑状线画法：先轻轻地画出等高线，然后在等高线之间加画上蓑状线。

蓑状线常用在直观性园址平面图或扫描图上，以图解的方式显示地形。由于它们在地平面上遮蔽了大多数细部，因此绝不可将其用在地形改造或其他工程图上。蓑状线的粗细和密度对于描绘斜坡坡度来说是一种有效的表达方式，蓑状线越粗、越密，则坡度越陡。此外，蓑状线还可用在平面图上以产生明暗效果，从而使平面图产生更强的立体感。相应而言，表示阴坡的蓑状线暗而密，而阳坡的蓑状线则明而疏。

（四）明暗与色彩表示法

明暗和色彩也可用来表示地形，最常用于海拔立体地形图，以不同浓淡或色彩表示高度的不同增值。每一种独立的明暗调或色彩在海拔地形图上，表示一个地区其地面高度介于两个已知高度之间。

色彩模式：咖啡色，表示较高地形；黄色，表示丘陵；绿色，表示平原；蓝色，表示海洋、湖泊。

（五）模型计算机表示法

模型是表示地形最直观有效的方式，但是模型通常笨重、庞大，不利于保存和运输，制作起来耗时耗资。

计算机图示方法的优点在于它能让使用者从各个角度来观察地形的各个区域。

四、地形的坡度

（一）人类对于土地的利用受限于地形的坡度

坡度平缓的地形便于人类从事各种生产活动和聚居环境的建设，场地坡度越大，对设计的影响也越大。自然地形是大自然所赋予的最适形态，它们是长期与大自然磨合的产物。适应它们就是要与适应这种地形的自然力和条件相和谐，许多场地因其吸引力或其他积极特性而首先被赋予使用权。作为一般性规则，应是改造得越少越好。园林设计的根本原理就是对场地的规划，让自然的外貌、条件和覆盖物决定建筑物和园林的形式，表达出自然和构筑物的和谐相处，丰富建筑场地的构成。

（二）等高线是主要的规划因素

通常采用等高线规划（让规划要素与等高线平行排列）。高程接近的区域与斜坡走向垂直的狭带状，建议采用条、带形等狭长的规划形式。如果缺乏大面积平地，须在坡面上开挖或堆垒得到。如果是土质结构，须由挡土墙或坡度渐大的斜面支撑。坡面的实质是升与降，最好采用梯田状台地方案，这样在一个多层结构中，各层面还可以分隔成不同的使用功能。对于车辆交通来说，斜面的坡度如果过陡，沿等高线行进或斜向切割等高线是最省力的。这表明，一般的道路应是沿等高线绕行。

（三）重力作用是沿坡向下的

设计形式不仅要具有稳定性，而且要表达出一种赏心悦目的稳定性。当然，那些旨在产生刺激或为满足特定偏好需求的建筑物除外。坡地具有动态的景观特性，这种场地有利于形成动态的布局形式，坡地有非常吸引人的特性，即坡度的明显变化。通过阶梯、平台及挑台的运用，自然坡度的变化得以强化和夸张。从技术层面来讲，地形坡度有一定的范围，同样设计的坡度也有一定范围，这与地质条件和用途有关系。

第二节　地形的类型

一、平坦地形

其实，室外环境中没有所谓的真正平地，大都因为自然或人为的原因保持一定的排水坡度，只不过这种坡度还不足以为人所察觉。本书所指的平地，是指在人的视觉上看起来是平的地形，即使它有微小的坡度或局部的起伏。平地本身也是设置静水体的理想场所。因此许多大的湖面都在平坦的地面，这样就不至于因为水面过大产生过大的落差。

平地大致有草地、集散广场、交通广场等。这种类型在医院中也应用得比较多。平地，为患者提供了一个休闲放松的场所，他们可以散步或者进行锻炼，彼此之间还可以互动交流，增强共同与疾病做斗争的信心。

二、凸地形

凸地形的表现形式有土丘、丘陵、山包及小山峰等。人位于凸地形的顶端有一种心理上的优越感，所以才会有“一览众山小”的豪迈。同样，人从低处向高处仰望时容易产生一种仰止的心理，因此景区内较重要的构筑物常被放置于凸地形的顶端。凸地形还有助于水景的创造，意大利台地园就是利用地形最恰当的例子。凸地形还是一个对小气候具明显调节作用的地形要素。

三、脊地

山脊与凸地形是相似的地形形态，通常在设计上具有很多的相似点。与凸地形相比，山脊是线状的，这也是最主要的差异。人们很容易被山脊吸引而沿着山脊移动，因而山脊线常形成一条动线，理所当然地就会被设计成道路（此地的视野、景观、排水都非常良好）。因此，山脊应该说是设置大小道路以及其他涉及流动要素的理想场所，如万里长城。

四、凹地形

盆地在景观中被称为“碗状洼地”，它给人隐蔽、孤立、逃避、私密等感觉，并可保护免受外界干扰。盆地与其临近空间的连接性比较弱，可以抵挡风的直接吹袭，所以区域内温度相对较高。尽管盆地具有宜人的小气候，但容易积水，比较潮湿。事实上，盆地有一个潜在的功能，那就是充作一个永久性的湖泊、水池，或者充作一个暴雨之后暂时用来蓄水的蓄水池。我国的许多盆地以前都是大型的湖泊。

五、谷地

谷地呈线状，具有方向性，属于敏感的生态和水文地域，常伴有小溪及河流。谷地植物景观群落是特殊的种植资源库，是水体和陆地的交接区域，环境阴湿，应选择喜湿、耐阴的常色叶植物和果树林木，以使山水景观更加绚丽多彩。谷底地势平坦，是活动的集中区域，应配置能体现季相变化、观赏价值高的阔叶林或针阔混交林，与谷坡浑然一体。谷地两侧应考虑护坡和景观功能，种植固土小乔木、灌木和地被植物，注意相互间的色彩搭配和图案配置，体现园林立体美感。

谷地综合了某些盆地和前面所述的脊地地形的特点。与盆地相似，谷地在景观中也是一个低地。但它也与脊地相似，也呈线状，具有方向性。由于谷地的方向特性，因而它也极适宜在景观中的任何运动。谷地中的活动与脊地上的活动之差别，就在于谷地属于典型的敏感的生态和水文地域，它常伴有小溪、河流以及相应的泛滥区。鉴于以上种种原因，凡需在谷地中修建道路和进行开发的，都须倍加小心，以便避开那些潮湿区域，以避免使敏感的生态遭到破坏。

六、坡地

坡地在外部空间中犹如一道墙体，担负着垂直立面的功能，为植物种植提供干、湿、阴、阳、缓、陡等多样性环境，是植物群落最为丰富的地形。坡地起伏多变的地形地貌创造了多元的景观选择，可以说坡地景观所具有的特征是植物景观得天独厚的载体和骨架。由于坡地特殊的地形，植物配置要兼顾生态功能和景观功能。坡地水土易流失，结构缺乏稳定性，须在道路护坡、堤岸、陡坡等黄土裸露地段，以环境保护型草坪为基础种植，另配置抗旱、耐瘠薄的乔灌木，起到护持水土和涵养水源的作用。在景观设计时，要充分利用它的地形特点，使其优势得以良好的展示，弊端得以掩盖，从而使植物景观达到最佳的效果。为了加强小地形的高耸感，可在土丘的上方种植长尖形的树种，如威严挺拔的钻天杨和新疆杨；在基部栽植矮小扁圆形树木，形成高低错落、跌宕起伏的群落林冠线，从而产生一种强烈的节奏感和韵律感。

第三节 假山设计

一、假山的功能作用

人们通常称呼的假山实际上包括假山和置石两个部分。假山，是以造景游览为主要目的，充分结合其他多方面的功能作用，以土、石等为材料，以自然山水为蓝本并加以艺术提炼和夸张，用人工表现山石的个体美或局部的组合而不完整的山形。一般来说，假山的体量大而集中，可观可游，使人有置身于自然山林之感。置石则主要以观赏为主，结合一些功能方面的作用，体量较小而分散。假山因材料不同可分为土山、石山和土石相间的山。置石则可分为特置、散置和群置等。

假山在中国园林中运用如此广泛并不是偶然的，人工造山都是有目的的。中国古代园林追求“虽由人作，宛自天开”的高超的艺术境界。园主为了满足游览活动的需要，必然要建造一些体现人工美的园林建筑。但就园林的总体要求而言，在景物外貌的处理上要求人工美从属于自然美，并把人工美融合到体现自然美的园林环境中去。假山之所以得到广泛的应用，主要在于假山可以满足这种要求和愿望。

（一）作为自然山水园的主景和地形骨架

一些采用主景突出的布局方式的园林尤其重视这一点，或以山为主景，或以山石为驳岸、水池作主景，整个园子的地形骨架、起伏、曲折皆以此为基础来变化。例如，金代在太液池中用土石相间的手法堆叠的琼华岛（今北京北海之白塔山）、明代南京徐达王府之西园（今南京之瞻园）、明代所建今上海之豫园、清代扬州之个园和苏州的环秀山庄等，总体布局都是以山为主，以水为辅，其中建筑并不一定占主要的地位。这类园林实际上是假山园。

（二）作为园林划分空间和组织空间的手段

这对于采用集锦式布局的园林尤为重要和明显。用假山组织空间还可以结合障景、对景、背景、框景、夹景等手法灵活运用，如清代所建圆明园、颐和园的某些局部，苏州的网师园、拙政园某些局部，承德的避暑山庄等。中国园林运用“各景”的手法，根据用地功能和造景特色将园林化整为零，形成丰富多彩的景区，这就需要划分和组织空间。划分空间的手段很多，但利用假山划分空间是从地形骨架的角度来划分，具有自然和灵活的特点。特别是用山水相映成趣的结合来组织空间，使空间更富于性格的变化。如圆明园“武陵春色”要表现世外桃源的意境，利用土山分割成独立的空间，其中又运用两山夹水、时收时放的手法做出桃花溪、桃花洞、渔港等地形变化，于极狭处见辽阔，似塞又通，由暗窥明，给人以“山重水复疑无路，柳暗花明又一村”的联想。此外，如拙政园枇杷园和远香堂、腰门一带用假山结合云墙的方式划分空间，从枇杷园内通过园洞门北望雪香云蔚亭，又以山石作为前置夹景，都是成功的例子。

二、掇山

假山在构造与结构方面与真山最大的区别在于真山成岩后会形成一个整体景观。因为假山之乡吴地称积叠为“掇”，在学术上也就入乡随俗地把“掇石成山”称为掇山。零星点缀的山石称为置石。假山创作一般包括明智、立意、相石、布局、取势等内容。

（一）明志

古有“园可无山，不可无石”之说，中国古典园林系统中，作为构建园林要素的山石景观是自然界中最富有艺术魅力的景观，人们通过山石造景可以描摹大自然，表达对自然的敬畏和亲近之情。在中国传统园林中没有一座园林是没有山石造景的，山石奠定了一座园林景观的基本轮廓。在山石营造时可以随形就势，削低垫高，筑土为山，使园林景色优美如画。山石点景还可成为园林中的主景或形象标志，令人瞩目，美不胜收。园林中人工营造的山不同于自然界中天然形成的山，人工山石造景是以大自然中的真山为蓝本，加以概括、提炼并注入人的思想和情怀，是凝固美与含蓄美的完美结合。

山石造景的作用有功能性和美观性两个方面，它的功能性在于用石可铺装道路，供人游憩，用山石堆砌的假山上可设置山路、石级、洞窟等，用山路的变化来强调深山幽谷曲折、崎岖、深邃、迷惘的空间特点。可使人在其中游玩，欲上先下、欲左先右，看似出口，实则绝境，疑惑无路，恰是通途，因而增添了许多情趣。如苏州狮子林的石山就使人曲折迂回于谷道、洞府、峰峦之间，增添了趣味性。另外，山石还可以作踏垛、驳岸、指示牌等。山石造景的美观性在于用石单置可营造吸引人们视线的景点，而与其他景观元素如建筑、水体、植物等组合又有可形成不同视觉效果的景观画面，使游人赏心悦目，流连忘返。

（二）立意

假山是中国古典园林中独具特色之物，用数块自然之石，进行掇叠，能产生“片山多致，寸石生情”的艺术效果。这就需要对山的形与质有很高的认识和较强的概括能力，计成论掇山，认为主山要“独立端严”，次山要“次相辅弼，势如排列，状若趋承”，观自然界的泰山、黄山，莫不如是。苏州环秀山庄的一组湖石假山，真正体现了人对自然的理解：其假山分为主峰、次峰和配峰三部分，三峰为一整体，形成一齐向西的动势，意为园外西山余脉，而其自身组合则主宾分明，次峰与配峰向主峰有趋承之势。同时引水入山，形成沟、谷、洞、壑等不同的山间自然景观。在各峰之间，高低错落，以飞梁、石桥相通，还利用主次山的体量，虚其腹，筑以石室、石屋，特别是巧妙地运用因近求高、峰回路转等手法，在山石面积不足两亩的地方，使游线长达70余米。

掇山用石的质感，对山之形体影响很大，也造成园林意境的不同。湖石以透、漏、瘦为特点，石面多孔，石色苍润，有春夏之意，多产于太湖，杭州灵隐也皆为此类岩石，故这两处就成为湖石假山的蓝本，环秀山庄的矶、崖、洞、罅等，顺其石理，做得十分自然，且采光之洞皆为石上之天然孔穴，巧妙得体。而黄石多产自常熟、虞山，其质坚，线条挺括，石纹古拙，多秋意，与湖石大异，故其山形亦不同。虞山有以自然黄石制成的桃源洞、石屋洞和闻珠洞，燕园中的黄石山就是据黄石的自然成貌而叠，其洞口层层叠挑，自然而深远，采光为顶部开口，正合黄石自然崩塌而成的石理。这种顺自然之理而成的佳作，即使是尺方空间，也会产生群峦大壑之意境。

（三）相石

"相石"这个术语由堪舆中的"相地"衍生而来。"相"指观察和审度。就园林而言，讲究"相地合宜，构园得体"；对假山而言，就是"相石合宜，构山得体"。造景的材料对于造景效果有直接的影响。相石可以分为两个主要过程，即粗选与精选。前者解决石材的来源和产地，后者解决现场设计和施工选料及掇合。具体的相石理法可归纳为以下几种。

1. 相石合用，因石设用

造山是有目的的，带着预想的目的性去相石可谓"相石合用"，这反映了一般情况的相石。和我们日常购置东西一样，除了有目的地采购外，还会有本无意买，但见到某物以后才联想到买回去作何用场的情况。这虽不反映一般情况，却也有因材制用的特殊艺术效果，因此不可以偏废。

运用不同的石材可以基本满足同一种造山的实用功能，但特定的意境和假山的性格却只有精选相应的石材方能奏效。当然不必要也不可能每种性格的假山都有相应的石材。但如把天然山石归类来认识，不难找出每种类型的假山具有与之相适应的石品类型。

2. 相石有方，神形兼备

相石有术，主要从形态、皴纹、质地和色泽四方面来权衡。

（1）形态

并不是每一块山石都要求有独立而完整的形态，而是根据其外貌和结构方面的作用来选择具体用途。一般自下而上可以分为拉底、中腰和收顶三部分。山石因种类不同而形态各异。审美标准也要因石而异。人们经常谈论到的"言山石之美者，俱在透、漏、瘦三字"主要指湖石类山石的个体美，亦即特置湖石之美。因为湖石才具有涡、环、洞、沟的圆曲变化。"透"指水平方向对穿的孔洞。"漏"指竖向贯通的孔洞。"瘦"指山石形体颀长，体瘦而高，具有孤峙无依的情态。如果将其用于黄石类山石的评审则要贻笑大方。山石的形体一般可分为立、蹲、卧三种。

（2）皴纹

山石的最大区别在于是否有供观赏的皴纹，即《园冶》所谓"须先选质，无纹俟后"。掇山要求脉络贯通，而皱纹是体现脉络的主要因素。“皱”指较大块面的皱曲，而“纹”指细小、窄长的细部凹陷。因此才说：“皱者，纹之浑也。纹者，皱之现也。”研究岩石的学者称之为“节理面”。值得强调的是，山有山皱，石有石皱。山皱可与石皱统一，不同石皱亦可同掇为同一山皱。如经常见到的“大斧劈”是指与水平面垂直的峭壁，几乎成直角直上直下，犹如神斧劈截而成。

（3）质地

外观好的山石不一定都宜掇山。风化过度的山石在受力方面用处不大。质地的主要因素就是山石的比重和强度。如作为梁柱式山洞的石梁必须有足够的强度，有些强度稍差的片状石作石级或铺地用则没有危险性。质地的另一因素是质感，如粗糙、细腻、平滑、多皱等，都要根据匠心来筛选。

（4）色泽

掇山也很讲究色彩构图，不同类的山石固然色泽不一，而同类的山石也有色泽的差异，一般在运用时都要遵循“物以类聚”的原则，在统一中求变化，避免对比过于强烈而违反自然。

（四）布局取势

置石掇山的布局关系到整个园林的空间结构。在相地的基础上，掇山首先要考虑对用地现状取长补短，“随遇而安”，从“遇”中寻找因借的关系，以利用为造景依据，便是“俗则屏之，嘉则收之”。尽可能地保留原始地貌地势，尽可能地保留用地中的水源，并疏通水路，为下一步的山水布局奠定基础。置石掇山的布局要与周围自然山水相因借，山势、山脉与自然环境相契合，并尽量就地取石。在对现状有理性认知的基础上，设计者则要根据“立意”选择山体组合单元。不同的山体组合单元，相当于一篇文章的段落，而段落之间的连接与布局需要有一定的章法。造园如同行文，也需要有“起、承、转、合”等一系列的变化。只不过这种变在置石掇山中，是以具体的山水组合单元来进行表达，并以不同的单元连接成为一篇可观、可游、可抒情、可言志的文章。

第四节 置 石

石是对自然山的高度概括提炼，是自然精华之凝缩。石既是稳定凝固的，又是灵动变幻的。石在古代被誉为“千岁友”，由于其景观效果长久，且形式多样自由，并可由简单的形式体现深远的意境，正所谓“一拳知天地，顽石有乾坤”，所以被誉为天地之骨、园林之骨。

岭南园林中南越国时期“药洲”的景石，其设计模仿洲渚的自然景观特征，即使今天看来也不失为置石的佳作。在西汉名匠霍去病的墓中也发现了较早的置石。现存最古老的置石则为无锡惠山的“听松”石床，镌刻唐代书法家李阳冰篆“听松”二字。可见文人的鉴赏使置石有了灵魂。在我国古代园林的不同时期，置石的运用以及人们对置石的鉴赏，随着生产力的发展、人们欣赏水平的提高而发生了较大的变化。

由于置石主要以观赏为主，并结合一些功能方面的作用，作为独立性或附属性的造景布置，所以置石主要表现山石的个体美或局部组合而不具备完整的山形。置石一般体量小且分散，但尺度、纹理、造型、色彩、意蕴等方面的作用必须与周围环境相协调，充分发挥“因简易从，尤特致意”的特色。置石虽然以配景点缀出现或作为局部的主题、主景，但却是园林中一处独立的景观，可达到“片山有致，寸石生情”的境界。置石作为园林造景的要素，除供人观赏外，也可作为园林空间的障景，分隔组织空间。置石还可作为景点的铭刻石、指路石，起到为景观点题的作用。此外，置石还可作为分水石、挡水石、水边驳岸、花台、山石器设等，发挥实际功能作用。

一、石材

（一）湖石

湖石即由岩溶作用形成的石灰岩，在我国分布很广，只不过在色泽、纹理和形态方面有些差别。湖石这一类山石又可分为以下几种。

1. 太湖石

太湖石因主产于太湖而得名，色泽以白为多，少有青灰，黄色的更为稀少。质坚而脆，扣之有微声。洞庭湖西山消夏湾一带出产的湖石最为著名。洞庭湖一带为石灰岩地貌，湖水波涛长期冲刷侵蚀，使得石灰岩形成大小不同的孔洞，名为“弹子窝”。在湖水暗流常年通过之处，甚至会出现洞洞相连的景象，疏密相通，纹理纵横。

湖石在水中和土中皆有所产，尤其以水中所产者为贵，经浪雕水刻，形成玲珑剔透、纤巧秀润的风姿，色泽浅灰中露白，常被用作特置石峰，以体现秀奇险怪之势。产于土中之石，灰色中略带青色，性质枯涩少有光泽。在宋代，苏轼提出“石文而丑”。

“皱”字最得石之风骨。“皱”在于体现石的内在节奏感，与中国古代山水画的皴法有关。石之皱与水是分不开的，有皱即是有水的柔骨。《云林石谱》说太湖石“纹理纵横，笼络隐起”。以瞻园中的“雪浪石”为例。此石形态宛若一团浪花，四面皆可观。表面的褶皱富于动态，构图与方向均有虚实的变化，更增添了浪花滚动的效果。

“瘦”在孤势无依，“漏”在灵通，“透”在微妙玲珑，“皱”在生生节奏。只其四字俨然概括太湖石之美。

2. 房山石（北太湖石）

北方皇家园林的置石掇山，多选用出产于北京房山大灰石地区的石材。因其也具有涡、环、洞、沟等变化，与太湖石类似，因此亦称“北太湖石”。北方其他地区如河北、山东及太行山东部一带皆有所产。房山石也属石灰岩，但多产于土中，新出土之石呈土红、橘红、土黄、黄白色，时间一长表面带灰黑色。房山石形态较为圆浑、雄壮，多密集的小孔而少有大洞，质地不如太湖石脆，具有一定的韧性。房山石是清代中后期皇家园林掇山的主要石品，房山石掇山往往气势雄浑、连贯。现存的房山石掇山杰作主要集中于北海琼华岛、故宫御花园、承德避暑山庄、涿州清代行宫等处。房山石不仅可以用于掇山，而且还用于特置的赏石。最著名的要数如今置于颐和园乐寿堂中院内的“青芝岫”，其与原置于圆明园后移至中山公园的“青云片”并称“姊妹石”。

3. 灵璧石

灵璧石为世人瞩目，已有三四千年的历史。石为红土淤积渍满，采出后，当地人多用铁刀剔刮，要二三遍才能露出石色，再用铁丝帚和竹帚，加磁末刷至清润，敲击有金属声，石底所嵌渍的土，多难以除尽。灵璧石生在土中，形象险峭而空透，但其孔洞很少有曲折婉转的，须用斧凿加以修琢，使其形象得以完美。数百块中难得有一两块能得到四面有洞窍、奇峭而空灵者，选择奇巧处加以雕琢，取齐底部使平稳，可以陈设几案，也可制成盆景。

大型灵璧石可置于园林庭院，立石为山，但比较难寻。中型的灵璧石可点缀做小丘蹬道、河溪步石、池塘驳岸。小型者最多，主要作为斋室厅馆的清供，也可装点盆景，线条柔和，清润秀奇，富于变化。

4. 英石

英石因产于广东省英德市英德山一带而得名，广泛应用于岭南园林的置石掇山之中。英石的主要成分是方解石，分为水石、旱石两种，色泽有淡青、灰黑、浅绿、黝黑、白色等数种，以黑者为贵。水石从倒生于溪河之中的岩穴壁上用锯取之，旱石从石山上凿取。由于凿、锯而得，正反面区别较明显，正面凹凸多变，背面往往平坦无变化，若是选取得当，正反皆有可观，则为上品。英石一般为中小形块，但多具峰峦壁立、层峦叠嶂、纹皱奇崛之态，古人有“英石无坡”之说。由于当地岩溶地貌发育较好，雨水充沛，山石极易被溶蚀风化，故石表多深密褶皱，有蔗渣、巢状、大皱、小皱等状，精巧多姿，质坚而脆，扣之有共鸣声者为贵。

（二）黄石

黄石是一种带橙黄颜色的细砂岩，产地很多，以常熟虞山的自然景观为著名。苏州、常州、镇江等地皆有所产。其石形体顽夯，见棱见角，节理面近乎垂直，雄浑沉实。明代之后，黄石掇山开始在江南一带流行。黄石在风化过程中沿自然山体崩落，所以节理面为方形，形成凹凸有致的结构。在造型上，黄石可利用其自身特点仿效自然界山体的丹霞地貌或沉积岩山体中的自然风化景观。

明末黄石的使用是造园史上的大事件，从此黄石成了与太湖石并列的假山名石。与湖石相比，黄石立体感更强，光影效果强烈，苍劲古拙，与太湖石的柔美形成对比。为了表现两种山体的不同趣味，古代造园叠山家们常将这两种山石用于同园中不同区域，以示对比。如扬州个园四季假山中的夏山，以太湖石堆叠，而秋山则以黄石堆叠。苏州耦园东花园假山以黄石堆叠，而西部花园假山则选择了湖石结合建筑墙体的造型。黄石掇山一般用石较大，追求雄伟的气势。依照画理，通常为斧劈皴。在垂直肌理的岩壁间参差安置水平角度的岩层，形成棱线分明、层次丰富的山形。

（三）青石

青石与黄石在形态上颇为相似，见棱见角，也属于细砂岩一类。只是青石的节理面不如黄石规整，有相互垂直的纹理，亦有交叉互织的斜纹。北京西郊洪山口一带有所产，清代皇家园林掇山所用青石，为北京郊区所产，有方形节理者，亦有极薄的片状节理，称为“青云片”。青云片也有少量竖立作峰石者，但精品较少，现存北京白云观后花园内的青石假山堪称佳作。

（四）石笋

石笋为外形修长如竹笋的一类山石的总称，主要以沉积岩为主。这类山石产地颇广，出土时石皆卧于山土中，采出后可直立地上。由于石笋的形态与其他山石差异很大，一般不与其他石材混堆，多用于特置或布置独立小景。偶有特例，如紫禁城内御花园及宁寿宫花园中，将石笋嵌于其他石材之上，实为以其他卧置石料为底座，衬托石笋垂直挺拔的石质。常见的石笋又分为以下四种。

1. 白果笋

这是一种角砾岩。在青色的细砂岩中，沉积了一些白色的角砾石，犹如银杏树所产白果嵌于石中，由此得名白果笋。北方称“子母石”或“子母剑”。这种山石在我国各地园林中均有所见。

2. 慧剑

慧剑指色呈灰青色，片状形似宝剑的一种石笋。一般慧剑形体很高，可达数米。北京颐和园“瞩新亭”附近保留至今的慧剑，就高达三四米。

3. 钟乳石笋

将石灰岩经溶蚀形成的钟乳石用作石笋，以点缀园景，北京故宫御花园中就有用这种石笋做特置小品的。

4. 乌炭笋

顾名思义，乌炭笋是一种乌黑色的石笋，比煤炭的颜色稍浅而少光泽。如用浅色景物作背景，乌炭笋的轮廓就更加清新，可收到较好的对比效果。

（五）黄蜡石

黄蜡石因色艳亮如黄蜡而得名，产自岭南从化、清远一带溪水中，体态浑圆、顽拙，犹如卵石。黄蜡石虽表现为黄蜡油状，但其切面石芯部分为粉白或黄白色，实为石英石的一种。与湖石、黄石相比，别有一种风姿，广东园林中多用于特置观赏。清代著名文人梁九图在佛山建梁园，收藏了润滑如脂的大小黄蜡石十二块，置于园中，并为建筑取名为“十二石斋”。从此梁园也因奇石而著名，被称为岭南四大名园之一。

（六）其他石品

其他石品诸如木化石、松皮石、石蛋等。

1. 木化石

木化石古老质朴，常作特置或对置。

2. 松皮石

暗土红的石质中杂有石灰岩的交织细片，石灰石部分经长期溶蚀或人工处理后脱落成空块洞，外观像松树皮突出斑驳。

3. 石蛋

石蛋即产于海边、江边或旧河床的大卵石，有砂岩及各种质地。

二、特置

特置是指将形态奇特、皱纹特殊或体量较大的具有较高观赏价值的峰石单独布置成景的一种置石方式，又称“独置山石”或“孤赏山石”。园林中的特置山石与掇山一样，都来源于人们对自然的观察与感悟。自然界中就有许多天然形成的特置山石，例如承德避暑山庄附近有“磬锤峰”，高约 58 m，上大下小，孤峰云举，擎天拔地。磬锤峰不仅是避暑山庄南北向中点，也是山庄得景之源，其中的“锤峰落照亭”便专门借景于此峰石。

园林中大部分特置都由单块山石布置成为独立性的石景，石料本身具有良好的对比关系和完整的构图。特置的峰石常用作园林入口的障景和对景，也可将其置于视线的焦点处或道路的转折处，或是置于廊间、亭下、水边，作为局部空间的构景中心。特置峰石有立有卧，因石料的观赏特征而定，且布置的要点在于相石立意，相地选石，以及山石的体量与环境相协调。

此类特置山石可谓山石精品中的精品，在园林中常独立成景或作为园中局部景观的中心。此类特置不仅对山石本身要求极高，而且更重要的是观赏角度以及观赏距离的设置。围绕山石最佳观赏面，开展其他造园要素的布局，以突出山石之精美，将“片山有致，寸石生情”发挥到极致。

在特置山石的设计理法中，不仅对峰石本身如色泽、纹理、形态、动势等方面有较高的要求，更为重要的是要注重山石安放的位置和观赏角度，以及如何利用特置山石进行造景。设计者面对精美奇巧的峰石时，不仅要注重它的天然之美，更应将这种美寓于空间的营造中。

江南四大名石之一的冠云峰，完整地体现了置石设计中“要衡位置，特写形象”的要求。冠云峰为太湖石，峰高 6.5 m，现存苏州留园东部，是苏州最大的观赏独峰，以高居群峰之冠得名“冠云”。此石以瘦皱见长，透孔较少，可三面入画，背面有斧凿痕，峰顶似雄鹰飞扑，峰底若灵龟仰首。从石之西北望之，仿佛一尊送子观音，因又名“观音峰”。冠云峰倒影可收入“浣云沼”中，清风徐来，水中的石影宛如天烷，石之刚硬与水之柔美相互映衬，更体现出峰石奇巧、高耸之意趣。此为传统的以水衬石手法，是特置峰石中较为典型的做法。

特置山石虽为石中之精品，但自然天成之物，也会有不尽如人意的瑕疵。在应用此类山石做特置以造景时，要将其最佳观赏面朝向视线主要方向，彰显峰石的优点。同时也可利用其他造园要素掩盖、遮挡或弥补峰石的缺陷。以达到“选面定向，彰优止劣”的目的。例如南京瞻园在中华人民共和国成立后重修，并开南入口。在入口空间处布置了一块特置山石，名为“仙人峰”。山石本身并非极品，但在布置方面却以“选面定向，彰优止劣”的手法，很好地达成了造景的目的。

在古代园林中，常用特置山石代替照壁，作为入口空间的屏障或对景。石虽一两块，但布置起来却要综合考虑诸多因素。如何使特置山石与用地性质以及周边景物的特征相协调，如何利用山石前的框景和山石后的背景达到突出主题的目的，如何把握特置山石所处空间的尺度和观者视距的比例关系，等等，都是布置特置山石需要考虑的具体问题。

三、对置

对置指沿某一轴线在两侧对应布置山石。其在数量、体量、形态上无须整齐划一，其形态应各异，但要求相互呼应，并注意在构图上应讲求均衡。多在建筑物前两旁对称地布置山石，以陪衬环境、丰富景色。

四、散置

散置，也称“散点”，是仿照岩石自然分布和形状而进行点置的一种方法，即所谓“攒三聚五”“散漫理之”。这类置石对石材的要求不像特置那样高，但更侧重多块山石的组合效果。小散点指多块山石的分散布置，基本不掇合；而大散点又称“群置”，是掇石成组，以组为单位做散状布置。岭南佛山梁园的十二石斋散置可谓山石小散点的代表。当年梁园又名“群星草堂”，整座园林以石取胜。其中的十二石斋为黄蜡石散置构成的石庭。园主因腿脚欠佳而不能游乐于山水，特收集山石置于庭中聊以自娱，无论大、小散点其设计原则基本相同，均要依托地形、建筑、园路或植物，呈现出有动势的散点，以散为形，散中有聚，即“形散神聚”。几块石相组合时要求有聚有散、有断有续、主次分明、高低曲折、顾盼呼应、疏密有致、层次丰富。此外，还要遵循“三不等”原则，即石之大小不等、石之高低不等、石之间距不等。

此外，散置峰石的设计重境及意境相统一，两者相辅相成，不仅是对山石本身的观赏，更为重要的是要与周围环境融为一体。例如苏州怡园听琴室，其旁庭院散置之石可谓“景”成点以“境”出，堪称散置中的佳例。听琴室是园主抚琴听音之所，庭院中的置石也呼应了这一主题。两石立置，宛若俯首聆听的知音，很有宋徽宗赵佶《听琴图》中的意境。一人居中抚琴，两知音分坐在两旁，一个俯身恭听，一个袖手闭目，反映了园主“与石为伍”的情怀。

五、群置

群置又称“大散点”，它在用法和要点方面基本上同散点是相同的。不同之处是所在空间比较大。如果用单体山石做散点会显得与环境不相称，因此便以较大量的材料堆叠。

每堆体量都不小，而且堆数也可增多。但就其布置的特征而言仍是散置。只不过以大代小、以多代少而已。北京北海琼华岛南山西路山坡上有用房山石做的群置，处理得比较成功，不仅起到了护坡的作用，同时也增添了山势。山水画中把土山上露出的石头称为“矾头”，用以体现山石之嶙峋。

六、山石与其他景素的配合

（一）置石与建筑结合

以山石来陪衬建筑，目的是减弱建筑的人工气息，增添环境的自然氛围。用少量的山石在建筑合宜的部位进行装点，使建筑仿佛建在自然的山岩上。虽然所置山石是在建筑建成之后加以点缀的，但看起来仿佛是先有岩石而后有建筑，山石在这里所表现的是自然山体之一角。按照山石与建筑的不同结合方式，可分为以下几种。

1. 抱角和镶隅——依托自然，若自山起

由于建筑的墙面多成直角转折，而转折的外角和内角都比较单调、平滞，所以在古代园林中常以山石来点缀建筑的墙角。在外墙角，山石成环抱之势紧包基角墙面，称为“抱角”。在墙内角则以山石填镶其中，称为“镶隅”。经过这样的处理，原本是在建筑角隅处包了一些山石，却使建筑仿佛坐落在自然的山岩上。抱角和镶隅的设计要点在于，山石的体量均须与墙体以及墙体所在的空间取得协调，且山石必须与墙体密切吻合，并且要注意露出山石的最佳观赏面。一般情况下，大体量的建筑抱角和镶隅的体量应较大，反之，宜较小。在承德避暑山庄外围的外八庙中，为了衬托藏式建筑与环境，体现宗教色彩，山石抱角掇合成山。此种做法在颐和园万寿山北侧的香岩宗印之阁与北海永安寺中均有出现。

而江南地区的私家园林建筑及环境形制较小，山石抱角也相应地显得玲珑精巧。例如，同里退思园中的“闹红一舸”为一船舫建筑，置于船头处的湖石抱角延伸至建筑的两侧。石料掇合接形合纹，翻转腾挪，仿佛船行驶在水中时翻起的白色浪花，既烘托出建筑的动势又点缀了水面，使坐落于规整式花岗岩“甲板”上的建筑平添自然气氛。山石抱角的处理与建筑紧密结合，随地形及环境的变化曲折高下。例如北海静心斋庭院中沁泉廊的山石抱角，与驳岸相结合，过渡自然。

镶隅可为单独的山石，也可用山石与墙壁自然围成一个空间，形成小花台，再配以植物，使本来呆板、僵硬的直角墙面显得柔和而生动。例如，现苏州拙政园入口，利用两边的墙隅均衡地布置了两个小花台，山石和地面衔接的基部种植书带草，北隅小花台内种紫竹数竿。在山石的衬托下，构图非常完整。虽用石量很少，但造景效果很突出。表现出山石小品“以少胜多，以简胜繁”的造景特点。镶隅的山石处理不但可以弥补建筑及空间的死角，而且可以很灵活地成为环境的点睛之笔。例如，网师园中“殿春簃”小院的镶隅，构思十分灵活巧妙。院呈长方形，主建筑坐北朝南，与院西墙的半亭“冷泉亭”形成对景。“冷泉亭”得名于南侧的“涵碧泉”。庭院西南角的镶隅便与泉结合在一起，做成下沉的小潭。使观者自庭院中南望，但见角落上的山石镶隅却不见泉。直至院南端，通过踏跺迂回引观者下于泉边，并见西侧山石掇叠成假山，上有题刻“涵碧泉”。由于殿春簃东侧的大园中有池水，而小庭中却点水全无，从水陆虚实的对比来看，又嫌太实了一些。为此，造园者在西南墙隅下掘地得泉，因泉水晶莹透彻，名之为“涵碧”，取宋代朱熹“一方水涵碧”的诗句。这水景虽然只是很小的一点，但弥补了小园无水的遗憾，有此一点，全园生动。用山石将水景与镶隅的处理相结合，使平滞的角隅化为下沉式的自然泉潭，变生硬为柔和，化“地”为水中“天”。同时，使相对独立的庭院与园中之水体相互呼应，仿佛园内外之水一脉相承，也使大园之水更显深远。

2. 踏跺和蹲配——强调入口，丰富立面

由于中国古代园林建筑多建于台基上，出入口处需要有台阶衔接，常用自然山石做成踏跺，用以强调建筑出入口，并丰富建筑立面。它不仅有台阶的功能，而且有助于处理从人工建筑到自然环境的过渡。用太湖石制成的踏跺又称为“涩浪”。当游人出入量较大时可采用苏州留园“五峰仙馆”那种分道而上的办法。许多踏跺为使建筑与环境过渡更为自然，台阶由上至下，最后一阶会深埋浅露。

蹲配是常和踏跺配合使用的一种置石方式，可用来强调作为建筑明间的入口并丰富建筑立面。从实用功能上来分析，它兼具垂带和门口对置的石狮、石鼓之类装饰品的作用，但又不像垂带和石鼓那样呆板。它一方面作为石级两端起支撑作用的梯形基座，另一方面又可以由踏跺本身层层叠上而用蹲配遮挡两端不易处理的侧面。在保证这些实用功能的前提下，蹲配在空间造型上则可利用山石的形态极尽自然变化。所谓“蹲配”，以体量大而高者为“蹲”，体量小而低者为配，即主石为“蹲”，客石称“配”。实际上除了“蹲”以外，也可“立”可“卧”，以求组合上的变化。可为多块石料掇合而成，亦可为单块石料独立成景，但要求在建筑轴线两旁有均衡的构图关系。位于北海琼华岛酣古堂入口垂花门处的山石踏跺与蹲配，可谓山石与建筑结合的设计佳作，左侧为卧势，右侧为立势，与踏跺紧密结合在一起，分置入口两侧。地处空间局促，所以蹲配的比例和尺度并不大，但与垂花门十分协调，并且踏跺与月洞门的台阶自然过渡，使两处空间十分自然地联系在一起。

踏跺与蹲配的山石布置方式十分灵活，可用多种山石为之，但仅限一种石品。湖石、黄石、青石各有异趣，设计师应根据建筑特色选择合适的石品并充分发挥石品的特色。

3. 山石云梯——依托环境，造梯如云

由于我国古代文人认为“云触石而出，肤寸而合”，《诗经》中也有“山出云雨，以润大下”的记载，所以园林中很多置石的命名都含有“云”字，而掇山又被称为“堆云”。在中国古代园林中，对于高层建筑常用自然山石掇合成室外楼梯，既可节省室内建筑面积，又可结合环境形成自然山石景观。自然山石楼梯又称为“云梯”，云梯的设计与布局不仅要满足实用功能，更为重要的是有造景的作用。所以设计中最为忌讳的是将山石云梯孤立、暴露于周围环境之外。好的山石云梯设计与环境紧密结合，组合丰富，变化自如。例如，避暑山庄宫殿区最后一进“云山胜地”为两层建筑，东侧有黄石云梯从梢间登楼，先自西入向东转北而上。山与楼之间尚有间隔，以小石桥衔接。原庭院中有廊自东引入，云梯东面便成为廊中的对景。这种做法的山石云梯相对独立，在庭院中自成一景。

另一种做法是将山石楼梯的主要部分依托墙面。例如苏州网师园的山石云梯。云梯呈曲尺形，南、西两面贴墙，登临梯口数步转为“休息平台”，再西折而上，云梯与楼之间有小天桥衔接。梯之中段下收上悬，把楼梯间的部位做成自然的崖，突出虚实变化。由于云梯所占空间较小，所以为了减少云梯基部的山石工程量，往往采用大石悬、挑等做法。此外山石云梯的起步部分常向里收缩。在阶梯之外，常用山石遮挡大部分视线。同时，山石云梯也可与花池、花台、山洞等相结合自然过渡到环境中。

4. 壁山——粉壁为纸，以石为绘

壁山实为粉壁置石，即以墙作为背景，在面对建筑的墙面、建筑山墙或相当于建筑墙面前基础种植的部位做石景或山景布置，因此也称“粉壁理石”。壁山体量可大可小，大的壁山可由多块石料掇合而成，小的则类似于置石，但比置石的层次要多。在江南园林的庭院中，这种布置随处可见。有的结合花台布置和各种植物布置，式样多变。苏州网师园梯云室北部庭院中的粉壁置石可谓典型。右石为主，左石为辅，主石回望，辅石朝揖，两峰呈顾盼之势，结合花台布置，十分和谐。在粉壁正对庭院主建筑轴线的位置镶有题刻“香睡春浓”，此处粉壁置石虽为近现代修建，但峰石与粉壁及整个庭院的关系较为协调，堪称佳作。

5. 廊间山石小品——扩大空间，尤特致意

在园林中，廊不仅仅是功能性的建筑物，而且可以使游人从不同角度去观赏景物，争取园林空间的多样变化。廊的形式多种多样，有时平面上曲折回环，使得廊与墙之间形成大小不一、形体各异的小天井空间。在此，便可以充分发挥山石小品“因简易从，尤特致意”的造景特色，进行“补白”，使之在很小的空间中组织游人视线，富于层次和深度的变化，从而扩大了空间的感觉。同时，廊可引导游人按设计的顺序进行浏览，还能丰富沿途的景色，使空间小中见大。

苏州留园入口的设计虚实变幻、收放自如，具有欲扬先抑的作用，历来为园林界人士称道。其中“古木交柯”与“华步小筑”两组廊间山石小品，成为入口处的点睛之笔，营造出明暗交替、曲折巧妙的空间序列，引人步步深入。由园门进入，经过一段曲折晦暗的曲廊达到古木交柯，透过北墙上图案各异的六个漏窗，园内景色可窥一斑。然后向西转到“绿荫”，则豁然开朗，山池亭榭尽现眼前。华步小筑为绿荫轩南侧小院，与古木交柯以地穴相通。透过绿荫的屏风，华步小筑中的幽蔽山石小品与园中开朗的景色形成对比与衬托。两处廊间山石小品都较为简洁，在局促的空间中结合植物，打破墙面的单调，引导观者的视线，具有引人“渐入佳境”的作用。

6. “尺幅窗”与“无心画”——内外渗透，以景入画

在中国古代园林中常用“尺幅窗”与“无心画”的形式，通过破实为虚的手段，求得视觉效果和观赏心理上的扩充感和无尽感，从而使内外空间相互渗透，丰富小空间的内涵。而山石又常常是“尺幅窗”与“无心画”的表现内容，使不同空间内的景色互相渗透。这种手法是清代李渔首创，他把内墙上原来挂山水画的位置开成漏窗，然后在窗外布置竹石小品，使景入画。这样便以真景入画，较之画幅生动百倍，故被李渔称为“无心画”。

“尺幅窗”成为“无心画”的框景，使观赏者原本可能漫不经心走过的地方，却因为透过一层门窗、洞口而看到，同时产生一种赏画的专注与想象，无形之中扩展了空间。并且，观赏者无意中发现“尺幅窗”中的“无心画”时，会不由产生“悠然心会，妙处难与君说”之悦。苏州拙政园枇杷园中嘉实亭一景，便可谓“尺幅窗”和“无心画”的典型。亭为一方亭，三面通透，只一面粉墙中开方窗，透出亭外特置的山石及修竹，“犹抱琵琶半遮面”般地只截取了山石最适宜观赏的部分。窗两侧悬集联“春秋多佳日，山水有清音”，上横有隶书匾，款署“徵明”，系仿文徵明字体。亭中的“尺幅窗”与亭外的山石植物构成了“无心画”，加之楹联题刻，使置身于亭中的观者引发无限联想。亭子本身紧依围墙，但这一造景手法的利用无形中扩大了空间的深远

感。

（二）置石与植物结合

在园林中为了为植物创造良好的生态条件，以及为游人提供适宜的观赏高度，常用自然山石堆叠挡土形成花台，其内种植花草树木，并用花台来组织庭院中的游览路线，或与壁山、驳岸、置石相结合，在规整的空间范围内创造自然、疏密的变化。花台有高出地面亦有与地面几乎等高两种，在江南地区常用前者。由于这一带地下水位偏高，而人们又有栽植牡丹的嗜好。由于牡丹需种植在排水良好的土壤上，故用山石花台抬高种植土壤，以利于排水。而在北方，由于地下水位较低，土壤偏干，则可做成较低或低于地面的山石花池。所以山石花台的作用首先是降低地下水位，为植物生长创造条件。其次，可以将植物种植到合适的高度，以免观者躬身观赏。再者，山石花台的设计没有定式，形体可随机应变。小可占边把角，大可掇合成山，花台之间的铺装地面即成自然形式的路径，所以庭院中的游览路线就可以运用山石花台来组合。

（三）山石器设

山石器设即以山石做家具或陈设，常见的有石榻、石桌、石几、石凳、石栏、石水钵、石屏风，等等。不仅可坐可卧，还有造景的功能。山石器设是我国造园艺术中的传统做法，不仅有实用价值，而且还可与环境及造景密切结合。主要布置在有起伏地形的环境或林间空地等有树庇荫的地方，为游人提供休息场所，而且它不怕日晒雨淋，不会锈蚀腐烂，可在室外环境中代替铁、木等材质制作的椅凳。山石器设在选材方面与假山用材不相矛盾。一般接近平板或方墩状的石材在假山堆叠中可能不算良材，但作为山石几案却非常合适。要求石料只要有一面稍平即可，不必进行细加工，而且在基本平的面上也可以有自然起伏的变化，以体现石料自然的外形特征。此外还应根据器设的用途来选择材料，如作为几案或石桌的面材，则应选片状山石，有较为平整的一面，如作桌、几的脚柱，则要选敦实的块状山石，如果是用作香炉的，则应选孔洞密布的玲珑山石。

山石器设可以随意独立布置，也可结合挡土墙、花台、驳岸等统一安排，远观是山石景，走到近处则可自然入座。最可贵处在于，不经意间满足了造景及实际功能。虽有桌、几、凳等之分，但在布置上却不一定按一般家具那样对称摆放。理想的山石器设应是一种无形的、附属于其他景物的置石，不仅要实用，同时要成景，还要打破人工化家具陈设的规则形体而代之以自然山石景物的形象。

第七章 风景园林的水体设计

第一节 水资源

人类自古喜欢择水而居。水对中国园林来说是不可或缺的一部分，是构成园林的基本要素之一。水的一些自然属性在园林中能呈现一种独特之美。自然之水形态万千，园林对于自然水体的模仿与穿引也存在着各种不同的形态，水是园林流动的血液，因为有水，园林便有了生命。以“再现自然式山水园”为主要特征的中国古典园林，是世界园林艺术的宝贵遗产，其丰富的理水手法和浓厚的文化底蕴为世人所赞叹。

一、水体基本形式

自然风景中的水体，如江湖、溪涧、瀑布等具有不同的形式和特点，为中国传统园林理水艺术提供了创作源泉。传统园林的理水，是对自然山水特征的概括、提炼和再现。各类水的形态表现不在于绝对体量接近自然，而在于风景特征的艺术真实；各类水的形态特征的刻画主要在于水体源流，水态的动、静，水面的聚、分，符合自然规律，在于岸线、岛屿、矶滩等细节的处理和背景环境的衬托。运用这些手法来构成风景面貌，做到“小中见大”“以少胜多”。这种理水的原则，对现代城市公园仍然具有可借鉴的艺术价值和节约用地的经济意义。

模拟自然的园林理水，常见类型有以下几种。

（一）泉瀑

泉为地下涌出的水，瀑是断崖跌落的水，园林理水常把水源设计成这两种形式。水源或为天然泉水，或为园外引水或人工水源（如自来水）。泉源的处理，一般都做成石窦之类的景象，望之深邃幽暗，似有泉涌。矿泉是重要的旅游产品资源，温泉是休疗养的重要资源。自然界中瀑布是高山流水的精华所在，瀑布有大有小，形态各异，气势非凡。丰富的自然瀑布景观也是人们造园的蓝本。瀑布有线状、帘状、分流、叠落等形式，主要在于处理好峭壁、水口和递落叠石。水源现在一般用自来水或用水泵抽汲池水、井水等。苏州园林中有导引屋檐雨水的装置，雨天即能观瀑。

（二）潭

潭乃深坑也，小而深的水体一般位于泉水的积聚处和瀑布的承受处。园林之内的深潭岸边一般不用土坡，宜做叠石，光线宜幽暗，水位宜低下，石缝间配置斜出、下垂或攀缘的植物，上用大树封顶，造成深邃气氛。例如，在无锡寄畅园秉礼堂一侧的水面和苏州听枫园内半亭下面的水面都是潭渊水景。再如苏州三元坊沧浪亭内御碑亭下侧的小山谷，体量虽小，但人站在其侧却有如临深渊的感觉。还有苏州环秀山庄内的“半潭秋水一房山”亭子一侧的小潭、杭州西泠印社内林荫庇下的小潭印泉和无锡寄畅园内八音涧下的写意小潭，设计都非常巧妙。

（三）溪涧

涧，在《园冶》中的解释为流经两山之间所形成的带状水面。水面狭而曲长，多弯曲以增长流程，显得源远流长且绵延不尽。多用自然石岸，以砾石为底，溪水较浅，可数游鱼，又可涉水而行。溪涧两岸树木掩映，表现山水相依的景象，如寄畅园的八音涧。溪涧通常做成石岸深沟，暗流低潜，曲折多变，以形成幽静深远的意境，如留园的水涧。曲水也是溪涧的一种，绍兴兰亭的“曲水流觞”就是自然山石以理涧法建造而成的。

（四）河川

河流水面如带，水流平缓，在园林中常用狭长的水池来表现，使景色富有变化。河流可长可短，可直可弯，水面时宽时窄，窄处可架桥，起收束视野的作用；宽处可行船，使视野开阔。这样，便产生忽开忽合、时放时收的节奏变化。从纵向上看，河流迂回曲折，能增加风景的幽深感和层次感，特别是与山石相结合而使之穿山越谷，则更有情趣。河流的驳岸多选择土岸，搭配适当的植物；也可通过设置假山插入水中形成“峡谷”，两旁还可设临河的水榭等，局部采用平整条石以做驳岸或台阶，如北京颐和园后湖、扬州瘦西湖等。

（五）湖池

湖池在中国古典园林中是运用最多的水景典型。湖泊是指较大的成片汇聚的集中式水面，常出现于占地面积较大的皇家园林之中。通常是利用天然存在的水体经过人工改造而成。因其相对空间较大，常作为全园的构图中心。湖泊水面较大，因而能通过周围景色形成湖面的背景，并借助周围景色的倒影形成映射景，凭借地势，就低凿水，掘池堆山，岸线模仿自然曲折，或为土池岸散置自然山石，或完全采用自然山石叠筑池岸，再辅以山石、花木、建筑等，使整个湖区览之有物。水面常用岛屿、矶滩、步石、桥梁、堤堰等加以分割，刻画出典型的湖泊风光，以形成大小不同、形态各异、层次分明、主次有别的水域空间，如杭州西湖、北京颐和园的昆明湖等。池塘也是成片汇聚的水面，不过体量较湖泊小。池塘由于水面普遍偏小，因此形式没有太多变化，不会在水面上修葺岛、桥梁来分隔水面。驳岸多采用石条、块石或片石堆砌成整齐的形式，很少用山石修饰。水中多种植荷花、睡莲等观赏植物或放养观赏鱼类，再现林野荷塘、鱼池的景色。如苏州拙政园东园西南角的涵青池、北京颐和园中的谐趣园等。

二、水体基本功能

水是大地景观的血脉，是生物繁衍的条件。人类对水有着天然的亲近感，水景是自然风景的重要因素。它能提供消耗、具有灌溉的作用、对气候进行调节、控制噪声以及具有观赏的功能。水在中国古典园林和现代园林中所起的作用，一般归纳为以下几点。

（一）导向作用（引导作用）

景区内各个景点以水面、水系相连接，游人顺着水的方向欣赏美丽的景色。

（二）分隔作用

为避免单调，不使游客产生平淡的感觉，常利用桥、岛、堤等将水体分隔成不同情趣的观赏空间，拉长观赏路线，丰富观赏层次和内容。

（三）点缀作用

一个水面在园林规划设计中常常能起到画龙点睛的作用，通过水体的设计使整个景区充满了生机和活力，水的点缀使景色更加迷人和多姿多彩。

（四）倒影作用

水面可以产生倒影，由于水的深浅不同，水底及壁岸的颜色不同，可以呈现出不同的倒影。水面波动时，会出现扭曲的倒影；水面静止时，则出现宁静的倒影。水面的倒影作用，增加了园景的层次感和景物构图的完美性。

（五）基底作用

大面积的水面可作为池岸和水中景物的基底，从而产生天空及远景的倒影，扩大和丰富空间。

（六）连接作用

水面可以连接众多景点，产生整体感，使散落的景点统一起来。

（七）综合作用

利用整体的小环境设计手法将形与色、动与静、秩序与自由、限定和引导、分隔与倒影等园林作用综合在一起，从而产生令人意想不到的景观效果。

三、风景价值

城市中的水体以其活跃性和穿透力而成为景观组织中最富有生机的元素。由于江、河、湖、海的冲蚀作用，滨水区常常形成沱、坝、滩、沮、洲、矶、渚等特殊形态的场地，这些场地也成为城市中重要的景区、景点。天然的地形、地貌在水体的声、光、影、色的作用下与城市灿烂的历史文化精粹相结合，形成了动人的空间景观。然而在人类活动的作用下，滨水区不仅是单纯的物质景观，更是城市中的文化景观。

人们除了维持生命需要水之外，还有观水、近水、亲水、傍水而居的天性。人类对水的亲和与关注，使水与社会文化意识结下了不解之缘，使古人领悟了许多智慧的哲思，孔子所言的“智者乐水”道尽了对水的理解，可以说“水是中国人智慧的催化剂，是中国人精神生活的源头，是中国人一切文明的原动力”。而以水咏志的诗句更赋予它至善至美的性格和生命的象征，有关水与漂泊、水与归家、水与失意、水与心境的诗词，则给人们无穷的联想与启示，使水体获得了一种文化属性。

因此，滨水区不仅作为物质资料的设计对象而且作为文化灵魂的载体存在于城市之中，它集中体现了城市深厚的文化底蕴和丰富的物质文明。滨水区的景观，是人类的生活理想和创造能力在自然水环境中的凝结化和形态化，是人与水的结合点，是人类在自然风物中倾入的情感结晶。

第二节 水景艺术处理手法

水是构成园林空间非常重要的因素之一。借水的形态，在有限的空间中展现大自然之风貌；借水的形象，使园林空间得到情与景的交融；通过水体的组织，展现空间的层次与序列。

一、衬托手法

随着城市化的发展，城市用地日益紧张，可用于景观建设的空间极为有限。但只要善用水来衬托，就能使景观有所延展，为水景空间提供开阔的视野。衬托手法在园林水景设计中常见的方法有以下三种情况。

（一）以大水面包围建筑物

以大水面包围建筑物，是构成水景开敞空间的常用手法。大水面使人的视野为之开阔，登楼远望，水面上阴晴雨雾的变化可激发出观赏者的各种想象。历来许多深受人们推崇的观赏亭、望海楼及园林中的临水建筑，都以大水面环抱建筑并以水景得名。

（二）建筑群环抱水面

建筑群环抱水面，形成闭合空间，使人感觉静谧、亲切。通常以中小型规模的庭院为主，其特点是：把水池作为整个园林的中心，模拟大海、湖泊或者池塘等自然景观开阔且平静的水面，可以使人产生心旷神怡的感觉。然后把建筑环列水池四周，使其形成内聚向心的格局。特别是小型园林，采用这种布局形式可以使园内的有限空间产生开朗幽静的感觉。园中水池多采用山石营造出自由曲折的驳岸，极具自然情趣。

（三）大水面中建筑群的穿插

大水面中建筑群的穿插能使空间产生流动、渗透的效果。这是一种将水体化整为零的手法，用河渠等将大面积的水域划分成多个相互联通的小水域，给人造成一种水体无源无终、深邃藏幽、不可穷尽的感觉。大的水面若没有河流连接则显得没有生机，会给人一种一潭死水的感觉，若将水体的一角设置成一弯细流，再折入山石之间或者临水建筑的基座之下，人们就会觉得水是从某处引来的，有了源头的水就富有了生气。

二、对比手法

对比手法是将两种特性截然不同的事物放在一处，造成反差来突出表现的效果。水景设计中，常利用水的形、声、色等和他物形成对比。如水依山势流淌山石间，水的柔对比山石的刚，和谐共济。如静水中放养游鱼，鱼的动对比水的静，尤其突出水景幽静的氛围。反过来，瀑布与周边静寂的环境也可形成对比，雷鸣般飞泻而下的水流，撞击瀑下深潭发出的轰鸣，与周围静谧的环境形成对比，一动一静，更能表现瀑布磅礴大气的动态美，如庐山三叠泉瀑布。还有水景中常采用虚实对比手法，利用水倒影景观，形成水中的虚景对比景观的实景，虚实结合相映成趣。

建筑给人的印象是坚固耐用，是一种刚的体现；而水无形无相，体现的是一种至柔。在建筑空间中引入水体，其本身就是一种刚柔的对比。以建筑之刚、水体之柔互相对比，相互融合，同时以水体之柔弱化建筑之刚，丰富空间的形象。建筑空间与水体互相包容，形成一种协调统一的空间形象。利用水体的动态与建筑的静态相对比，能增加传统建筑空间的活跃气氛。利用建筑空间与水体开合、聚分的对比，是组织建筑空间的常用方式。例如，在建筑空间中，利用宽阔的水体形象，与建筑空间对比，可以赋予建筑空间发散性。

延伸建筑的空间感：在建筑空间的内部，引入涧、溪、泉、瀑或溪流等水体，可吸引人们的注意力，增加空间集聚力。在建筑创作时，可以从传统建筑的空间组织中吸取经验，运用水体与建筑形成对比，创造具有特色的建筑空间。

另外，在利用水体组织空间时，水体的自身也可以形成鲜明的对比，形成开阔或窄小的空间环境。如利用水体可塑性强，形成规则水面与自然水面的对比。在面积较大的水面中，常在水中布设岛屿，岛屿上修建建筑，通常岛屿位于湖面的一侧，而不会位于水体的中心部位，这样由岛屿把湖面分为大小不同的两部分，借小水面来衬托大水面的辽阔。例如北海公园与颐和园就是这种对比手法的典型代表。在布设溪流时，溪流时而宽、时而窄，也是一种空向的对比。

由于水体的可塑性较强，因此可以创造出不同的空间形态。例如北海静心斋，由前后两个院落组成，前院呈长方形，较为规整；后院为一横向展开的、不规则的形状。在设计时，利用前院的形状组合成为较为严整的院落空间，在院落中布设为矩形的水院。而在后院，利用院落的自然形状灵活布局，形成自然、曲折的水池，树木繁茂、山石林立，一片自然风貌。与前院的规则空间形成鲜明的对比，由前院进入后院，空间形态顷刻转变，令人感到强烈的空间变化，仿若由人工的环境进入了大自然，一种强烈的自然气息扑面而来。规整水体与自由水体之间形成对比，不同的空间形成对比，水体与建筑形成对比，对比与竞争无处不在，但又和谐统一，共同营造出个性鲜明的空间形象。

三、借声手法

水景除了给人视觉上直观的感受外，水声也能给人听觉上的享受。当水在流动时，会因为水体的涌动、地势的跌落、岸石的撞击以及水花的飞溅而产生美妙的声音。自然界中的水声多种多样，有的犹如窃窃私语，有的清新欢快，有的喷薄爆发犹如咆哮，又有的声如天籁静抚心灵。优美的水声可以涤荡人的心灵，使人们忘记烦恼，愉悦心情。滴水成音衬出的寂静、瀑布轰鸣的大气、暗泉涌动给人的难以捉摸的感觉，未见其形先闻其声，给人充分的想象空间，还能够塑造出“蝉噪林愈静，鸟鸣山更幽”的效果。

声音在空间环境中也是一种改善空间形象、引人遐思的要素，在传统建筑空间中常常利用水流、瀑布、涌泉等声音来丰富空间形象。巧妙地利用水声可以产生惊人的空间效果。如广州双溪别墅中的“读泉”和白云山庄旅社的“三叠泉”，都是借助叮咚的涓滴泉声来增添室内清幽宁静的艺术气氛。瀑布的声音壮烈激昂，令人热血沸腾；但瀑布水流小，变成水珠一滴滴下落时，又是另一种感受，声音清脆，引人遐思。在建筑空间中引入滴水，水珠下落如珠落玉盘，清脆悦耳，水珠四溅，烘托了空间意境，并产生音乐般的美感。

四、点色手法

水自身是无色透明的液体，但在光的作用下会和水体四周的环境形成反射，会对水底的植物形成折射或因水中微生物而呈现彩色。水在光的作用下，可以反射岸边的建筑、假山、花草以及天空等，形成美丽的倒影，呈现不同的颜色。水是透明的，人们可以透过水看到水中鲜艳的游鱼、绿色的水草、彩色的石头等；水面在微风的作用下会变得波光粼粼；拍打水面会泛起白色的水花；特定的天气里水面上还会腾起白色的水雾，云雾缭绕仿佛仙境；在阳光的作用下，瀑布上方还会形成彩虹，五彩缤纷。这些都是水色带来的优美景致。水的色彩在园林中往往能够带来别样的景致，甚至能够成为点睛之笔。

五、光影手法

水无色透明的物理性质决定了其光影特色，水反射光线，在微波荡漾的水面形成粼粼的波光，在平静的水面形成镜面反射，在水中形成倒影。利用水反射光线的特性，把光线反射到墙壁、天花板等建筑围合物上，可以照亮环境，美化空间。水的光影手法在传统建筑空间水要素设计中常被采用，利用水的光影效果可以创造变幻莫测的空间效果。特别是在夜间，绚丽的灯光、漂亮的建筑倒映在水中，晶莹剔透、美轮美奂，丰富了空间效果，产生了别样的视觉美。

水景利用光线产生的光影效果，主要分为以下三类。

（一）波光

水面波动，散射光线可产生波光。设计常采用各种手法使水面波动，如利用风、喷泉、涌泉、瀑布等，以使水面产生波光粼粼的效果。

（二）效果灯光

随着灯光技术的发展，各类效果灯光不断推陈出新，水面、水下均可设置彩灯，配合喷泉多变的水流，营造出五彩缤纷的效果。

（三）反射光

强烈的反光使水面看似蒙上了一层神秘的面纱，带有朦胧的美感，且增强了空间的亮度，映射到周边景观上，构成闪亮、浮动的光影效果。

六、贯通手法

水具有流动性。在人的印象中，一个水体是连续的，不可斩断的，故而在建筑设计中常利用水体的流动性组织空间。在建筑空间中，一般利用线性水体，对空间序列进行组织，起到贯通空间的作用。在古典园林中，线性水体连接面状水体，同时利用线性水体本身组织的线性空间贯通其他的面状空间，使得各个空间相互连通，成为一个整体。引外空间之水入内空间，水作为媒介贯通了内外空间，增加了空间的层次。

七、藏引手法

藏引手法是中国古典园林中理水技法的一种引申。溪流是组织空间的一种重要手段。

在中国古典园林中，溪流与建筑结合有收有放、有显有隐。合理地处理溪流的显隐，能够增加空间的纵深，增添空间的趣味与意境，达到“庭院深深深几许”的境界，引起人们探索空间的欲望。在处理溪流的显隐时可以隐藏溪流的源头，暗示溪流之长不可寻其源，从而引起人们的探索欲望；可以使溪流曲直变幻，增加空间的层次；利用水面大小的变化、宽窄的开合形成水面的集散，使得水体有所变化，显示空间的层次，使水体有流有滞，变化万方，避免水体像灌溉用渠一样，宽窄一致、平淡无奇。在建筑创作中，为使有限的建筑空间达到空间丰富、层次分明的效果，常常采用这种手法，以水来组织空间转换。

中国古典园林在处理水体时，要藏引得法，忌方池一片。藏源是指对水源头做隐蔽处理；而引流则是曲折引流，宜曲不宜直；集散即水体开合穿插，既展现水体主体空间，又引出水体的深度。在水源的处理方式上，古代造园家一般是通过将园林引水口与艺术表现的“源流”合二为一。通常来说，水源被隐藏于深邃之处，通过架设桥梁、设置叠石并伴以花木以加强空间的深远感，形成“源流脉脉”的意境。

第三节 水体设计

一、自然式水体

（一）湖池

湖池一般是指园林中较大的水面。根据水域面积大小，湖池的水体设计需要注意小水面以聚为主，而大水面则可以利用岛、桥、建筑等进行分割。

1. 小水面

在中国古典园林中，常常在中央设置一个较大的水面，边角附一两个小水湾。如苏州的网师园。网师园中央的水池大小与四周所留地面均较为适当，水面以聚为主，池岸略近方形，但错落有致，既开朗宁静，又有山石、绿化与之呼应陪衬，展现了一派野趣。在水池的西北角和东南角分别做出水口和水尾，并架桥跨越，隐喻了水的来龙去脉，使水体有活水的感觉。中心水池的宽度大约 20 m，这个距离正好在人的正常水平视角和垂直视角的范围内，使游客得以收纳对岸画面构图之全景。亭台楼阁、湖光山色，尽收眼底。还有一种小水面的形式为水庭，即集中用水，以水池为中心，并使水池充满整个庭、院。如北海的画舫斋，建筑紧贴着水池四周环列，十分典型地体现了集中用水和以水为中心的布局方法水体性格内向，虽面积不大，却具有开朗、宁静的感觉。唯院内无剩余地面可栽培花木，加之形状方正，但总不免有几分空旷，自然野趣稍显不足。

2. 大水面

在大型皇家园林中，大多采用大水面的集中使用。如北海公园、北京颐和园以及圆明园中的福海景区，就是大面积集中用水的典型。但是这样的情况却不能与私家园林采用建筑包围水面的布局方法一致，由于水面过于辽阔，常用大水面来包围陆地形成岛屿，然后再在岛屿的四周环列建筑，于是便自然地形成一种离心和扩散的格局。这种园林布局方式来源于秦汉时期的“一池三山”模式，如汉武帝的上林苑、建章宫内的苑囿。

从汉武帝在长安城修建象征性的“瑶池三仙山”开始，“一池三山”就成为历代皇家园林的传统格局。“一池”即太液池，“三仙山”即蓬莱、方丈和瀛洲，可在山上设置台、观、殿、阁。这种布局可以丰富湖面层次，打破单调的画面，这便是大水面分散使用的一种方式。还可利用岛堤将大水面分成若干小水面形成水面对比，使园中水景的运用更加丰富。

大水面的分散用水在大型的皇家园林中也有应用，虽然不能带来开朗辽阔的气势，却能够获得朴素自然的别样情趣。

（二）河溪

湖泊与水池都是静态水面，江河和山溪是动态水面。园林中江与河都是带形水面，在园林中一般起到分割区域或起线形引导的作用。在园林中，河道忌直求曲、忌宽求窄。为了突出变化，一般其宽窄对比都非常强烈，窄的河道会收束视野，突至较宽的河道便豁然开朗，对比鲜明。这样若是泛舟其中，会体会到极具节奏的时收时放、忽开忽合的刺激感。河道的迂回曲折能够使景致深邃藏幽，再配以山石形成山谷沟壑，舟行其中更有别样情趣。比如北京颐和园的后山园区，便是以一条非常长的河流将分散的各个景点相互串联形成整体。河道悠然曲折，时宽时窄，忽开忽合，使游人步移景异，景致的连续性和节奏感给人以舒畅的美好感觉。园中江河大多以土岸为主，岸边分散设置几块自然山石。河道求曲，多成“S”形，这样既可以延长河水流程，给人以蜿蜒不息的感觉，又可以使全园的构图更加活泼自然。苏州留园的“活泼泼地”和上海南翔古猗园东部的水面都是这种形式。

园林中的另一种带形水面是山间的小溪，与山溪类似的还有谷涧，虽同是山水相依，但谷涧却并不是非有水不可，主要体现为峡谷深涧。山溪虽属河流，但在园林中的表现却不似平川小溪，一般两岸多叠置山石，形成溪水极速冲刷河床、河道怪石嶙峋、水从山间流出的一种动态水景。巧妙利用天然或人工布置的山石，引导水流弯曲流淌，并通过地形高差调整水的流速，时而蜿蜒迟缓，时而湍急有声，时而浪花飞溅，表现出流动性和绵延不尽的特点。溪边多采用自然石岸，以卵石、砾石为底，溪水浅，清可见底，可数游鱼。再配之以汀步，使人游览时又可涉水，又可踏汀步。

二、规则式水体

（一）喷泉

喷泉在西方传统园林中的重要地位由来已久，各式喷泉在西方园林中几乎随处可见，从最初最简单的一个喷口一个水盘，到多层水盘相叠的盘式涌泉，再到与各式人物雕塑相结合的喷泉群组，是西方园林水形式中最活泼、最富有生趣的表现形式，能把水的美发挥得淋漓尽致。

喷泉主要是以人工的形式在园林中运用，利用动力驱动水流，根据喷射的速度、方向、水花等创造出不同的喷泉状态。喷泉通常是由水池（旱喷泉无明水池）、管道系统、喷头、动力（泵）等部分组成，如果是灯光喷泉还需要照明设备，音乐喷泉还需要音响设备等。音乐喷泉、间歇喷泉、激光喷泉等形成的出现，更加丰富了喷泉的内容，给予了人们在视觉、听觉上的双重感受。喷泉的水姿多种多样，有球形、蘑菇形、冠形、喇叭花形、喷雾形等。喷泉的喷水高度也有很大差别，有的喷水高度可达十几米，有的喷水高度只有 10 cm 左右。在公共景观中，喷泉常与雕塑、花坛结合布置，来提高空间的艺术效果和趣味性。我国历史上著名的喷泉有北京圆明园大水法喷泉群，西洋楼景区的主景就是人工喷泉，时称“水法”，特点是数量多、气势大、构思奇特。谐奇趣、海晏堂和大水法三处大型喷泉群，颇具殊趣，是中西方文化的精髓。大水法西邻海晏堂，在长春园南北主轴线与西洋楼东西轴线交会处，是园内最为壮观的欧式喷泉景观。

喷泉是现代水体景观中最常用的一种装饰手法，成为空间视线的焦点。除了艺术设计上的考虑外，喷泉对城市环境具有多重价值，它不仅能美化城市景观，而且可以湿润周围的空气，清除尘埃。随着城市环境的现代化，喷泉越来越受到人们的喜爱，喷泉的技术也在不断发展，出现了各种各样的形式，其中最常见的喷泉形式有以下几种。

1. 水池喷泉

这是最常见的形式，除了应具备喷泉应有的一套设备，常常还有灯光设计的要求。

2. 旱池喷泉

喷头等隐于地下，其设计初衷是希望公众参与，常见于广场、游乐场、住宅小区内。喷泉停喷时，是场地中一块微凸的地面。旱池喷泉最富于生活气息，缺点是水质易受污染。

3. 浅池喷泉

喷头藏于山石、盆栽之中，可以把喷水的全范围做成一个浅水池，也可以仅仅在射流落点之处设几个水钵。美国迪士尼乐园有座间歇喷泉，由 A 定时喷一串水珠至 B，再由 B 喷一串水珠至 C，如此不断循环跳跃周而复始，十分有趣。

4. 舞台喷水

舞台喷水这种形式多见于影剧院、跳舞厅、游乐场等场所，有时作为舞台前景、背景，有时作为表演场所和活动内容。

5. 盆景喷泉

盆景喷泉主要用作家庭、公共场所的摆设，大小不一，往往成套出售。这种以水为主要景观的设施，不限于“喷”的水姿，而在于能否更多地表现高科技成果，如喷射成雾状的艺术效果。

6. 自然喷泉

喷头设置于自然水体中，如济南大明湖、南京莫愁湖中的喷泉等，这种喷泉的喷水高度可达几十米。

7. 水幕影像

一般情况下，喷泉的位置多设于广场的轴线焦点或者端点处，喷泉的主题形式要与周围环境相协调。

（二）瀑布

此处的瀑布是指人工模拟自然的瀑布，指较大流量的水从假山悬崖处飞泻而下所形成的景观。瀑布通常由五部分组成，即上流（水源）、落水口、瀑身、瀑潭和下流（出水）。瀑布常出现在自然式园林中，根据其瀑身可分为挂瀑、叠瀑、帘瀑、飞瀑等形式。园林中瀑布多依赖于天然的条件，需有充足的水流和泄流的条件，在此基础上加以人工修筑，就可以视为重要水景艺术。

西方传统园林中的瀑布主要有链式瀑、台阶瀑，规模上看从喷泉底部的小瀑布到跨几层露台或台阶的大型瀑布，应有尽有。链式瀑盛行于传统的意大利园林中，置于坡地，水从高处流出，从边沿用石雕成波浪形的水渠中流过，由于渠底呈小阶梯构造，从而使水流形成一连串的小瀑布景观，流水在阳光下闪烁，犹如一条条美丽的银链。像意大利朗特别墅中轴线上叠层跌落的链式瀑布、法尔尼斯别墅小花园的链式瀑布都是这样的设计。台阶瀑，顾名思义是以台阶构成瀑床，这种瀑布的落差相对较大，水在宽阔巨大的台阶间逐层流下，形成宏大壮观的水景。西方传统园林中的许多泉池也是与瀑布相结合的，这些瀑布形成于喷泉水喷出后流经雕塑或各级石盘构成的落差。

另外，瀑布还可分为自然式瀑布和规则式瀑布。自然式瀑布的设计要先根据所在位置选择最合适的岩石类型，把瀑布的位置设计在地势最陡峭的地方，根据实际的情况来调整瀑布的位置。设置一处自然式瀑布，将是所有的园林水景设计方案中最具吸引力的、收效也最为显著的景致。规则式瀑布是指具有连接园和房屋平台步道作用的规则式瀑布和叠水，通常都是伸手可及的，一般布置在步道或平台之中或者是石块、砖或混凝土等材料铺设的硬质铺装上，阶梯或叠水可以与不同高度的溢水口联系在一起，还可以操纵方向、速度和流量。

瀑布的设计要遵循“以假乱真”的原则，整条瀑布的循环规模要与循环设备和过滤装置的容量相匹配。瀑布是最能体现景观中水之源泉的方法，它可以演绎出从宁静到宏伟的不同气势，令观赏者心旷神怡。

三、组合式水体

（一）几何组合型

几何组合型是规则式布局，是最基本、最简单的布局方式。一般来说，在规则式布局中建筑沿水体四周布置，凹凸有序，呈围合状，在平面图上能够明显地确定一条中轴线，沿着中轴线两边的建筑和景观布置，水体形状为几何形，水体与建筑基本保持中轴对称格局。几何式水体、三面或三面以上的围合空间以及中轴对称，可以说是规则式布局的三个特点。欧洲古典园林中的水池、沟渠都以规则几何形出现，水景分布也讲究中心对称，喷泉喷嘴的安装设计整齐有序。如法国古典主义园林讲究气势，结构十分严整，各种水景在中轴线上依次展开，起着贯穿并联系全园的作用。法国古典主义园林的水体形式主要表现为喷泉、水渠、镜面水池等。喷泉在园林中占有不可动摇的重要地位，总是扮演着水景的中心角色，数量往往也十分可观。

（二）自由组合型

自由组合型也是较为常见的一种布局方式，其建筑物依据自然地形的起伏变化，较为自由地散置，更加强调师法自然，以真山水为依据。就整体而言，较难确定中轴线和对称结构。江南传统公共园林中点状水体常常处于较为复杂多变的地形中，采取自由式布局，用曲折回环的路线，把许多景点巧妙地组织起来，取得别开生面的效果。在这类布局中，点状水体仍然是全园的焦点，但不一定处于几何中心位置，也不一定存在明显轴线。

（三）空间组合型

空间组合型是几何组合型与自由组合型两者并用、互相结合的布局形式，主要有两类。一类总体布局的平面呈现规则式构图，主体明确，各部分分配均匀，但各个局部采取自由式构图，利用局部地形特色，巧妙布置；另一类总体布局利用地形地貌，做因地制宜的自由式布局，而其中的某些局部采取规则式构图，形成对称式或均衡对称的一些院落。

在有山而无水源的情况下，以人工方法开凿小池以蓄水，并以它来点缀建筑与自然环境，也可使“山得水而活”“水得山而媚”。这种小池，正因为其小，故仅能起点缀作用；又因为其集中，却常能发挥画龙点睛的效果。此外，这种小池属人工开凿，故亦无须掩饰，而常呈规则的矩形或半月形。

第四节 水体空间界面设计质

一、桥

桥，是一个渡水的必要设施，它可以帮助人们到达因水阻隔的地方。桥是人类跨越山河天堑的技术创造，给人类带来生活的进步与交通的便利，自然能引起人的美好联想，故而有“人间彩虹”的美称。而在中国自然山水园林中，地形变化与水路相隔，非常需要桥来联系交通、沟通景区、组织游览路线，而且桥以其造型优美、形式多样作为园林中重要造景建筑之一。因此，小桥流水成为中国园林及风景绘画的典型景色。

桥，既可以隔水又可以通路，园林中通常设置在水面的狭窄之处，并在水面上偏于一侧，将水面分割成为一大一小的两个水池，一个开阔，一个幽静。桥在园林中既是一个观景点，使人又是水景不可分割的一部分。园林中桥的存在不仅塑造了水景的层次感和纵深感，还为水景增添了一份诗情画意。园林中有些景色比如岛屿、水草等，若不在桥上观看可能体会不到其中的意境。园中的拱桥还能够抬高人们的观景点，观赏到远处的景致并引人前往。有时拱桥还因角度不同而起到框景或障景的作用。如北京颐和园中的玉带桥是西堤上唯一的高拱桥，拱高而薄，恰似一条玉带横舞水面，造型复杂，结构精美，在水面上映出婀娜多姿的倒影，是功能性与艺术性的完美结合。

二、岛

岛指水域中较小的陆地，其多方位临水，但也有较少部分与陆地相连的岛称作“半岛”。岛易于成为水面的主要景点，它可以分隔水面，增加景观层次。另外，其自身又是观赏四面水景的最佳地点。岛是平淡水域的最好点缀，也是增加水域空间层次的重要手段。岛的数量不宜太多，“一池三山”一般仅用于大型水面。岛的形态也各有不同。岛从大到小可分为：洲、渚、沚、泜。虽有分类，但在园林营建中并没有那么讲究，如杭州西湖小瀛洲和嘉兴南湖小瀛洲，同称为“洲”，但面积相去甚远。岛的大小应与水面面积比例适当，如西湖小瀛洲面积有 7 公顷，为三座人工岛屿中面积最大的一座，但与西湖外湖 439 公顷的面积比起来不过尔尔，故而它在丰富景观层次的同时，也不影响整个湖面的水域完整。但是如果 7 公顷的尺度挪到嘉兴南湖（面积约为西湖的 17%），效果就很难想象。由此看来，湖泊理水中需要岛来分隔点缀水面，但同时也要为水域空出足够空间，才能形成池岛精致、水域浩渺的水景景观。

岛上建筑、造景繁复多变，堪称北海胜景。琼华岛南坡是一组布局对称均齐的山地佛寺建筑群——永安寺。山门位于南坡之麓，其后为法轮殿。自台阶而上便是正觉殿、普安殿，山顶便是白塔。自下而上，高低错落，其中尤以高耸入云的白塔最为醒目。琼华岛的相对高度为 33.4 m，白塔的高度为 35.9 m。因此白塔从平地算有七八十米高，高居顶巅，无疑是全园的主景，起到控制全园的作用。琼华岛西坡地势陡峭，建筑物的布置依山就势，配以局部的叠石而显示出高下错落的变化趣味。琼华岛西坡的建筑体量较小，布局虽然有中轴线但更强调因山构室以及高下曲折之趣。琼华岛北坡的景观又与南坡、西坡完全不同。北坡的地势上缓下陡，因而这里的建筑也按地形特点分为上下两部分。上部的坡地大约有 2/3 是用人工叠石构成的，起伏较大，形成崖、岫、冈、嶂、壑、谷、洞、穴等各种地形，具有旷奥兼备的山地景观的缩影。坡地上的建筑体量较小，分散成组，各抱地势随意布置，沿爬山廊向下为嵌岩室，折向西为小亭“一壶天地”。

三、堤岸

园林中的堤一般是指大型水面上的带状陆地，主要用来挡水和分隔水面。堤不仅能分隔水域并增加空间层次和深度，还有引导游线和丰富水面景致的作用。但是如果湖面较小，堤身过高或者过宽，既挡视线又不美观，也会使湖面变得狭小拥挤。所以堤应尽可能接近水面，使人行走其上有凌波之感。以堤划分水域，应有助于形成主从有序的水景效果。堤作为陆地游路不宜过曲或者过长，如果堤过长，应在其中做适当的节点，如以桥相连，桥上走人，桥下行船，既便利交通又丰富堤岸。堤上植树应疏密有致，空间隔而不断；堤上组景应有连续起伏的韵律感并形成优美的天际线。堤大多为直堤，上铺道路，堤高通常接近水面，便于游人亲水，水堤中间还可设涵洞或桥梁来联通两侧的水体，有的还在堤上构筑小型建筑。如北京颐和园内用西堤将水面划分为五个部分；再如承德避暑山庄内的芝径云堤将湖面划分为六个大小不一、形状不等的水面，堤身有宽有窄、有曲有伸，造型十分优美。

四、汀步

“点其步石”的办法，尤能与自然相契合。汀步皆寥寥数块，错落参差，游者身历其境，踏步四望，低水、高山、曲洞，不期然之间便会产生恍在深山溪谷的感觉。在中国古典园林中，常以零散的叠石点缀于窄而浅的水面上，使人易于蹑步而行。汀步似桥非桥，似石非石，将一些石块平落于浅水中，微露水面，形成线、道，使人能蹑步而行，故又叫“掇步桥”“汀步桥”“踏步桥”。无架桥之形，却有渡桥之意；有人工的巧作，却更有自然的野趣。园林中运用这种渡水方式，质朴自然，别有情趣。汀步是中国园林美学“虽由人作，宛自天开”的极好阐释。人行其上，人与水的关系更为亲近，最有凌波之意。站在步石上看诸景，看山须仰视，看水似汪洋。山愈显其高，水愈显其近。再看步石通丘壑流水尽处，隐隐点点的褐色石面，更易让人感受到“水因断而流远”的意境。如苏州狮子林南部假山的汀步，虽然没水、很浅，但是它却使假山的游览过程充满野趣，使人兴致盎然。类似的还有扬州何园片石山房的假山汀步，这里的汀步石营造了假山驳岸亲水的效果，多为三两步，这些汀步通连假山临水一侧，出入于洞穴和岩壁，徘徊在岩边水际，无论其形态或是色彩，都与湖石假山浑然一体，显得和谐、自然，既可游山又可嬉水，取自然山川之妙趣。小盘谷西园曲池的步石排列，或疏或密，或紧贴或斜出，有动感有节奏。而石与石之间，间隔较宽见水不见石处，便宛如中国书法中的飞白，更有几分墨不到而意到的艺术趣味。

五、建筑

自古以来，传统园林就十分重视水体与建筑在造景上的结合。园林中许多优美的园林建筑景观也常常因水而成，为了与水体取得和谐的成景关系，也为了更方便、更有利地欣赏水景，园林建筑产生了就水架屋的形式水榭、水亭、水廊、桥亭、桥廊、舫，等等，形式多样。这样设计建筑不仅可以欣赏水景，还可通过水旁的建筑在水中形成倒影，营造出美轮美奂的感官效果。在我国江南古典园林中，建筑和水的关系可分为两种：一种是依水而建，另一种是贴水而建。依水而建的有苏州网师园、拙政园等，园内的建筑都是环绕着水体建造的。贴水而建的有吴江同里古镇的退思园，园中的亭、廊、轩、榭、楼、阁等建筑全部紧贴水面，给人一种整个园林都漂浮于水面的景观效果。园林中的水体同其周围的建筑物的比例尺度以及风格的关系同样很重要。园中面积较小的水域，若在其旁边建造体量过大的建筑，就会对水体产生一种压迫感，导致水面显得非常局促，从而失去了其在园中给人的“湖”和“海”的感觉。

第八章 风景园林的设施配置

第一节 花坛、盆栽造型与布局

在风景园林中提供舒适又美观的配套公共设施十分重要，它不仅可以为园林风景锦上添花，更是人性化设计的充分体现。园林中常用到的公共设施主要包括花架、栅栏、花坛、坐凳、园灯、垃圾箱、标志、雕塑等。作为园林景观中的公共设施，可以和园林风景整体风格相协调，也可以考虑利用公共设施的系列化配套设计贯穿园林空间，起到组景或添景的作用，形成独特园林风格。

风景园林设施造型设计多种多样。造型独特优美的公共座椅放置在美丽自然的风景中，既点缀了风景，同时又给人们提供了置身于美景中休憩观赏的好环境。公共座椅与花坛结合，可以增添园林景色；与花架结合可以丰富园林空间；园灯可以为园林夜色添彩；园林雕塑可以增添园林的艺术氛围，使园林景观更具有吸引力。总之，园林设施的配置设计不仅仅是为了满足人们在其功能上的需求，还要兼顾满足当代人的审美要求。因此可以说，园林设施的配置设计是如何将公共设施很好地融入园林景观中体现人性化、艺术化的整体设计。

花坛作为装饰园林的重要元素一直深受人们的喜爱，园林设计中常用它来装饰水景、雕塑、台阶、园路、角落等不同空间。花坛的造型由围合的材料和形状所决定，现代的材料不断更新，使花坛的造型也丰富了起来。过去的花坛一般都用自然石头围合，也有用砖块砌成的，围合的形状各种各样。用自然石头围合的花坛大多数是不规则形，与自然风景十分融洽。用砖块砌成的多为几何形状，如：长方形、方形、圆形、椭圆形花坛都属于几何形。圆形和椭圆形花坛要比矩形活泼。圆形花坛具有围合中心、突出中心的特点，常会设置在交叉路口和广场中心。为了突出以花坛为主景，常常会将花坛设置为多层，并在花坛的高处中心点位置放一个雕塑，为强调和突出园林的一个中心点，以此引起游客的注意。花坛的形式可以结合坐凳设计，既是花坛的边缘又是人们的坐凳，可一举两得。花坛坐凳的高度一般设计在450mm左右为宜。

盆栽也是园林中常用来装饰点缀空间的手法之一。在节日期间，用丰富多彩的花卉盆栽可以增加园林的热闹气氛，特别是在硬地铺装的空间内放置花盆装饰十分适宜，花盆可以移动也可以组景。一般在休息区域或园林出入口处放置花盆为多。盆栽可以随着季节的变化选择和配置季节性花卉，搭配出色彩丰富的花卉盆景。在园林布局时，盆栽比花坛更具有灵活性，可以根据不同的空间需要配置不同的花卉植物，如角落、出入口、台阶两侧等，都可适当摆放。盆栽的器皿款很多，有传统的雕花式器皿，也有现代简洁的几何型。需要根据不同环境和空间风格选择相匹配的花盆器皿和植物，才能起到与环境既协调又统一，富有变化的美景效果。

第二节 园椅坐凳造型与布局

园林空间面积越大，坐凳的需求越多，坐凳造型倘若完全一致会显单调无趣。因此，园林的坐凳设计应尽可能结合不同的景观区域整体设计，以融入景观环境为宜，既能入景观赏，又可方便使用。

坐凳可以和花坛结合设计，也可以和雕塑、装置、花架、路灯结合设计。还可用坐凳本身塑造艺术构建的方式，将坐凳组合成美丽的景观。追求既整体又有变化的风格，有时会有出其不意的特殊景观效果一如设计园林雕塑座椅，既有观赏性又有实用性，还能组景造景，可谓一举多得。

坐凳的高度要考虑不同人群的使用需求，应该提供不同高低的坐凳让人选择；儿童和老人的坐凳尺寸不一样，需要人性化地思考设计；园林中设置坐凳意味着提供休息停顿和观景的邀请，因此坐凳的正前方的景观布局十分重要，需要合理化考虑而在小空间内围绕向心力布局坐凳，可提供给人们交流的环境；相反，保持一定的公共距离的坐凳布局，也是为了适应一部分喜欢安静的人群的需要。总之，设计不同的园林休憩空间可以让人们有更多的选择。

第三节 园灯照明与布局

园林中的园灯有两种类型，一种是提供晚间行走时的道路照明，另一种是景观照明，这两种是园林中必须配备的不同照明设施，缺一不可。假若只有路灯没有景观灯，园林会漆黑一片，晚间无法观景；假若没有路灯只有景观灯，可能会带来安全隐患。因此园林中提供夜间的照明不仅是行走安全的需要，也是美化晚间园林风景的观赏需要。

园林道路照明还包括园林广场照明。广场照明需要配置高杆灯，而园中小道配置低杆灯比较适宜。不同的面积对照明的要求有所不同：园路主干道灯光照明要求充足、发光均匀的连续照明；而次于道灯光可以略次于主干道，以保证园林道路清晰可见。标准园路的灯光配置要根据路的宽窄决定路灯的高低：1m 左右宽的小路可以配备低矮的园灯；一般 3 ~ 5 人并排走的园路灯柱高在 3m 左右；广场面积大的，一般灯柱在 4 ~ 6m 高灯柱，高度与间距的比值一般在 1/10 ~ 1/12 之间；需针对具体道路的情况合理配置如道路中有坡道台阶，可在楼梯处设置地脚灯，增强安全系数，以防黑暗中发生意外。园灯的造型也很重要，不同风格的环境需要不同风格的灯具相匹配。传统园林环境需要配置传统样式的灯具，现代不协调不匹配的灯具会极大程度地破坏整体环境的美观。现代园林景观需要现代时尚的灯具，整体风格才能达到和谐之美。

园林景观照明包括：轮廓照明、背景照明、水景照明、植物照明等。园林建筑是园林的主要骨架，是突出园林景观的主要部分。如夜间的景墙、长廊、凉亭、景桥等建筑轮廓都需要适当地用灯光渲染，突出园林建筑景观之美，景观照明常用的是泛光灯。园林植物照明适宜点缀式布灯，以射灯为主，拐角的树木或优美的园林主景树木的灯光布局也一样是景观射灯。射灯放置在树下向上照射树木全姿，以体现树木的美丽树姿和叶色。景观射灯的主要功能：一是增强园林的空间立体感，二是增强园林植物的观赏性。需要注意的是，园林照明灯的安装是在公共环境中，一定得把安全放在第一位，严格按照国家或电器行业的有关规范，设置漏电保护和良好的接地系统，确保大众的游园安全。

第四节 园林艺术品设置

园林艺术品是装饰园林的重要元素，也是提高园林艺术观赏价值的造园手段。将艺术小品作为造景元素融入风景园林中的造园手法，在世界造园史上已有悠久的历史经考证，最早将艺术品陶罐放入花园的是古希腊，大约公元1世纪古罗马率先将大理石雕塑放入了花园，这种提升园林观赏价值的手法传承至今。如今，艺术品的造型以及材料等都发生了巨大的变化，造型手法也从写实走向了写意和抽象。材料从大理石、各种石材，发展到铸铜、铸铁、不锈钢、铝合金、塑钢、混凝土、玻璃纤维、陶土、玻璃钢、植物、木雕等等。

常用的园林艺术小品有：雕塑、装置、石灯笼、水钵、景石等。这类艺术小品的放置与设计不是单独的脱离园林风景的设计，而是从园林的整体环境出发，构思如何与艺术小品组成美丽风景的设计。

园林雕塑与一般雕塑有所不同，它既是营造园林艺术氛围的风景，也是融入自然环境的艺术。常见的园林雕塑有独立式，也有组合式。随着科技的发展，现代雕塑还结合了光能、风能、水源等自然元素，营造了新的园林雕塑形式，如雕塑与音乐喷泉组合、与花坛组合、与坐凳组合、与园灯组合等多样造型。题材大致有历史的、具有纪念意义的、神话传说的、有吉祥寓意的、现代时尚的、生活的、爱情的、美好的等等。

第五节 园林小品的造景材料

园林小品一般指在小范围空间中的布景，小的园林作品也称小景，如屋前屋后的小花园、茶社，宾馆里的前后庭、中庭、角落和屋顶花园等。园林小品以小且精致为主要特征，是浓缩型的美丽小景，因此追求形式美感较强，使用材料也非常丰富。

一、石材

石材在庭园中使用非常广泛，石刻书法绘画、假山、石凳、石匾额、石灯、石台阶，几乎是“无石不园”。旧的废弃的石磨、石碾都可以为园林增色，石材类别很多，自然石纹很美、体块较大或是造型独特的石材，一般都被作为观赏景石放置在园林中。这些景石既可作孤石独赏，也可组成石群共赏景石可立可卧，设计师可根据园林空间环境的具体需要，按照形式美原则进行精心搭配，直到构成满意的景观小品为止。

二、鹅卵石

鹅卵石有大有小，色彩一般有黑色系、黄色系以及人造的白色系，因为它外形圆滑，不尖锐，所以一般用来铺小路或小溪底面，在水池旁使用也很多。中国古典园林利用鹅卵石铺地纹样非常多，十分精彩，有许多纹样是吉祥纹样，记录了当时人们对生活的美好祝福和向往。如今用鹅卵石铺地的花纹有所改变，甚至功能也得到了提升，譬如铺设人们锻炼用的健康小道。鹅卵石与石板、砖块混合铺路，效果也很好。鹅卵石还可以作为一些下水道的遮挡，这样既不影响下水，又可以起到美化环境的装饰效果，同时鹅卵石还可以用在树池，保护树根，防止雨水冲刷，作为地面装饰。

三、沙砾

沙砾在园林里常被用作枯山水中替代水的元素。一般有白沙砾、灰沙砾、黄沙砾。沙砾的尺寸较多（直径约半厘米左右）。替代水的沙砾一般用白色沙砾为多，但也有设计师认为白沙砾在园林中显得很耀眼，对比强烈，所以为了减弱这种强烈对比，用灰色和黄色沙砾替代。沙砾的大小不同，铺出的肌理效果也不一样，为了丰富园林小品的肌理层次，往往会选择多样尺寸的砂砾来完成。

四、砖、瓦

砖、瓦是用泥土加工生产出的材料，由于砖块小巧，铺弯曲的小路显得十分自然，常被使用在园林设计中。运用青砖灰瓦做园林小品形式多样，砌花坛、砌墙、铺路等用瓦铺装纹样也很丰富，有人字形、万字形、铜钱花形、桂花形等，并有吉祥语之说，如“出人头地”“万事如意”“铜钱满地”等，都是传统园林常用的形式。现代人的审美趣味有了新的转变，将拆旧房的青砖灰瓦进行再利用，也有很多形式感很强的园林小品案例。灰瓦的弯曲立面像水的波纹，因此人们常常将灰瓦拼构成美丽的水纹，在小小的园林空间中发挥了波纹的动感韵律。

五、竹材

在园林中，竹子常被做成竹篱笆分割园林空间，同时也起到了美化装饰的作用。竹篱笆的编织有封闭型、漏透型。此外，用竹子做的花架、绿廊、休息亭等也都有其独特的造型装饰效果。在园林小品中以竹纹肌理作背景为多。

六、木材

木材给人们的感觉自然温馨、无污染，用木材做园林小品十分方便。在中国传统园林中，大量木材被做成庭园中的亭、榭、楼、阁、桥，在公共设施中也被广泛使用，如休息廊架、花架、木椅、标志牌等；铁路中替换下来的枕木也是园林设计中的理想材料，枕木的牢固性，以及不怕日晒雨淋的特性，给园林景观增添了沧桑感，在园林小品中经常将其用在木站台和花坛的围合上，作柱式墙体高低错落的排列，可产生特有的节奏和韵律感。

七、陶瓷材料

陶罐和瓷砖在现代的园林景观小品中被广泛使用。陶瓷桌凳、雕塑园林小品不怕日晒雨淋，在园林环境中可以增添情趣陶器花盆、紫砂花盆都是传统园林中常用的摆设：如在陶瓷水缸里栽植荷花、睡莲等水生植物放置在园内，也可将水缸深藏在人工水池内，只露出植物在水面上，点缀装饰水面景色。这样可以限制荷花、睡莲的蔓延，可以将荷花、睡莲固定在指定的范围内生长，这就是巧妙利用陶瓷材料不怕水的特点做水上植物的栽植配景手法。

八、植物

用植物营造环境是人们最喜爱的一种造园方式。因为植物有美丽的叶形叶色、花形花色、果形果色，还有自然的树姿，作为园林的装饰元素来说它是天然的、绝佳的、必不可少的造园材料，即使单用植物也可以打造各式各样的美丽小景。因为植物的种类实在是太多了，选择也就更加自由，可根据需要选择观叶植物或观花植物，也可选择地被草花或肉质植物，还可以选择不同的植物与铺装、景石、雕塑等小品组合美景。

用植物作点缀装饰小空间，小范围内就会变得十分有生气，特别是落叶花木和花卉植物，鲜花盛开时人见人爱。植物是生长的、变化的。随着季节的变化，植物发生着不同的变化，景观空间也有着微妙的变化，无论是叶色还是花色，自然的变化总会给人们带来新的感觉和好的心情。

植物可以净化空气，有益于人们的健康。有些植物还有芳香，如桂花、腊梅、海桐、栀子花、月季、水仙等等，都是人们所喜爱的芬芳植物，在小园林环境中配置一两棵芳香性植物是一个很好的选择，沁人肺腑的芳香会让人们的心情更加美好。

园林植物的配置十分重要，它不仅美化和渲染环境、调节环境气氛，还会给人们带来赏心悦目、丰富多彩的美丽画面。

九、金属材料

金属材料在中国园林中运用得不是太多，欧式花园的围合栅栏常用铸铁工艺来表现。铸铁工艺的花纹非常丰富，用在公共设施上也很普遍。如：铁桥、路灯、庭院灯、花架、座椅、垃圾箱、工艺花铁门等。近几年来，中国也逐渐流行起铁艺这种装饰方法，用在园门、园椅、休息凉亭、花架、栅栏、装饰园灯上较多。

铝合金材料不怕日晒雨淋，适合雕刻各种花纹，在装饰园林空间隔断上尤其见长，可以根据需要喷漆上色，因此用在园林中也很多。铝合金材料特性是：坚固，不生锈，不怕风吹日晒雨淋，适合室外环境设施造型。金属材料的特点是吸热导热快，不适宜做人们常会触摸的露天公共设施。

十、玻璃钢材料

玻璃钢可塑性强，相对来说易成型、质轻、强度高、耐腐蚀，成本较低；玻璃钢不怕风吹日晒雨淋，适合塑造各种立体形态；能对大气、水和一般浓度的酸、碱、盐以及多种油类和溶剂都有较好的抵抗能力，所以，常用在室外露天，远远优于碳钢、不锈钢、木材等材料。玻璃钢雕塑可以根据需要喷绘各种颜色，塑造力较强，园林小品中也常会用玻璃钢塑造所要的形态。如座椅、桌凳、儿童游具造型、大型模型等。

十一、混凝土

混凝土是由沙和水泥按照一定的比例混合成的一种建筑材料，既能塑造物体形态，又不怕风吹日晒雨淋，在园林建筑工程中经常使用，如水泥台阶小路、水池、小溪等。混凝土不仅有砌砖瓦的黏合剂作用，在砖墙砌好后还可以起墙面底层抹平的作用，在园林小品中也经常用到它，如用混凝土预制花砖、花窗、花盆等。预制水泥模块一般先做好模型版后用混凝土浇灌成型，混凝土具有朴实无华、自然沉稳的外观韵味，也有生硬、冰冷的一面。因此在园林景观中恰到好处地使用很关键，运用得好可以融入自然，和谐美丽；用得不好则会破坏自然，感觉生硬而丑陋，总之，对混凝土的使用需要根据具体情况和环境而定，不能统一对待，有时为了美观在混凝土铺装的面上撒上漂亮的小豆粒石子，等其完全干燥后用水洗磨砂，地面效果会出现意外的美感，这在园林的铺装上比较多见，既经济也美观。

第九章 新技术在园林规划与设计中的应用

第一节 仿生设计在园林规划与设计中的应用

一、仿生设计概述

（一）仿生

1.“仿生”是人类生存的需要

早在人类出现之前，生物种群已经在大自然中生活了亿万年，它们在为生存而奋斗的长期进化中，获得了与大自然相适应的能力。面对大自然的各种考验，人类在自身进化的同时，还在不断地向自然界中其他生物学习生存的技能，如远古时期的骨针就是人类模仿鱼刺制造出来的。这是人类最初级的创造活动，也是人类为生存而表现出来的仿生意识行为。虽然这些行为朴素而直接，但却是仿生概念发展的基础，也是现代仿生学与仿生设计的雏形。

2.“仿生”是古代人类智慧的结晶

在人类和自然界形形色色的生物相伴共生的漫长岁月中，自然界中的各种生物的独特本领总会使人浮想联翩，吸引着人类去探求、想象、模仿。人类希望像鸟儿一样飞翔，便模仿鸟类制作了会飞的木鸟——木莺、机械鸽子，后来的飞机便是从这些创造中得到灵感的。中国传统的风筝，也是模拟动物飞行的仿生学表现，这些都是人们早期具有智慧的仿生思想和实践活动的体现。

3.“仿生”是人类精神的寄托和归宿

从早期原始部落的图腾崇拜，到古代文明的陶瓷、雕塑、绘画艺术、家居装饰等都采用了大量的动植物形态。这些生物造型和起居装饰，是对花鸟虫鱼和飞禽走兽等自然界生物的模拟，表现出人类祖先对自然万物生灵的敬畏和崇拜，寄托了人们对美和情感的追求，并且由此孕育出不同民族独特的审美、文化等传统观念。

4.“仿生”是人类的文化现象和生存方式

在我国古代，仿生的工具技术、建筑艺术、习俗文化、思维意识等，都是中国传统生活方式中生存实践的代表，而“人与自然和谐统一”“贵人重生”的思想主张是中国传统生存价值的本质体现。所以，在中国，从某种意义上讲，“仿生”就是人类的一种生存方式，是一种传统、朴素而真实的生活方式，传达着人与自然和谐共存的理念和追求。这一点对现代乃至未来人类社会生活和生存方式都有重要的现实意义。

（二）仿生的概念

在20世纪中叶，作为一种比较科学的研究方法，仿生学还只是一门边缘学科，是一种对生物构造技术进行模仿的科学。从其诞生到发展，只用了短短几十年的时间，但是从它所涉及的领域、达到的效果、研究的成果来看，远远超出了仿生学本身的价值。仿生学不仅是一门边缘学科，也是一门多领域交叉学科，它的原理很简单，大自然中所有生物的结构和功能都是仿生学可研究的对象。仿生学将自然界中的生物体特点应用到其他领域中，包括工程技术、建筑、园林、室内等。它的出现造就了众多优良的仪器和装置，使人类发明创造的脚步继续向前。

现代高科技的发展需要依赖仿生学，而仿生学的发展则需要依赖于生物的模拟。在众多仿生学应用范畴中，以建筑仿生学的成绩最为显著。现代建筑仿生从多个层面进行展示，既要有建筑本身的各个特点展示，又要体现仿生的特点，与其他公共设施一样，它也需要建筑物本身所要求的强度、刚度、周围环境等一系列基本要求的支持。现今建筑仿生已经成为一门新的研究学科，它是新时代的产物。由于现在人们对于建筑的要求越来越高，建筑仿生学可以启发更多的构思构想，而且不仅在建筑本身，在城市环境绿化建设中，它也起到了相当重要的作用。建筑环境仿生学是结合建筑科学技术特征，根据自然生态与社会生态规则，进行综合应用的科学。它的主要研究内容包括：功能仿生、城市仿生、形式仿生、结构仿生等方面。可想而知，建筑仿生学是一门范围极其广阔的学科，可以想象，在不久的未来，城市中将到处充满着“仿生”的影子。

（三）仿生学

仿生学是模仿生物系统原理以建造技术系统，或者是使人造技术系统具有生物系统特征或类似特征的科学。

“仿生学”就是“模仿生物的科学”，就是通过模仿生物系统的原理来建立技术系统，其诞生的原始目的通过应用模拟的方法来改善现代技术设备并创新和创造新的工艺技术。位于其基层的是维纳的控制思想，是生物学、数学和工程技术学等学科相互渗透、相互结合的一门新兴学科。其任务是研究生物系统的优异能力以及产品或事物的原理，然后将其模式化，最后应用这些原理进行设计、创造新的技术设备或形成其他相关技术思路，为人类的生产生活服务。

确切地说，仿生学是在生物科学和技术科学之间发展起来的，研究生物系统结构、性状、原理、行为以及相互作用，为工程技术提供新的设计思想、工作原理和系统构成的一门学科。仿生学是一门与生物学、工程技术学等多个学科相关联的交叉学科。从生物学的角度来说，仿生学属于应用生物学的一个分支；从工程技术方面来看，仿生学是在生物系统研究的基础上，为设计和建造新的技术设备提供新的原理、方法和途径的科学。

（四）仿生设计

仿生设计，也称为设计仿生学，是在仿生学和设计学的基础上发展起来的一门新兴边缘学科，涉及生物学、物理学、人机学、心理学、材料学、电子学、工程学、色彩学等相关学科。仿生设计源于仿生学，而仿生学则源于自然界中的各种生物体。

仿生设计是在仿生学的研究基础上形成的一种新的设计方法，是仿生学在设计中应用的体现。仿生设计的主要研究对象是自然界中生物系统的结构功能、物质组成、外观形态、信息控制等各种生物特征和原理，然后选择性的将其应用到人类造物的设计之中，是人类社会生产活动和大自然的契合点。仿生设计与旧有的仿生学成果应用不同，它以自然界中万事万物的"形""音""色""结构""功能"等为研究对象，有选择地在设计过程中应用这些特征和原理，为设计提供新的思想、原理、方法和途径。目前，仿生设计已经被运用到现代设计的各个领域中，按照目前的发展趋势，它将成为未来设计领域中的重要方法之一。

仿生设计是仿生学的延续和发展。一些仿生学的成果需要经过进一步的再创作，才能够更好地运用到现实生活中。仿生设计结合了艺术和科学两方面，不仅在物质上，而且在精神上，追求传统与现代、人类与自然的多元化设计融合和创新，使人与自然达到高度的和谐状态。自然界是人类最好的老师，人类无时无刻不在自然界中获取灵感，并得到启发而进行创造性活动。

"仿生"是对动植物的生长机理和自然界中一切自然生态规律的借鉴，结合设计对象的特点使其适应新环境的一种创作方法。仿生是最具生命力的，也是人类可持续发展的保证。从可持续发展的角度来看，仿生设计就是一种理想的设计。只是从仿生的外在表现来看，它更加倾向于对生物界中动植物形态和生物机理的学习，但这是向大自然学习的最直接的表达方式，并不是单纯的模仿和抄袭。

（五）仿生景观

仿生景观是利用玻璃、塑料等人工材料模仿真实的动植物造型，进而在工厂中批量制造出来的人工小品景观和园林设计中以动植物为原型营造的，在形态、结构和功能上对动植物具有一定程度模仿形成的园林作品的总称。这种景观主要处于室外环境中，以满足人们对多种精神活动的需求。仿生景观多应用于人们的外部活动空间中，不仅可以打破外界自然环境的规律，还能创造出与众不同、前所未有的奇异景观。

（六）仿生设计的特点

仿生学是一个大门类，仿生设计是立足于仿生学基础上的一个分支学科，它不仅是工艺、艺术等物质层面的研究，也是理念、思想等精神层面的研究。作为一门新兴的边缘交叉学科，仿生设计兼具设计学和仿生学的共性，具有如下一些特点。

1. 科学、严谨的艺术性

仿生设计作为现代设计学的一个分支，同其他设计科学一样，其具备艺术学对设计审美的普遍要求，且重在美的表达。仿生设计在表达的过程中，需要结合一定的设计原理、以一定的仿生学理论和研究成果为依据，因而，仿生设计的表达效果具有相当的科学性和严谨性。

2. 取类无穷性

大千世界，无奇不有，一部人类社会的发展史就是人类改造自然、适应自然的奋斗史。人们对自然的探索和研究是无穷无尽的，自然界能够提供给人类进行仿生设计的原型也是无穷无尽的。因此，只要我们潜心研究大自然，仿生设计的原型将取之不尽，用之不竭。

3. 多学科交叉性

仿生设计是一门多学科交叉而成的新兴学科，其研究内容几乎涵盖了所有自然科学，如数学、生物学、人机学、心理学、材料学、物理学、化学、机械学、色彩学、美学、伦理学等相关学科的基本知识。仿生设计是建立在多个学科交叉点上的新型交叉学科。因此，要熟练运用仿生设计，必须要在设计学的基础上，了解多方面的基础知识，同时还要对当前仿生学的研究成果有清晰的认识。

4. 设计的创造性

设计的内涵在于创造、创新，景观界中的“千城一面”现象与自然界的丰富多彩形成强烈的对比。在高科技、快节奏的社会环境下，“仿生”在设计中的应用突出了设计的个性化，增强了设计的艺术性和趣味性，增强了人们之间的精神互动，使得其所设计出来的事物具有意象美和意蕴美。仿生设计极大地发挥和拓展了人们的想象空间。

仿生设计的灵感来源于自然界，自然界中无数的生物形态都可以成为设计师模拟的对象。这种模拟，可以是局部的模拟、整体的模拟；可以是对自然界中生物的真实形态的模拟；也可以是对发自于理念思考的抽象形态的模拟，经过设计师的提炼、扩展和升华，进而创造出满足人们审美要求的精神事物。

二、园林仿生设计的发展前景

根据目前国内外仿生设计在园林景观设计中的应用现状，园林景观的仿生设计理念，将会伴随着全球化带来的环境价值共享和高科技的技术支持而进一步发展。这主要体现在以下几个方面。

第一，园林设计者将会从新的视角重新认识和审视人类赖以生存的自然环境，从而构建出更好的生态和生活环境。

第二，尊重自然地域特征，园林设计中会尽量避免对原有生态环境的破坏，人们将会越来越注重继承和保护地域中因自然地理特征而形成的传统特色。

第三，园林景观设计中的人文因素将会进一步加强。这主要表现在人类对历史文化、民俗风情的进一步研究上。社会学、宗教、美学和哲学等人文科学的内涵也将深刻地影响着园林景观设计作品的品质。

三、园林仿生设计理念

（一）园林仿生设计与自然法则

自然法则是宇宙万物存在的规律，宇宙中任何生物皆有其自身的角色和存在的作用，其能否生存，完全是“优胜劣汰”的自然选择结果。生物通过自然选择达到和谐共生和自然平衡，因此，尊重自然，保护生命和环境具有非常重要的意义。“人与自然和谐统一”“道法自然”的思想在我国古代城市建筑选址中有着非常大的影响，这种观念是自然法则在规划设计领域中的最早体现。自然法则思想已经逐步演变为一系列系统的科学，包括人类居住科学、城市生态学、景观建筑学、人类环境生态学、景观生态学等。

“师法自然”就是以大自然为师，顺从自然规律，并加以效仿。早在远古时期，人们就运用自己的智慧，以我们赖以生存的大自然为师，学习和模仿自然物的优点并加以提炼、融合和创造，丰富人类的文明。师法自然，通过仿生设计“借景生情，借物言志”，模仿各种优美的自然形态，丰富和发展了现代设计的造型语言，增加了设计成果的情趣，给人们带来了新奇的体验和感受，满足了人们追求轻松愉快的情感需求，体现人们对自然的尊重、理解和向往。

（二）园林仿生设计与绿色设计

以保护环境、保护人类自身健康、实现可持续发展为目标的“绿色浪潮”在全球兴起。回归自然，关注生态与环境，实行“绿色设计”，已成为许多设计师的共同目标。

“绿色设计”是20世纪80年代末出现的以保护环境和环境资源为核心主题的设计方式，是继现代主义设计理论之后向新设计价值观转变的一种过渡。其原则为“4R”，即：Reduce（减量），Recycle（回收），Reuse（重复使用）和Regeneration（再生）。绿色设计要求在设计的全过程中，尽可能地减少资源的消耗，以达到物尽其用，并进一步实现节约资源、有效利用的目的。以追求人与自然的和谐统一为目标的仿生设计，必须强调设计中的仿生意识和环境意识，强化绿色设计理念。

1. 模仿仿生对象的优越性能

物竞天择，适者生存。自然界中的动植物在长期的生存竞争过程中，不断地完善自身，不仅完全适应自然，而且其进化程度也几乎接近完美，大自然中到处都充满了这种“优良的设计”实例。升级成果如果能够具备类似于自然物的性能，就可以更好地适应环境，实现可持续发展。因此，在设计过程中，应不断地吸取、学习自然界的生命规律和自然生态系统的运行规律，合理利用各种材料，将仿生设计创造性地应用于园林设计中，实现资源节约和有效利用。

水立方国家游泳中心的结构设计，其仿生对象为矿物质的结晶构造和自然形成的肥皂泡。将其作为仿生对象的原因在于，气泡和水滴是仿生结构的最便捷路径和最小表面，是分割三维空间的最优方案。

2. 模仿自然材料的优越性

为了减少对自然资源的过度采伐，在园林仿生设计中对自然材料的仿生既可满足人们的需要，也可减少对自然材料的使用，因此，仿生设计成为节约环保中的绿色设计。

3. 仿生设计的情感化

绿色设计反映在成果的使用年限中，并进一步反映在实现人与环境和谐方面，这将成为园林仿生设计的一种重要思路。在当代社会，人们在物质生活得到满足的同时，对精神生活有了更高层次的要求。在人们对具有更高层次精神功能的园林景观倾注了更多感情的同时，人们就不会轻易舍弃，反而会更加精心爱护，因而可以大大提升园林景观的寿命。

（三）园林仿生设计与情感化设计

情感是人类生活的一部分，是人类心理中最复杂的体验，影响着人类的感知、行为和思维。情感化设计是指在设计过程中，以设计成果的物质功能为基础，充分展现其精神功能，向使用者传达情感，进而使使用者在使用过程中体验情感的设计理念。作为设计师，通过对人类情感一般规律的分析研究，在表达自身对生活的理解和感受的同时，必须充分重视到设计成果与人之间产生的心理层面的互动，准确体现人们的情感需求和自我意识，为人们带去更多轻松愉悦的感受，提升设计成果与人之间的亲和感，激发人们的生活热情，引导人们体会更加丰富多彩的生活。

（四）园林仿生设计与文化展现

文化是人类生活的反应，是人类活动的记录，是人类历史的沉淀，是人类对生活的需要和要求、理想和愿望，是人类的高级层次上的精神生活。文化是人类认识自然、思考自己和人类精神得以传承的框架。文化无处不在，人类的生活方式、存在状态、思维特征、价值取向、行为习惯、审美情绪、心理素质等都是文化，都包含在文化的范畴当中。

1. 丰富人类的物态文化

文化中的物态文化是由物化的知识力量构成的，是人类的物质生产活动及其产品的总和，是可以被感知的，具有物质实体的文化事物。

人类在对自然的不断探索和研究认识的过程中，伴随着人类社会的不断发展，园林仿生设计以自然为师，以科学技术为发展基础，将各种不同的学科系统相衔接，通过对仿生对象的结构、功能、形态、色彩等的一系列特征的提取、分析和模仿，创造出丰富的园林景观形式。从远古的苑、囿，到今天的植物园、森林公园和湿地公园等，作为人类社会生产活动和自然界的契合点，仿生设计不断丰富着人类的物质和精神文明，从而为人类创造出更加美好的生活方式。

2. 提升设计审美

传统美学中的美是纯粹的美，与功能和实用价值无关。现代社会的飞速发展和人们生活中对艺术设计的迫切需要，使人们的审美意识从艺术领域扩展到了技术领域，促进了科学技术美和艺术美的新统一，形成了以“形式追随功能”为核心观念的现代设计美学理念。

园林仿生设计在大自然的指导下，可以创造出更优良、多样化的、具有生命力的园林景观形态。园林仿生设计在满足人们物质功能需求的基础上，更重视景观的实用性，注重人们在精神层面上的追求，注重返璞归真和情感化设计，强调“形式追随功能”的新美学观念，促进人类社会的长远发展。

3. 赋予园林景观更多文化内涵

经济全球化和信息传媒的迅速发展，使全球文化交流更加快捷、直观、全面，国际化现象越发明显。各民族各具特色的设计文化和审美特点、地方文化等逐渐消失，这引起了人们对设计文化的诉求和国际性关注。人们迫切希望传统的地域文化和现代技术能够互为补充，呼唤民族文化和传统文化的重建。

仿生设计顺应人们的需求，设计师们在长期的社会风俗和文化传统中寻找产品设计的新的诉求点，从本土文化中提取深入人心的仿生对象，表达设计理念，设计出不同风格的景观形式，使人们产生文化归属感。

四、园林仿生设计理论应用

（一）文化概念与园林仿生设计

1. 融入文化概念的必要性

每一个城市都有其自身的文化资源，并由此形成具有自身特色的地域特征，即城市个性。仿生设计作品可以凝聚人文精神和历史价值，但是就现代很多设计作品而言，往往存在模仿和雷同的问题，照搬其他设计作品的设计元素和造型特征，没有自己独特的风格和理念，也不存在本身独特的地域文化特征，降低了其内涵价值。在设计之初，如果能够适当的发掘相应的地域文化特色，将文化概念融入设计之中，可以取得更好的效果，为以后的设计打好基础。

2. 融入文化概念的可能性

符号学认为，将符号进行简单的提炼，可以把各种事物的内涵完美表达，当然也包括文化。设计的空间布局、材质和造型等都可以理解为某种符号，尤其是设计的外部造型，我们可以直接将其当成符号来看待。所以在仿生设计中融入文化、表现文化是完全可能的。

3. 文化特性与园林仿生设计

在进行园林仿生设计时，主要研究可能和整个场地设计相联系的文化因素，并对其进行进一步的剖析。文化具有地域性、民族性、历史性和宗教性四种特征，每种特征都可以进行设计上的表达。其中的地域性、民族性和宗教性属于横向特征，从地域性来看，欧美文化与亚洲文化，虽然同时存在于地球之上，但其中却有千差万别；就民族性而言，汉族文化与回族、满族等其他民族文化同时存在，但“一方水土养一方人”，每个地方每个民族都有其各自的文化特色。文化的历史性与前三者不尽相同，它属于纵向特征，同一地区由于历史演变，产生了富有特征的时代文化，例如南京，从三国鼎立到南北朝纷争，从宋元开国到明朝定都，从民国革命到今天的江苏省会，经历了如此多的变迁，每个朝代都有其独特韵味，每个朝代都有其说不尽的历史典故。正是因为文化有诸多特性，所以在将其融入仿生设计的时候应该准确把握其定位，从而合理的体现文化、升华文化，进而提升仿生设计作品的质量。

（二）空间建构与园林仿生设计

空间，是具有长度、宽度和深度三维属性的物质存在形式。空间是现代建筑学研究的主要内容。空间就像盒子，盒子的外壁就是建筑实体，盒子的内部就是建筑空间，建筑师通过设计来分割空间、组织空间，最终形成耐人寻味的空间形式。用格式塔心理学内容来界定空间的含义，就是一种“图”与“底”的关系。

作为被安置在自然界中的设计作品，其空间性是极其重要的属性。这里的空间性包含的内容十分广泛，它不仅包括空间的长度、宽度和高度，还包括设计作品的形式、材料、质感、色彩以及光影、背景等多种元素，甚至人们在空间中谈笑的回声，也会让人们体会到空间感的存在。空间的意义不仅在于人们的视觉感受，还包括使用功能、精神体会、交流行为、文化内涵等多方面内容，广义上的空间设计理论可以涵盖设计的各个层面。没有空间，就没有设计作品。设计师只有从空间的角度来认知设计、研究设计，把握其空间的整体特征，才能真正认识作品的存在价值，为仿生作品的设计开拓出一条理性思路。

1. 景观空间

仿生设计作品是一种物质存在，它存在于空间之中，要研究其空间属性，可以从空间的物质层面和精神层面两方面入手。

从空间的物质层面上来看，仿生设计的空间可以分为本体空间和环境空间两部分，二者是仿生设计的主要空间要素。本体空间即仿生作品本身所占据的定量空间，是设计作品空间的构成基础；环境空间是承载设计作品的周边环境所包含的空间，作为一种基址，它不仅仅是设计作品的基址，也是所有设计要素的基址。环境空间若是一张图纸，那么本体空间就是图纸中的画。本体空间是观赏的主体、对象和着眼点；环境空间则是承载小品、游客或其他景观构筑元素、植物要素等的物质基址。本体空间与环境空间之间息息相关，只有二者相互融合、彼此呼应，才能达到视觉上的舒适。

从空间的精神层面上来看，设计空间可以划分为审美空间、行为空间和文化空间三种，三者都是无形的空间。它们从不同的角度影响着观赏者的欣赏方式、行为活动与心理感受。因此，将这三种富有精神属性的空间形态定义为“心理空间”。

仿生设计的本体空间、环境空间和心理空间三位一体，最终形成整体的景观空间，共同造就审美感。本体空间作为主体进入到环境空间中，环境空间作为背景承载着本体空间，心理空间则是平衡本体空间与环境空间的无形砝码。

（1）仿生设计的本体空间

设计的本体空间是设计中环境的本质空间，是设计中诸多空间类型的根本，没有设计作品的本体空间，设计本身就没有存在的意义。本体空间又可以细分为正空间和负空间，二者是互为补充的。

①正空间

正空间（Geospace）是设计作品中被观赏者直接感知的形体部分，是实体存在的。感知的形式包括视觉上、触觉上以及情感上的感知等。一件作品，在造型变化上，可以凹凸有致、高低不平；在外形轮廓上，可以曲折变化、有棱有角；在色彩图案上，可以五彩缤纷，也可以色调统一；在材料质地上，可以显现金属的光泽，也可以凸显石材的斑驳；在精神感受上，可以给人振奋之感，也可以寄托某些忧思，可以供人远远观赏，也可以被触摸、依靠；在表现手法上，具象的可以被感知其现实感，抽象的可以感受其形式、格调。所有的这些都是本体空间所承载的。

正空间是所有空间的关键，其成败往往是整个设计成败的关键。对于观赏者，首先看到的是设计作品的正空间，包括位置、方向、尺度、造型、质感、色彩等元素，这些元素往往决定了观赏者对设计作品的整体印象。正空间各设计要素之间的结合、呼应、藏露等也决定了作品丰富整体空间表现力的程度，观赏者通过近距离的观赏与接触，深入的感受设计作品的材质和肌理，通过全方位的感受可以把握设计的物质元素，体会设计作品的美。

②负空间

设计作品的负空间（Negative space）是与正空间相对应的部分，是环绕设计作品周身的反向空间，是设计作品正空间与环境空间相交融的部分，其空间形态特征可以体现出正空间高低起伏的效果。如剪纸作品，剪纸本身是设计作品的正空间，而被剪掉的部分则为负空间。设计作品的正空间如同一栋大厦，设计作品的负空间是环绕大厦的空气，使观赏者在与大厦交流时，有一个适当的空间以进行观赏、触摸。负空间具有一种内聚力量，可以限制正空间的过度扩张，使作品的造型被控制得恰到好处。

仿生设计作品的正负空间互为界面，负空间的形态是由正空间表面的凹凸、空隙和空洞决定的。正空间的形态决定了负空间的形态，后者依赖前者，有什么样的正空间就有什么样的负空间。在视觉审美上，负空间可以拉开正空间与观赏者之间的距离，缓冲正空间产生的对观赏者视觉上的压力，消减视觉疲劳，调整观赏节奏，刺激观赏者视觉上的欲望，最终产生良好的审美效果。在设计创作方面，作品的正空间是设计者的出发点，其变化是主动的，负空间是设计者的着眼点，其变化是被动的。而设计者恰恰是通过对此负空间形态的不断考量、推敲，最终将自己的意向固定在正空间，塑造出正空间的物质形态，进而创造出满意的作品。

（2）仿生设计的环境空间

作为安置于自然界中的客观存在，设计作品是环境的入住者——客体，而环境是设计作品的承载者——主体，空间整体的基本形态和构架是由主客体的有机结合构成的。环境作为一种背景，是设计作品的承载者，究其空间属性为设计作品的环境空间。环境空间还可细分为实体空间与虚体空间两部分。

①实体空间

实体空间（Physical space）是直接承载作品本身的实体物质环境，类型众多。自然形态下包括草坪、河流、水面、沙滩等，人工形态下包括种植池、城市广场、建筑中庭、内院、人工水面等，都是实体空间的范畴。环境实体空间作为背景，直接承载着作品本体，协调着两者的形态、尺度、色彩与质感等。

作为物质性的空间种类，环境的实体空间与设计作品的正空间都是实体，二者通过其物质性的诸多元素，如造型、尺度、色彩、质感等相互联系、彼此呼应，赋予了整个场地和设计作品以审美价值，使整个环境氛围更加宜人。环境的实体空间还起着联系结合作用，它联系了作品的本体空间和外围的大环境空间，使空间的层次性得到保证，同时也兼顾了审美的连续性。

②虚体空间

环境的虚体空间（Virtual space）和设计作品本体空间的负空间类似，都是无形的，是设计作品正空间与环境实体空间之间的部分，即正空间与实体空间之间的间隙，是不可捉摸的虚体存在。其形态的形成是被动的，设计作品正空间的形态与环境实体空间的形态二者共同控制着环境虚体空间的形态。

环境的虚体空间与作品的本体空间之间存在着穿插关系，两者相互融合，因为虚体空间与作品的本体空间是部分重合的，所以虚体空间就把设计带进了整个环境空间中。虚体空间的作用在于其运用空间尺度将设计作品限制在一个适当的视域范围内，将其良好的面貌展示给观赏者。虚体空间的合理性是设计作品成功的关键。如果本体空间过小，会使虚体空间显得过大，本体空间与环境空间之间过于疏远；本体空间过大，则会使虚体空间显得过小，本体空间和环境空间之间过于紧密。

（3）仿生设计的心理空间

从精神层面上挖掘，设计作品空间也可以称作是心理空间。心理空间可以从审美作用、行为活动、文化内涵三个角度来理解，分别称之为审美空间、行为空间和文化空间。

①审美空间的审美功能

审美感知中的美，包括形式美、艺术美、自然美和社会美。不论何种“美”，都是通过视觉感知进入人的内心，都遵循普遍的审美原理。对于景观设计师来说，设计作品的审美空间主要体现其“美”的价值，通过设计作品传递将“美”传达给观赏者。对于观赏者而言，审美空间主要承载的功能是将设计作品中的各种美的效应传递给自身，使自身获得审美感受，并产生审美评价。审美空间可以营造强大的审美冲击，引导观赏者感受作品中的美。在审美的过程中，观赏者会得到极大的愉悦，能够缓解自身的压力，因此可以说审美活动是人类最高的精神享受。在为观赏者提供愉悦感受的同时，审美空间还具有提高观赏者的审美能力、宣扬积极向上的理念的功能。此外，通过审美空间的感召，观赏者可以进一步被带入到其他精神层面上。

②行为空间的交流功能

观赏者在欣赏设计作品时驻足或行走的空间称为行为空间，是围绕设计作品本体而形成的空间，是观赏者与设计作品进行沟通和交流的空间范围，休憩、娱乐和交流是这个空间的主要功能。观赏者欣赏作品的目的，有的是纯粹的审美需要，有的是休闲娱乐上的需要，还有的是借助这样的环境以达到沟通交流的目的。实际上这些活动是相互夹杂的，其中的交流行为是主要的活动。

景观设计师将自身的想法融入设计作品中，通过观赏者的欣赏达到与观赏者交流的目的，观赏者和观赏者之间也可以通过交流对作品的理解进行沟通，设计作品还可以向观赏者传达某些特定的精神或含义，这些功能都可以划归在行为空间的交流功能中。

③文化空间的积淀功能

设计作品在设计之初就被融入文化内涵。各个时期、各个地域的设计作品均见证了不同文化的诞生与发展。从功能上看，设计作品中的文化内涵透过设计本身对人们进行耳濡目染的宣扬与感召，并且这种影响作用一直持续，不像审美空间的审美作用在看到设计作品后能立即发生，也不是像行为空间中交流功能在较短时间内可以实现，文化的感召力需要一个较为长期的熏陶和影响的过程，再作用于人们的心灵深处。从审美观念出发，它的体现方式是一种反复的影响，如同日常生活一般，在不断地时间积累中，文化感召与历史积淀的价值便能够逐渐显现。

2. 景观空间的竖向类型与设计

本体空间、环境空间以及心理空间三者覆盖了仿生设计作品的所有空间类型，共同构成了设计作品的整体空间，我们称之为景观空间。景观空间实际上是三个空间要素的组合、平衡和协调。其中，心理空间是物质与精神的相互对应。

好的景观空间的建构，取决于本体空间、环境空间以及心理空间三者的艺术性、协调性和融合度。最终的效果是通过作品的竖向设计、平面布局以及尺度关系来实现的。如何将设计作品的空间建构理论用于实践，把握好作品的竖向设计、平面布局以及尺度关系是关键。从视觉的竖向角度来看，景观空间有三种类型：平远型空间、深远型空间和高远型空间。

（1）平远型景观空间

这种竖向设计手法，无论作品是单个存在或者是组合安置，都将观赏者与承载作品的基址安排在同一高度。其设计作品的尺度较为亲切、体量较小，都控制在不超过观赏者的实际高度的范围内。如此设计的意图是把人的视线拉平或引向纵深方向，使其视野开阔，并获得良好的观赏角度。观赏者只需前后左右进行观赏，放眼望去即可把握设计作品以及周围环境的全貌。采用这样的竖向选择，目的是要营造一种开阔的视野与流动的观感。

（2）深远型景观空间

所谓深远，包括了“深”与“远”两个要素，“深”较为形象的道出了此种空间类型的特点，是要营造一种下沉式的环境，将设计重点置于下沉环境中供观赏者欣赏。园林仿生设计中的下沉式环境很多，包括水池、下沉式广场、河滨地带等。将设计作品安定位于此类地点，可以使观赏者纵览全局。在平坦竖向上还有一种处理手法，就是使承载设计作品的基址与观赏者处于同一高度，但是设计作品本身的高度需要控制好，将其基点贴近于地面，最终使得设计作品位于观赏者视线的下方，达到使观赏者可以向下观望的效果。

（3）高远型景观空间

这种手法适用于突出设计作品的崇高地位，即将作品置于高出观赏者视线的位置，使观赏者必须仰首观望，才能够把握其全貌。有一些重要的设计作品，高大的体量直接把观赏者的视野拉向上方，从而突出设计作品本身的重要程度。

这种手法适宜用于纪念类、主题类、标志类等的设计作品，相比于前两者，标志类利用到的概率相对较少。

3. 景观空间的平面类型与设计

与竖向类型相对，景观空间的平面类型主要有以下几种布局方式。

（1）焦点式布局

焦点式布局，也称作中心式布局。具体做法是把设计重点安置在环境实体空间的中心点上，周围的一切事物都是围绕设计作品进行布局，从而达到突出作品本身的目的，使作品的本体空间感得到强化，并且强调了主题。设计重点的具体位置可以选择在道路交叉口、道路轴线的尽头、开敞草坪中央或公园广场中央等区域，使作品成为观赏者欣赏的焦点。

（2）自由式布局

自由式布局多用于营造活泼、轻松、自由效果的景观空间。如果环境实体空间中安排单件设计作品，则可以将其安置于非中心点；如果是两件或多件作品，则可以将其散布在场地之中，随意而不凌乱，看似无序漫不经心，却有着深刻的内涵，使观赏者在无序中得到审美体验，从本体空间中感受到“美”，进而提升心理空间的品质。

（3）边界式布局

边界式布局是将仿生设计作品布置于公园道路、草坪、广场的边界位置。其有两种作用：将作品的装饰功能作为主要功能来使用，如同行道树一般排列于实体空间周围；利用设计作品本身来吸引观赏者进入特定的区域。

4. 尺度与设计

竖向和平面布局对于仿生设计作品空间效果的影响是巨大的，主要体现在作品的本体正空间和环境实体空间的融洽关系和审美空间、行为空间、文化空间给观赏者的心理感受上。小品的尺度设计则关系到景观小品的本体负空间和环境虚体空间的关系是否融洽以及给人感受是否得体。

（二）植物选择与仿生设计

景观设计中的植物一年四季都在不断生长，因此是富有生命特征的。处于动静之间的园林植物是景观设计的重要灵魂，没有植物就没有真正的园林。相比于仿生景观，很多植物的造型线条柔软、活泼、色彩丰富，可以随季节的变化而变化，这些特点都弥补了仿生景观在某些方面的不足。

现代景观设计中植物的造型、色彩、质感等元素都得以研究与应用。植物如果能在仿生景观中被巧妙配置，可使仿生景观与园林植物相互助益、相得益彰，充分体现人工美与自然美的完美结合。利用植物四季景观不同的特点，可以使设计作品的面貌在四季变化，这是一种时间的季相感。另外，还可以利用植物景观丰富的色彩和多变的线条，遮挡或缓和景观作品中的部分生硬轮廓，丰富景观作品的整体色彩。如果二者配置得体，可进一步增强景观作品的艺术效果，提高其审美价值，使整个环境变得更加优美，产生理想的景观效果。

第二节 GIS 在园林规划与设计中的应用

一、GIS 概述

（一）GIS 概念

随着大众对 GIS 理解的加深以及 GIS 内涵的不断拓展，GIS 中的“S”衍生出四层含义。

1.System（系统）

System（系统）指对地理数据进行处理的计算机系统，是从技术层面论述地理信息的系统，是地理数据存储、分析评价、管理的系统。GIS 从技术层面尝试解决问题、给系统增加新功能或开发新系统，具有如下一些功能：定义一个问题；获取软件或硬件；采集与获取数据；建立数据库；实施分析；解释和展示结果。这里的“Geographic Information Technologies”指的是收集与处理地理信息的技术，包括 GPS，RS 和 GIS。从这个角度出发，GIS 包含空间数据的处理和应用开发。

2.Science（科学）

Science（科学）是广义的 GIS，又称地理信息科学，强调理论与技术的结合，主要研究 GIS 背后的理论和概念。

3.Service（服务）

GIS 伴随 RS，IT 技术、因特网技术等的应用，从单纯的技术研究型向服务层转移，如导航 GIS 的诞生。谷歌（Google）增加了 Google Earth 的功能，GIS 已经成为大众生活服务中的一部分。为避免混淆，一般用 GIScience 或 GISci 表示科学，GIService，GISer 表示服务，GIS 表示技术。

4.Studies（研究）

即 GIS 指 Geographic Information Studies，主要研究地理信息技术引起的社会问题，如地理信息的经济学问题、法律问题、人口问题等。

综上所述，GIS 是收集、存储、管理、分析评价和展示空间数据的系统，是处理空间信息分析的科学技术和工具，又是解决空间问题的“资源”。

（二）GIS 的功能

GIS 是一个捕获、存储、分析、管理和呈现数据的数据参考地理位置的系统。简单地说，地理信息系统是将统计分析和数据库合并制图的技术。地理信息系统可用于考古学、地理学、制图学、遥感、土地测量、公共事业管理、自然资源管理、精确农业、摄影测量、城市规划、应急管理、环境污染监测、风景园林规划设计、导航、空中视频和本地化搜索引擎等。

一个地理信息系统可以被看作是一个以数字创建和“操纵”的空间系统，主导于可管辖的地区，应用有关特定的地理信息系统开发。因此，地理信息系统描述的是任何信息系统集成、存储、编辑、分析、共享和显示地理信息通报决策。地理信息系统应用工具，允许用户创建搜索和互动查询，应用于用户创建、分析空间信息，编辑数据、地图等。

二、GIS 对园林规划与设计的影响

（一）参与决策性的 GIS 对园林规划的影响

参与性 GIS，是另外一个从传统 GIS 演化而来的，已经用于推进社会和环境的公平调控，通过传统 GIS 来搭建技术的桥梁。GIS 能够成为一个处理空间知识、社会和政治力量以及在地理和风景园林领域理想的介质。多媒体硬件和数据重建，使得对于包括数码相片、声音文件、手绘图和三维表现的空间认知多样化。一个巨大的研究案例将 GIS 参与贯彻进入多样化的公共决策制定过程，改善了以往的方法，而且也展示了风景园林师对于这个软件的应用前景。

对于一般用 GIS 在早期公众参与中就建立图纸的风景园林师，这样的方法是非常重要的。尽管其他的研究展示了团体组织适用于自己对 GIS 的解释框架，而且想象着去生产出本地需要的空间叙述，并且能够适应城市空间政策的多样角色和关系。这些产生了灵活的且满足不同受众的策略。将空间叙述纳入 GIS 数据之中，可以使得社区、条件和容量能够想象化。

这项灵活的 GIS 定性数据可以给风景园林师带来很多益处。很明显，可以增强他们对于正在工作的场地的分析能力和增加他们对于社区的认知能力；改善他们对于设计决策交流的能力以及返回社区的意愿。

（二）有形界面的 GIS 对园林规划的影响

“媒介就是信息”，其意思是一位设计师所选的介质会直接影响到信息对外界认知。在风景园林规划领域，信息是指一个被完成的设计作品、总体规划和城市公园等。当地理信息系统参与到设计过程之中时，其影响贯穿设计的整个过程。在个人层面上，设计师对空间关系的理解受到计算机用户界面的强烈影响。设计者通过键盘和鼠标存取数据，或多或少影响到了设计师对有形物体空间关系的认识。目前，研究者在使用有形界面的领域已经取得了突飞猛进的发展，而且融入了设计师的灵感和能力来控制诸如建筑模块和泥塑模型，这样的努力使得现在的设计师能够像他们以往使用传统方法对材质进行捏、折、拉，同时又能够使用完整的 GIS 的分析方法和过程。

GIS 和被照明的黏土模型被用来探索各种各样的结构布置，而且模拟地形变化以控制沉淀物沉积和本土流域性洪水。一台投影仪被用来将土壤、土地覆盖和建筑足迹等数据投影在物理模型之上。设计师使用小积木和黏土来模仿新建筑的布置和坡度的变化与更替，水文学的模型使用被投影在物理模型的新风景信息和结论中来实现。这些投影可以揭示出那些具有洪水和侵蚀问题的地方，运算需要几秒钟，能够帮助使用者试验多种的设计可能性。可以想象，如果这样的技术在早期就纳入设计，它的潜力是很大的，这样项目小组和客户就能够联机来讨论评价他们的想法。

（三）思维型的 GIS 对园林规划的影响

ESRI 公司引进的 ArcGIS 软件升级版，能够结合手绘风格的思维过程，附加 GIS 空间分析能力。ESRI 的升级计算机环境可以允许设计师迅速绘制新产品，并即刻分析它们的影响能力。当外加上一个数码手写板，GIS 的功能就像是在一个绘图板上嵌入环境数据。例如，风景园林师可

以绘制很多可供选择的场地规划方案，然后测试每一个覆盖范围，观察水流影响、循环障碍等。用这样的方法，复杂的空间数据被嵌入思维过程，从而在理论上做出一个更具说服力的设计。

三、GIS 在园林规划与设计中的应用

中国风景园林学与西方风景园林学的形成和发展历史存在许多不同之处，而 GIS 技术又是起源于西方国家。因此，当探讨 GIS 技术在中国风景园林学中的应用和发展时，不能与中国园林的历史和发展相脱离，否则就会产生新技术在中国“水土不服”的现象。目前，GIS 技术在中国风景园林行业的发展处于启蒙阶段，还存在许多问题，因此，探讨 GIS 技术在中国园林规划领域的应用和发展具有深远的意义。

（一）GIS 在中国风景园林规划设计中的应用

中国风景园林专业目前正处于快速整合、规范和发展阶段。GIS 是一项起源于西方的技术手段，研究它自身的快速发展以及在城市化的中国风景园林专业中的发展，对于了解这门技术的未来发展具有非常重要的指导意义。随着国家共建基础设施的不断完善，计算机技术和网络设施的发展，GIS 技术将会被普遍用于风景园林学中。

目前，国内的风景园林规划主要借助计算机辅助制图（CAD）技术。这种软件具有制图精确、成图效果好等特点，但不具备空间查询与分析能力，因此规划成果难以用于辅助分析。多数学者的研究停留在对西方 GIS 在风景园林专业的应用综述的水平上，虽然在近几年出现了一些基于 GIS 技术的风景园林规划项目，但其理论水平依旧不能超越 GIS 在西方国家发展的初期水平。

1. 景观学和 GIS

景观学的核心是生存的艺术，是关于景观的分析、规划、布局、设计、改造、管理、保护和恢复的科学和艺术。即通过对土地及一切人类户外空间的问题进行科学理性的分析，设计问题的解决方案和解决途径，并监理设计的实现。景观设计学的发展更多附属于它的一级学科发展，而与风景园林专业有着本质的区别。

2.GIS 在景观设计中的应用

不论景观是均相的还是异相的，景观中的各点对某种生态过程的重要性都不是一样的。其中有一些局部的点和空间关系对控制景观水平生态过程起着关键性的作用。这些景观局部、点及空间联系构成景观生态安全格局。它们是现有的或是潜在的生态基础设施。

（二）GIS 在地形地貌分析中的应用

GIS 对现状地形的分析主要包括高程、坡度、坡向、阴影、三维地形模拟以及水文分析等，现状地形地貌分析是设计师进行规划设计的基础。

1. 高程、坡度、坡向、阴影分析

山地、丘陵地区等地势起伏较大的场地的用地适宜性评价常需要重点考虑坡度、坡向、日照阴影等因素，根据 DEM 地表面模型，可以进行高程、坡度、坡向、阴影等一般性的分析。坡度越小，用地适宜性就越好。坡向对降雨、光照以及土壤等有影响，在北半球南向坡和良好的日照对植物

配置、休闲游乐场所的选址、观景方向、建筑选址等都有重要意义。

常用方法是以带有高程属性的 CAD 点、线地形图为基础，在 ArcGIS 软件里通过 ArcToolbox 工具，将DWG格式转换为SHP格式，然后通过3D分析工具创建TIN，提取出点、线空间属性数据，再通过 TIN 转栅格工具，将 TIN 转换成栅格格式，最后利用栅格表面工具生成高程、坡度、坡向、阴影等分析图。

对现状地形的分析研究能有效地指导规划设计的进行，增加规划设计的合理性和科学性，同时基础数据的叠加也丰富了图面的表达效果，更直观、方便地将设计意图展现在设计师和甲方面前。高程、坡度、坡向的分析不足之处在于对现状建筑物、构筑物以及植被的信息采集不足或者受季相影响变化较大，导致分析较粗糙，分析结果偏差较大，行业从业者应尽可能充分的采集相关数据进行分析，使分析结果趋向于更合理的方向。

2. 三维景观建构

三维 GIS 主要用于模拟地形、建筑、园林景观等，近几年的研究成果主要表现在三维模型（3D model）的创建上。三维模型的构建需要根据带高程属性的点、线、面来实现，再导入道路、建筑、水体等元素，建立二维半立体模型。

三维景观的新趋势在于 Esri CityEngine 它是由瑞士苏黎世理工学院的帕斯卡尔米勒（Pascal Mueller）设计研发的。它可以利用已有的 GIS 基础数据，不需要转换即可迅速实现三维建模功能，还可提供可视化的、交互的对象属性参数修改面板进行规则参数值的调整，如贴图风格、房屋高度等，并且可以实现调整后的效果的即时可视性。

具体操作方法是：在 CityEngine 中用包含尺寸和类型信息的多边形表示建筑底面，再用建筑高度属性将多边形拉伸，形成三维街区。如果含有窗户、阳台、层高等属性，可以使用模型规则重新构建建筑以满足要求。充分利用现场采集到的以及在各个部门搜集到的属性数据，如建筑轮廓、建筑立面形式、窗口类型及位置、屋顶的形式、层数及层高、运用的材料等信息创建高质量的 3D 模型。由 GIS 数据驱动生成的并且通过工作流的形式构建的 3D 建筑物集成对象，能够提供的信息越多，计算机软件创建的 3D 模型就越复杂、越逼真。

此外，CityEngine 建模时，还可以纳入地形地貌等因素，使建筑物、道路等模型融入地形变化中，增加模型的真实性。同时 Esri CityEngine 支持多数 3D 格式，如 3DSMAX、DXF 等，从而实现与其他 3D 软件的互通，增强展示效果，提高工作效率。ESRI 中国官网展示了南京市浦口区总体规划设计的三维城市景观及道路交通三维建模效果，很好地反映了 GIS 三维景观的发展趋向。

CityEngine 最新锐之处在于它可以基于规则进行批量建模，将 CGA 规则文件直接拖到需要建模的地块，软件可以根据规则将所有的宗地建筑物模型批量建好。在重庆某区域的三维城市模型建设过程中，设计者通过编写建筑物模型、道路模型等规则文件，在 Esri CityEngine 中实现了大场景的三维城市批量建模工作，使建设周期比传统手工建模缩短了约 30%，建模成果满足了项目设计的要求。因此，CityEngine 是迈向精准数字规划设计的重要开发成果。虽然对大场景及建筑、道路的表达较逼真，但还是存在一些不足之处，如对植物等有生命的信息元素的表达效果较粗糙，在小尺度的景观设计中表达效果不佳等。

3. 水文分析

目前，DEM 数字高程数据是进行水文分析的主要数据来源。利用 GIS 的栅格计算能力，通过寻找中心栅格与邻域栅格的最大落差及方位可以确定流水方向，变可以进一步分析场地的流水线路、汇水区域和径流量等。据此可以得到以流域作为排水的雨水收集排放的水文图像。南京大学徐建刚教授等引入 GIS 流域分析法，提取了福建省上杭县客家新城的水流方向、水流长度、汇流累积量、河流网络及分级、流域划分等空间信息，进行未来城市的水系网络布局规划与设计。水文分析需要结合更大区域的水文情况进行分析，而目前从业者的运用现状主要局限于目标场地的分析评价，使得水文分析的结果不尽如人意，这是其不足之处。

四、GIS 在园林规划与设计中的应用前景

（一）GIS 促进公众参与园林规划

传统风景园林师完全听从私人委托方，忽略了公众参与的作用，主要是因为设计师们不知道大众的需要。英国的加州分析中心公司（CACI）负责搜集社会经济学的数据，英国超市使用 CACI 提供的数据来决定在商店摆放商品的种类。这个案例表明大众在规划设计中具有重要的作用。如果在一个区域住满了年轻的妈妈们，他们将在这些店铺放置更多的尿布和婴儿食品；而当某一区域的领取养老金的退休人员居多时，他们将在店铺摆放更多昂贵的酒类。

同样，这些社会经济数据也可以在风景园林设计中发挥效力。如果附近一带都是穷人，那么公园将用来种可以食用的植物。如果附近一带都是退休的高级主管，公园则可以种更多名贵的植物，并且安排更多的安静阅读空间。未来风景园林师如果掌握了这些数据，可以利用 GIS 来得到不同区域中不同使用者的信息，从而让公众参与园林设计，以满足公众的需求。GIS 在园林规划中公众参与方面具有巨大的优势，它可以让人们使用基于位置的社交媒介（例如 Facebook）来记录评价他们喜欢在公共空间里面做的事，使用手机还可以追踪记录下来在城市中散步和骑自行车的旅程路线。得到这些信息后，风景园林师在设计过程中将采纳这些基于使用者的信息，保证设计作品的各种设施和设计路线是符合使用者，而非设计师凭空给场地的“理念”。在这种方法的指导下的园林设计将会迎来更多使用者，前景不可限量。

（二）GIS 协助完善图纸表达

基于 GIS 的园林设计项目具有无与伦比的图纸表达潜力。它能够在短时间内表达类似于 GoogleEarth 和 Google 街景的 GIS 产品，这是其他绘图软件所不能达到的。绘图表达是风景园林师必备的一项专业本领，传统的手绘和 AutoCAD 软件都没有处理数据和信息形成图纸的能力。GIS 软件的制图使整个设计过程变得更具有说服力。

（三）GIS 与环境敏感设计

传统的风景园林、建筑和规划在白纸和空的计算机屏幕上进行设计。基于 GIS 的风景园林

设计将应对所有复杂的环境，因为在数据库中有基址的资料，这将有助于环境敏感设计（Context Sensitive Design）。环境理论（Context Theory）是一个探讨新的环境设计和规划发展如何与它所处的环境相联系起来的理论。规划设计的结论基于对土地规划、区域规划和环境评价的基础之上，这一系列的现有环境特点关系到最终规划决定的产生。GIS 可以协助检验影响项目发展的自然、社会和美学方面的环境背景，它能够提供协调环境评价和土地规划使用系统数据。如果在园林设计之初可以使用 GIS 来评价现有环境和区域特征，设计师就不必将西方设计“符号语言”生搬硬套在园林土地上，同时可以将整个园林设计得更加能够满足本地人的需要。当一个城市没有根据其环境理论而进行给予环境敏感的规划设计时，城市将失去了其场所精神，以及应有的文化和艺术内涵。如果 GIS 在未来可以将城市的环境背景以数据的形式存储，以绘图的形式表达，将非常有助于风景园林设计师实现环境敏感设计，做出符合场所精神的作品。

（四）GIS 与可持续风景园林设计

GIS 可以实现园林设计中可持续特征的计算，能够算出一个设计项目中可持续城市排水系统的特征与场地现有排水系统的相互作用。可持续城市排水系统将通过 GIS 来定位，在风景园林师进行设计时，可以通过 GIS 处理数据，确定排水系统的位置，以设计出切实可用的排水系统。

（五）GIS 与生物多样性规划

诗意的栖居空间是人人向往的。目前在英国自然历史博物馆（Natural History Museum）植物与动物数据库可以免费提供在线本地植物和动物详细介绍和查询，目的是鼓励园林设计师和园艺植物工作者使用地区本土树种、灌木和花卉。在英国，通过输入邮编得到本地植物和野生动物的方法已经覆盖了整个国家，只需在英国自然历史博物馆的官方网站上输入所设计场地的邮政编码，就会得到这一地区从古至今的本土植物和野生动物列表和详细介绍。这是地理信息系统和国家园林植物分布结合的一个很好的案例。这一功能将为风景园林师进行园林设计时选择植物种类带来许多便利条件。如果未来中国的地理信息系统可以完成植物分布数据信息的绘制，那么在风景园林师设计方案进行植物配置时就可以轻松而精确地选择本土树种，保证植物健康生长，避免错误地选择，或者把本不属于场地的植物种安置在风景园林作品中。

参考文献

[1] 张国栋 . 园林绿化工程 [M]. 北京：中国建筑工业出版社，2016.

[2] 黄辉 . 园林绿化工程施工质量管理实务 [M]. 北京：中国建筑工业出版社，2016.

[3] 胡长龙，戴洪，胡桂林 . 园林植物景观规划与设计 [M]. 北京：机械工业出版社，2016.

[4] 罗倬，汤明霞，刘旭 . 园林建筑与景观设计 [M]. 北京：光明日报出版社，2016.

[5] 何浩 . 园林景观植物 [M]. 武汉：华中科技大学出版社，2016.

[6] 何雪，左金富 . 园林景观设计概论 [M]. 成都：电子科技大学出版社，2016.

[7] 杨嘉玲，徐梅 . 园林绿化工程计量与计价 [M]. 成都：西南交通大学出版社，2016.

[8] 周增辉，田怡 . 园林景观设计 [M]. 镇江：江苏大学出版社，2017.

[9] 秋静 . 园林景观规划与设计 [M]. 北京：九州出版社，2017.

[10] 钟丹，姬中凯 . 园林景观工程技术 [M]. 长春：吉林大学出版社，2017.

[11] 何婉亭，宋晓梅，刘旭 . 园林景观工程设计 [M]. 延吉：延边大学出版社，2017.

[12] 王波 . 园林景观工程施工与设计 [M]. 西安：陕西科学技术出版社，2017.

[13] 吴光洪等 . 基于文脉的园林景观地域特色研究 [M]. 北京：中国电力出版社，2017.

[14] 赵春春，李旭东 . 园林景观计算机辅助表现技法 [M]. 南京：南京大学出版社，2017.

[15] 李新平，郝向春 . 乡村景观生态绿化技术 [M]. 北京：中国林业出版社，2017.

[16] 王裴 . 园林景观工程数字技术应用 [M]. 长春：吉林美术出版社，2018.

[17] 白颖，胡晓宇，袁新生 . 环境绿化设计 [M]. 武汉：华中科技大学出版社，2018.

[18] 吕敏，丁怡，尹博岩 . 园林工程与景观设计 [M]. 天津：天津科学技术出版社，2018.

[19] 贾荣 . 城市绿廊现代城市绿化中的植物造景艺术 [M]. 长春：吉林美术出版社，2018.

[20] 栾海霞，王金艳，李加强 . 园林景观设计与施工技术研究 [M]. 北京：中国建材工业出版社，2018.

[21] 冯雯，姜河，孙斐 . 园林绿化施工与环境规划 [M]. 哈尔滨：哈尔滨工业大学出版社，2018.

[22] 孔滨，柴东霞，倪国庆 . 现代公路项目管理与园林绿化 [M]. 长春：吉林文史出版社，2018.

[23] 韩莉，陈卓 . 现代景观设计与园林艺术 [M]. 连云港：江苏凤凰美术出版社，2018.

[24] 王国夫 . 园林花卉学 [M]. 杭州：浙江大学出版社，2018.

[25] 曾明颖 . 园林植物与造景 [M]. 重庆：重庆大学出版社，2018.

[26] 王葆华，王璐艳 . 环境景观植物与设计 [M]. 武汉：华中科技大学出版社，2018.

[27] 王皓 . 现代园林景观绿化植物养护艺术研究 [M]. 连云港：江苏凤凰美术出版社，2019.

[28] 董丽 . 北京园林绿化多彩植物群落案例 [M]. 北京：中国建筑工业出版社，2019.

[29] 李寿仁，陈波，陈宇等 . 地域性园林景观的传承与创新 [M]. 北京：中国电力出版社，2019.

[30] 王冰，张婉 . 园林绿化养护管理 [M]. 开封：河南大学出版社，2019.